遥感与地理信息基础系列教程

GIS软件工程理论与应用开发

GIS Software Engineering Theory and Application Development

马林兵　主编

中山大学出版社
·广州·

版权所有　翻印必究

图书在版编目（CIP）数据

GIS 软件工程理论与应用开发/马林兵主编. -- 广州：中山大学出版社，2024.9. -- （遥感与地理信息基础系列教程）. -- ISBN 978-7-306-08181-0

Ⅰ.P208.2

中国国家版本馆 CIP 数据核字第 20246WE795 号

GIS RUANJIAN GONGCHENG LILUN YU YINGYONG KAIFA

出 版 人：	王天琪
策划编辑：	曾育林
责任编辑：	曾育林
封面设计：	曾　斌
责任校对：	王百臻
责任技编：	靳晓虹
出版发行：	中山大学出版社
电　　话：	编辑部 020 - 84113349，84110776，84110283，84111997，84110779
	发行部 020 - 84111998，84111981，84111160
地　　址：	广州市新港西路 135 号
邮　　编：	510275　　　传　真：020 - 84036565
网　　址：	http://www.zsup.com.cn　　E-mail:zdcbs@mail.sysu.edu.cn
印 刷 者：	广州市友盛彩印有限公司
规　　格：	787mm×1092mm　1/16　16 印张　376 千字
版次印次：	2024 年 9 月第 1 版　2024 年 9 月第 1 次印刷
定　　价：	58.00 元

如发现本书因印装质量影响阅读，请与出版社发行部联系调换

内容简介

本书全面、系统地论述了GIS软件工程的基本原理、关键技术以及应用开发方法。本书还重点介绍了ArcGIS的几种二次开发技术和开源GIS技术体系。全书共分十二章，内容包括：软件工程概述，软件过程，软件工程可行性分析，软件工程的需求分析，GIS软件工程总体分析，GIS软件工程详细设计，面向对象设计和分析方法，软件工程的设计模式，软件测试，GIS软件项目管理，GIS二次开发技术，开源GIS软件项目介绍等。

本书可以作为大专院校有关专业的教师、高年级本科生和研究生教学参考资料，也可供测绘部门、国土资源部门、城市规划和管理部门及水利与水资源、环境保护、道路交通等部门的GIS项目开发人员使用。

前　言

目前，地理信息系统（GIS）的应用日趋成熟，在许多行业，如电力、水利、通信、交通、银行、城市规划、土地管理、资源环境保护等得到广泛的应用。在这些业务部门中，GIS 不只是作为空间数据的采集工具和管理平台，同时，通过 GIS 平台的二次开发工具，还能够开发出各种类型的应用系统，融合到行业的业务运行中。

这些 GIS 应用系统的开发与一般的管理信息系统（MIS）有相似的地方，一般的软件工程理论也基本适合 GIS 应用系统的开发，同时 GIS 应用系统又具有自身的一些特点，比如数据分类分层、数据字典、空间数据库管理、项目管理、GIS 二次开发方式、开源 GIS 项目等。

目前，地理信息系统的教材建设已经有长足的发展，但是对于 GIS 软件工程的这一分支来说，专门的教材相对来说还是很少的，已有的教材在软件工程理论的梳理方面并不完整，与 GIS 的特点结合不太紧密。本书结合作者多年的教学、科研和工程项目实践经验，以 GIS 软件工程为中心，系统总结了国内外已取得的教学研究成果，紧跟当前最新的研究动态，并进行归纳、分类、分析、比较，结合我国各高等院校地理信息系统教育的实际经验，并融合他们近年来在 GIS 软件工程的理论、技术方法、工程应用方面的成果，力求在教学内容的选择与编排方面有所突破，便于学生有效掌握 GIS 软件工程的基本理论、基本方法和实验手段，为学生将来在 GIS 应用系统开发方面打下基础。

全书共分 12 章，第 1 章是软件工程概述；第 2 章介绍软件过程；第 3 章讲解软件工程可行性分析；第 4 章讲解软件工程的需求分析；第 5 章讲解 GIS 软件工程总体设计；第 6 章讲解 GIS 软件工程的详细设计；第 7 章讲解面向对象设计和分析方法；第 8 章讲解软件工程的设计模式；第 9 章讲解软件测试；第 10 章讲解 GIS 软件项目管理；第 11 章讲解 GIS 二次开发技术；第 12 章是开源 GIS 软件项目介绍。

本书的编写得到许多专家、同事的支持和帮助，在此表示感谢。

马林兵
2024 年 9 月

目 录

第1章 软件工程概述 ·· 1
  1.1 软件的基本概念 ·· 1
    1.1.1 什么是软件 ·· 1
    1.1.2 软件分类 ··· 2
  1.2 软件危机 ·· 3
  1.3 软件工程的基本概念 ·· 5
    1.3.1 什么是软件 ·· 5
    1.3.2 软件工程的方法 ·· 5
    1.3.3 软件工程与网络 ·· 6
  1.4 GIS 软件工程的分类、开发方式及特点 ··· 8
    1.4.1 GIS 软件分类 ··· 8
    1.4.2 GIS 应用系统的开发模式 ·· 8
    1.4.3 GIS 软件工程的特点 ··· 10

第2章 软件过程ꞏ··· 12
  2.1 软件过程概述 ··· 12
  2.2 软件生命周期模型 ··· 12
    2.2.1 瀑布模型 ··· 13
    2.2.2 原型模型 ··· 14
    2.2.3 增量模型 ··· 15
    2.2.4 螺旋模型 ··· 16
    2.2.5 喷泉模型 ··· 17
  2.3 敏捷开发与极限编程 ·· 17
    2.3.1 敏捷开发 ··· 18
    2.3.2 极限编程 ··· 19
  2.4 GIS 项目软件开发过程 ·· 22

第3章 软件工程可行性分析 ·· 24
  3.1 可行性分析概述 ·· 24
  3.2 可行性分析的内容 ··· 24
  3.3 成本–效益分析 ·· 25
    3.3.1 软件系统开发费用的内容 ·· 25

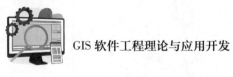

	3.3.2 成本估计	26
	3.3.3 成本/效益分析方法	27
3.4	软件工程项目开发技术	28
	3.4.1 制订开发计划的原则	28
	3.4.2 制订开发计划的方法	28
	3.4.3 推算各阶段时间的方法	29
3.5	可行性分析报告的编写	30

第4章 软件工程的需求分析 … 34

- 4.1 需求分析概述 … 34
  - 4.1.1 需求分析的特点 … 34
  - 4.1.2 需求分析的任务 … 35
  - 4.1.3 需求获取的方法 … 35
  - 4.1.4 需求分类 … 37
- 4.2 需求分析的方法 … 37
  - 4.2.1 数据流程图 … 38
  - 4.2.2 实体-关系图 … 39
  - 4.2.3 状态转移图 … 40
  - 4.2.4 数据字典 … 42
- 4.3 需求分析报告的编写 … 44

第5章 GIS软件工程总体设计 … 46

- 5.1 总体设计概述 … 46
  - 5.1.1 软件设计的重要性 … 46
  - 5.1.2 软件总体设计过程 … 47
  - 5.1.3 总体设计的基本任务 … 48
- 5.2 软件设计基本原理 … 49
  - 5.2.1 抽象 … 49
  - 5.2.2 细化 … 49
  - 5.2.3 模块化 … 50
  - 5.2.4 模块划分原则——耦合 … 51
  - 5.2.5 模块划分原则——内聚 … 54
- 5.3 数据库设计 … 56
  - 5.3.1 数据库设计的目标和内容 … 57
  - 5.3.2 数据库设计的步骤 … 57
  - 5.3.3 数据库的逻辑设计 … 58
  - 5.3.4 数据库的物理设计 … 58

5.4 空间数据库设计 ··· 60
   5.4.1 空间数据库的特点 ··· 60
   5.4.2 空间数据库的管理方式 ··· 60
   5.4.3 空间数据库的数据分层设计 ·· 62
5.5 GIS 系统架构设计 ·· 63
   5.5.1 C/S 体系架构 ··· 63
   5.5.2 B/S 体系架构 ··· 64
   5.5.3 B/S 和 C/S 混合体系架构 ·· 65
   5.5.4 SOA 体系架构 ·· 66
5.6 总体设计报告编写 ·· 67

第 6 章 GIS 软件工程详细设计 ··· 69
6.1 详细设计概述 ··· 69
6.2 详细设计的基本工具 ··· 69
   6.3.1 程序流程图 ·· 69
   6.3.2 N-S 图 ··· 71
   6.3.3 PAD 图 ··· 71
   6.3.4 PDL 语言 ·· 72
   6.3.5 判定表 ·· 74
   6.3.6 程序复杂度分析 ·· 75
6.3 程序代码编写原则 ·· 78
   6.3.1 标识符命名方法 ·· 78
   6.3.2 编码注意要点 ··· 79
6.4 GIS 软件工程细设计要点 ··· 80
   6.4.1 GIS 数据空间基准 ·· 81
   6.4.2 地理信息编码 ··· 81
   6.4.3 地理实体分类 ··· 82
   6.4.4 GIS 用户界面设计要点 ·· 83

第 7 章 面向对象设计和分析方法 ·· 85
7.1 面向对象设计的基本概念 ·· 85
7.2 面向对象设计的特性 ··· 88
7.3 UML 设计工具 ·· 91
   7.3.1 UML 概述 ··· 91
   7.3.2 UML 的组成 ·· 91
   7.3.3 用例图 ·· 92
   7.3.4 类图 ··· 94
   7.3.5 时序图 ·· 98

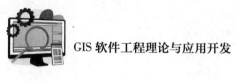

7.3.6 协作图	99
7.3.7 状态图	100
7.3.8 活动图	101
7.3.9 组件图	102
7.3.10 配置图	103

第8章 软件工程的设计模式 105

8.1 设计模式概述 105
8.2 设计模式的基本设计原则 107
- 8.2.1 开放–封闭原则 107
- 8.2.2 单一职责原则 107
- 8.2.3 接口分离原则 108
- 8.2.4 依赖倒置原则 109
- 8.2.5 里氏替换原则 109
- 8.2.6 迪米特原则 110

8.3 设计模式介绍 110
- 8.3.1 工厂方法模式 112
- 8.3.2 抽象工厂模式 113
- 8.3.3 建造者模式 114
- 8.3.4 原型模式 116
- 8.3.5 单例模式 116
- 8.3.6 装饰模式 117
- 8.3.7 适配器模式 118
- 8.3.8 桥接模式 118
- 8.3.9 组合模式 120
- 8.3.10 外观模式 121
- 8.3.11 享元模式 122
- 8.3.12 代理模式 123
- 8.3.13 解释器模式 124
- 8.3.14 责任链模式 125
- 8.3.15 命令模式 126
- 8.3.16 迭代器模式 127
- 8.3.17 中介者模式 128
- 8.3.18 备忘录模式 129
- 8.3.19 观察者模式 130
- 8.3.20 状态模式 131
- 8.3.21 策略模式 132
- 8.3.22 访问者模式 133

　　　　8.3.23　模板方法模式 ……………………………………………………… 135
　8.3　一个设计模式的实例 ……………………………………………………………… 136
　　　　8.4.1　实例概述图 …………………………………………………………… 136
　　　　8.4.2　定义几何对象 ………………………………………………………… 137
　　　　8.4.3　几何对象的"永久化" ………………………………………………… 141

第9章　软件测试 …………………………………………………………………… 150
　9.1　软件测试概述 ……………………………………………………………………… 150
　　　　9.1.1　软件测试的目的 ……………………………………………………… 150
　　　　9.1.2　软件测试的原则 ……………………………………………………… 151
　9.2　软件测试的过程 …………………………………………………………………… 151
　　　　9.2.1　单元测试 ……………………………………………………………… 152
　　　　9.2.2　集成测试 ……………………………………………………………… 153
　　　　9.2.3　确认测试 ……………………………………………………………… 154
　　　　9.2.4　系统测试 ……………………………………………………………… 155
　　　　9.2.5　验收测试 ……………………………………………………………… 158
　9.3　软件测试的方法 …………………………………………………………………… 159
　　　　9.3.1　黑盒测试 ……………………………………………………………… 159
　　　　9.3.2　白盒测试 ……………………………………………………………… 161
　　　　9.3.3　灰盒测试 ……………………………………………………………… 164
　　　　9.3.4　GIS项目测试的要点 …………………………………………………… 165
　9.4　测试分析报告的编写 ……………………………………………………………… 166

第10章　GIS软件项目管理 ………………………………………………………… 168
　10.1　软件项目管理概述 ……………………………………………………………… 168
　10.2　软件项目组织管理 ……………………………………………………………… 168
　　　　10.2.1　软件项目组织的建立 ………………………………………………… 168
　　　　10.2.2　GIS软件项目人员配置 ……………………………………………… 170
　10.3　软件项目过程管理 ……………………………………………………………… 171
　　　　10.3.1　软件工程项目计划 …………………………………………………… 171
　　　　10.3.2　软件开发成本估算 …………………………………………………… 171
　　　　10.3.3　软件项目版本管理 …………………………………………………… 172
　　　　10.3.4　Git软件项目版本管理工具 ………………………………………… 174
　10.4　软件项目的风险管理 …………………………………………………………… 177
　　　　10.4.1　软件开发的风险 ……………………………………………………… 177
　　　　10.4.2　软件项目风险管理 …………………………………………………… 178
　10.5　GIS数据质量管理 ……………………………………………………………… 179
　　　　10.5.1　GIS数据质量概述 …………………………………………………… 179

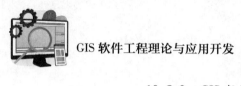

```
            10.5.2  GIS 数据误差 …………………………………… 180
            10.5.3  GIS 数据质量问题分析 …………………………… 180
            10.5.4  GIS 数据质量控制 ………………………………… 181
      10.6  软件项目的维护 ……………………………………………… 182
            10.6.1  软件维护概述 …………………………………… 182
            10.6.2  软件的可维护性 ………………………………… 183
            10.6.3  软件再工程技术 ………………………………… 184
            10.6.4  地理信息数据更新维护 ………………………… 186

第 11 章  GIS 二次开发技术 ……………………………………………… 188
      11.1  二次开发的基本技术 ……………………………………… 188
            11.1.1  组件技术 ………………………………………… 188
            11.1.2  JavaScript 技术 ………………………………… 194
            11.1.3  REST API ……………………………………… 195
            11.1.4  XML/JSON ……………………………………… 195
      11.2  ArcGIS Engine 二次开发 …………………………………… 197
            11.2.1  ArcGIS Engine 简介 …………………………… 197
            11.2.2  ArcGIS Engine 类库 …………………………… 198
            11.2.3  ArcGIS Engine 控件 …………………………… 200
            11.2.4  ArcGIS Engine 开发初步 ……………………… 201
      11.3  ArcGIS Maps SDK for .NET 二次开发 …………………… 202
            11.3.1  WPF 介绍 ………………………………………… 203
            11.3.2  ArcGIS Maps SDK for .NET 介绍 ……………… 204
            11.3.3  ArcGIS Maps SDK for .NET 安装 ……………… 206
            11.3.4  ArcGIS Maps SDK for .NET 开发示例 ………… 209
      11.4  ArcGIS Maps SDK for JavaScript ………………………… 212
            11.4.1  ArcGIS Maps SDK for JavaScript 概述 ………… 212
            11.4.2  ArcGIS Maps SDK for JavaScript 与其他方式比较 … 215

第 12 章  开源 GIS 软件项目介绍 ………………………………………… 217
      12.1  开源软件的概念 …………………………………………… 217
            12.1.1  什么是开源软件 ………………………………… 217
            12.1.2  开源软件许可 …………………………………… 217
      12.2  开源 GIS 软件 ……………………………………………… 219
            12.2.1  开源 GIS 软件分类 …………………………… 220
            12.2.2  开源 GIS 软件之间的关系 …………………… 220
      12.3  几个代表性开源 GIS 软件 ………………………………… 222
            12.3.1  GRASS …………………………………………… 222
```

　　12.3.2　GDAL/OGR …………………………………………………… 223
　　12.3.3　JTS（Java 拓扑套件） ………………………………………… 224
　　12.3.4　GeoTools ………………………………………………………… 225
　　12.3.5　Proj.4 …………………………………………………………… 229
　　12.3.6　SharpMap ……………………………………………………… 230
　　12.3.7　PostgreSQL/PostGIS …………………………………………… 232
　　12.3.8　GeoServer ……………………………………………………… 233
　　12.3.9　OpenLayers ……………………………………………………… 235
　　12.3.10　Cesium ………………………………………………………… 237

参考文献 ……………………………………………………………………… 239

第1章 软件工程概述

1.1 软件的基本概念

1.1.1 什么是软件

软件是一系列按照特定顺序组织的计算机数据和指令的集合。一般来讲软件被划分为系统软件、应用软件和介于这两者之间的中间件。软件并不只是包括可以在计算机（这里的计算机是指广义的计算机）上运行的电脑程序，与这些电脑程序相关的文档一般也被认为是软件的一部分。简单地说，软件就是程序加文档的集合体。另外，软件也可泛指社会结构中的管理系统、思想意识形态、思想政治觉悟、法律法规等。

ISO 对软件的定义为：与计算机系统操作有关的计算机程序、规程、规则，以及可能有的文件、文档及数据。其他定义方式如下：

（1）运行时，能够提供所要求功能和性能的指令或计算机程序集合。

（2）程序能够满意地处理信息的数据结构。

（3）描述程序功能需求以及程序如何操作和使用所要求的文档。

以开发语言作为描述语言，可以认为：软件 = 程序 + 数据 + 文档。

软件具有以下特点：

（1）无形的，没有物理形态，只能通过运行状况来了解功能、特性和质量。

（2）软件渗透了大量的脑力劳动，人的逻辑思维、智能活动和技术水平是软件产品的关键。

（3）软件不会像硬件一样老化磨损，但存在缺陷维护和技术更新。

（4）软件的开发和运行必须依赖于特定的计算机系统环境，对于硬件有依赖性，为了减少依赖，开发中提出了软件的可移植性。

（5）软件具有可复用性，软件开发出来很容易被复制，从而形成多个副本。

（6）软件成本相当昂贵。软件的研制工作需要投入大量的、复杂的、高强度的脑力劳动，它的成本是比较高的。

（7）软件涉及人类社会的各行各业，涉及各个领域专门知识，对软件工程师提出了很高的要求。软件开发应该有明确的分工。

（8）软件生产过程的不可见性，增加了管理的难度。

1.1.2 软件分类

软件的复杂性导致软件的分类标准有很多：

1）按应用范围划分，一般来讲软件被划分为系统软件、应用软件和介于这两者之间的中间件。

（1）系统软件。系统软件为计算机使用提供最基本的功能，可分为操作系统和支撑软件，其中操作系统是最基本的软件。系统软件负责管理计算机系统中各种独立的硬件，使得它们可以协调工作。系统软件使得计算机使用者和其他软件能够将计算机当作一个整体，而不需要顾及底层每个硬件是如何工作的。

操作系统是一种管理计算机硬件与软件资源的程序，同时也是计算机系统的内核与基石。操作系统身负诸如管理与配置内存、决定系统资源供需的优先次序，控制输入与输出设备，操作网络与管理文件系统等基本事务。操作系统也提供一个让使用者与系统交互的操作接口。

支撑软件是支撑各种软件的开发与维护的软件，又称为软件开发环境（Software Development Environment，SDE）。它主要包括环境数据库、各种接口软件和工具组。著名的软件开发环境有 IBM 公司的 Web Sphere、微软公司的 Microsoft Visual Studio 等。包括一系列基本的工具（比如编译器、数据库管理、存储器格式化、文件系统管理、用户身份验证、驱动管理、网络连接等方面的工具）。

（2）应用软件。不同的应用软件根据用户和所服务的领域提供不同的功能。应用软件是为了某种特定的用途而被开发的软件。它可以是一个特定的程序，比如一个图像浏览器；也可以是一组功能联系紧密、可以互相协作的程序的集合，比如微软的 Office 软件；还可以是一个由众多独立程序组成的庞大的软件系统，比如数据库管理系统。

2）按规模不同，软件可以分为微型、小型、中性、大型和超大型软件。

3）按服务对象分，软件可以分为通用软件和定制软件。通用软件是由特定软件开发机构开发，面向市场公开销售的独立运行的软件系统，如操作系统、文档处理系统和图片处理系统等。定制软件通常是面向特定的用户需求，由软件开发机构在合同的约束下开发的软件，如为企业定制的办公系统、财务管理系统、人事管理系统等。

4）按工作方式分，可以划分为实时软件、分时软件、交互式软件和批处理软件等。

不同的软件一般都有对应的软件授权，软件的用户必须在同意所使用软件的许可证的情况下才能够合法使用软件。特定软件的许可条款不能够与法律相违背。

依据许可方式的不同，大致可将软件区分为以下五类：

（1）专属软件。此类授权通常不允许用户随意地复制、研究、修改或散布该软件。违反此类授权通常会有严重的法律责任。传统的商业软件公司会采用此类授权，例如微软的 Windows 和办公软件。专属软件的源码通常被公司视为私有财产而予以严密的保护。

（2）自由软件。此类授权正好与专属软件相反，开发者赋予用户复制、研究、修改和散布该软件的权利，并提供源码供用户自由使用，仅给予些许的其他限制。Linux、Firefox 和 OpenOffice 可作为此类软件的代表。

（3）共享软件。通常可免费取得并使用其试用版，但在功能或使用期限上受到限制。开发者会鼓励用户付费以取得功能完整的商业版本。根据共享软件作者的授权，用户可以从各种渠道免费得到它的拷贝，也可以自由传播它。

（4）免费软件。可免费取得和转载，但不提供源码，也无法修改。

（5）公共软件。原作者已放弃权利、著作权过期或作者已经不可考究的软件。使用上无任何限制。

1.2 软件危机

20 世纪 60 年代以前，计算机刚刚投入实际使用，软件往往只是为了一个特定的应用而在指定的计算机上设计和编制，采用密切依赖于计算机的机器代码或汇编语言，软件的规模比较小，文档资料通常也不存在，很少使用系统化的开发方法，设计软件往往等同于编制程序，基本上是个人设计、个人使用、个人操作、自给自足的私人化的软件生产方式。进入 20 世纪 60 年代后，大容量、高速度计算机的出现，使计算机的应用范围迅速扩大，软件开发急剧增长。高级语言开始出现；操作系统的发展引起了计算机应用方式的变化；大量数据处理导致第一代数据库管理系统的诞生。伴随软件系统的规模越来越大，复杂程度越来越高，软件可靠性问题也越来越突出。原来的个人设计、个人使用的方式不再能满足要求，软件生产方式迫切需要改变，以提高软件生产率。在此情形下，软件危机开始爆发。主要表现在以下方面：

1）软件开发进度难以预测。拖延工期几个月甚至几年的现象并不罕见，这种现象降低了软件开发组织的信誉。

2）软件开发成本难以控制。投资一再追加，令人难以置信。实际成本往往比预算成本高出一个数量级。而软件开发组织为了赶进度和节约成本所采取的一些权宜之计又往往会损害软件产品的质量，从而不可避免地会引起用户的不满。

3）产品功能难以满足用户需求。开发人员和用户之间很难沟通、矛盾很难统一。往往是软件开发人员不能真正了解用户的需求，而用户又不了解计算机求解问题的模式和能力，双方无法用共同熟悉的语言进行交流和描述。在双方互不充分了解的情况下，软件开发组织就仓促上阵设计系统、匆忙着手编写程序，这种"闭门造车"的开发方式必然导致最终的产品不符合用户的实际需要。

4）软件规模的增长，带来了复杂性的增加。由于缺乏有效的软件开发方法和工具，过度依赖软件开发过程中程序设计人员的技巧和创造性，软件的可靠性随着软件规模的增长而下降。

5）软件产品质量无法保证。系统中的错误难以消除。软件是逻辑产品，质量问题很难以统一的标准度量，因而造成质量控制困难。并不是软件产品没有错误，而是盲目检测很难发现错误，而隐藏下来的错误往往是造成重大事故的隐患。

6）软件产品难以维护。软件产品本质上是开发人员的代码化的逻辑思维活动，他人难以替代。除非是开发者本人，否则很难及时检测、排除系统故障。在为使系统适应新的硬件环境，或根据用户的需要在原系统中增加一些新的功能时，又有可能增加系统中的错误。

7）软件缺少适当的文档资料。文档资料是软件必不可少的重要组成部分。实际上，软件的文档资料是开发组织和用户之间权利和义务的合同书，是系统管理者、总体设计者向开发人员下达的任务书，是系统维护人员的技术指导手册，是用户的操作说明书。缺乏必要的文档资料或者文档资料不合格，将会给软件开发和维护带来许多严重的困难和问题。

下面是几个"软件危机"典型项目案例：

（1）IBM 操作系统。IBM 公司 1963—1966 年开发 IBM360 操作系统，项目花了 5000 人/年的工作量，最多时有 1000 人投入开发工作，写出 100 万行源程序，但发行后的每一代新版本都是上一版 1000 个错误的修正。事后负责人 F. D. Brooks 总结教训时说："……正像一只逃亡的野兽落到泥潭中做垂死的挣扎，越是挣扎，陷得越深，最后无法逃脱灭顶的灾难。程序设计工作正像这样一个泥潭，一批批程序员被迫在泥潭中拼命挣扎，……谁也没料到竟会陷入这样的困境……"

（2）1900 年错误。1992 年，来自明尼苏达州怀俄明的玛丽收到一份幼儿园的入园通知，她当时是 104 岁。

（3）闰年错误。1988 年 2 月 29 日，一家超市因出售过期一天的肉而被罚款 1000 美元。因为在肉的标签上打印保质期的计算机程序没有考虑到 1988 年是闰年。

（4）接口误用。1990 年 4 月 10 日，在伦敦地铁运营过程中，司机还没上车，地铁列车就驶离车站。当时司机按了启动键，正常情况下如果车门是开着的，系统就应该可以阻止列车起动。当时的问题是司机离开了列车去关一扇卡着的门，但当门终于关上时，列车还没有等到司机上车就开动了。

（5）安全问题。软件工程学院的 CERT 组（Computer Emergency Response Team，计算机紧急反应小组）是一个政府资助的组织，用来协助社区处理安全事件、突发事件和安全技能方面的问题。美国报道的 CERT 安全事件从 1990 年的 252 件增加到 2000 年的 21756 件，而到 2001 年已增加到了 40000 多件。

（6）拖延和超支。1995 年，新丹佛尔国际机场自动行李系统的错误，造成旅客行李箱的损坏。机场则被迫推迟 16 个月再开放，且主要采用手工行李系统，产生 32 亿美元超支。

（7）延期交付。1984 年，经过 18 个月的开发，一个耗资 2 亿美元的系统交付给了威斯康星州的一家健康保险公司。但是该系统无法正常工作，只好追加了 6000 万美元，又花了 3 年时间才解决问题。

1.3 软件工程的基本概念

1.3.1 什么是软件

1968 年，在北大西洋公约组织举行的一次学术会议上，Fritz Bauer 首次提出了软件工程这个概念。并将其定义为："软件工程是为了经济地获得可靠的和能在实际机器上高效运行的软件而确立和使用的健全的工程原理（方法）。"

随着软、硬件技术的发展，人们对软件工程也逐渐有了更全面、更科学的认识，软件工程的定义也一直在不停地修改。

美国电气与电子工程师学会（Institue of Electrical and Electronics Engineers，IEEE）在 1983 年给出的软件工程定义："软件工程是开发、运行、维护和修复软件的系统方法。"

IEEE 在 1993 年对软件工程给出了一个更加综合的定义："将系统化的、规范的、可度量的方法应用于软件的开发、运行和维护的过程，即将工程化应用于软件中。"

总的来说，软件工程就是指导计算机软件开发和维护的工程学科。采用工程的概念、原理、技术和方法来开发与维护软件，把经过时间考验而证明正确的管理技术和当前能够得到的最好的技术结合起来，以经济地开发高质量的软件并有效地维护它，这就是软件工程。

1.3.2 软件工程的方法

现代软件工程研究的内容：

软件开发技术：软件开发方法学、软件开发过程、软件工具和软件工程环境；

软件工程管理：软件管理学、软件经济学、软件心理学。

软件工程所包含的内容不是一成不变的，随着人们对软件系统的研制开发和生产的理解的深化，应运用发展的眼光看待它。

软件工程的方法主要有以下四种：

（1）结构化的方法。结构化的方法是传统的基于软件生命周期的软件工程方法，自 20 世纪 70 年代产生以来，它获得了很好的软件项目应用。结构化的方法是以软件功能为目标进行软件构建的，包括结构化分析、结构化分析设计、结构化实现、结构化维护等内容。这种方法主要是通过数据流模型来描述软件的数据加工过程，并通过数据流模型，由对软件的分析过渡到对软件的结构设计。

（2）面向数据结构方法。面向数据结构方法是一类侧重从数据结构方面去分析和表达软件需求，进行软件设计的开发方法。该方法从数据结构入手，分析信息结构，并用数据结构图（特指该类方法所用的图形描述工具，例如 Jackson 结构图和 Warnier 图）来表示，再在此基础上进行需求分析，进而导出软件的结构。面向数据结构的开发方法包括分析和设计两个过程，数据结构在整个过程中起着重要作用。由于很多应用领域的信息都有层次分明的信息结构，系统的输入数据、内部储存数据及输出数据都存在着层次性，并且是相对独立和可区分的，因此，在需求分析过程中可以利用数据结构来分析和表示问题的信息域。在软件设计过程中，不同性质的数据结构往往可以用具有相应的控制结构的程序进行处理。重复性的数据总是用具有循环控制结构的软件来处理，而选择性的数据则由具有条件处理部分的软件来处理，业已证明，仅用三种结构成分即顺序、选择和循环就可以表示所有具有单出口与单入口的程序，因此，可以将具有层次性的数据结构映射到结构化的程序上。

（3）面向对象方法。面向对象方法将面向对象的思想应用于软件开发过程中，指导开发活动，是建立在"对象"概念基础上的方法学，简称"OO（Object-Oriented）方法"。面向对象方法的本质是主张参照人们认识一个现实系统的方法，从而完成分析、设计并实现一个软件系统，提倡用人类在现实生活中常用的思维方法来认识、理解和描述客观事物，强调最终建立的系统能映射问题域，使得系统中的对象，以及对象之间的关系能够如实地反映问题域中固有的事物及其关系。自20世纪80年代以来，研究者提出了许多面向对象方法，其中Booch、Rumbaugh、Jacobson等人提出了一系列研究成果被合并为统一建模语言（Unified Modeling Language，UML），成为面向对象方法中的公认标准。

（4）软件设计模式。软件设计模式（Design Pattern），又称设计模式，是一套被反复使用、多数人知晓、经过分类编目的代码设计经验的总结。使用设计模式是为了可重用代码、让代码更容易被他人理解、保证代码可靠性、程序的重用性。这个术语是在20世纪90年代由Erich Gamma等人从建筑设计领域引入计算机科学中来的。算法不是设计模式，因为算法致力于解决问题而非设计问题。设计模式通常描述了一组相互紧密作用的类与对象。设计模式提供一种讨论软件设计的公共语言，使得熟练设计者的设计经验可以被初学者和其他设计者掌握。设计模式还为软件重构提供了目标。

1.3.3 软件工程与网络

计算机网络是突破地理范围限制集合的大量计算机设备群体，它们彼此用物理通道互连，并遵守共同的协议而进行数据通信（计算机与计算机进行通信时，通信双方共同遵守的一组规则），从而实现用户对网络系统中各互连计算机设备群体的共享。计算机网络是人们彼此进行交流的工具，它能促进人们进行广泛的思想交流，促进知识迅速更新，使信息得到充分利用和实现系统资源共享。如今，因特网的发展对我们的生活产生了深远的影响，各种移动应用App、基于浏览器的Web应用、基于云计算的应用已深入各个行业里。基于网络的软件系统主要有以下三种结构：

（1）C/S（Client/Server，客户端/服务器）结构。以C/S结构为基础的系统，数据库安装在服务器端，应用程序安装在客户端。数据库被安装在服务器端，数据集中存放的目的是方便实现数据共享。应用程序安装在客户端计算机上，只有当应用程序需要访问数据库的数据时，才通过网络访问数据库服务器。C/S 结构的优点是：系统一般安装在局域网中，安全性比较高，由于应用程序安装在客户端计算机上，系统及时性好，满足快速响应的需求；C/S 结构的问题是：当应用程序升级时需要对所有客户端同步升级，另外，集中存放的数据库可以被多个用户同时访问，存在系统内的安全控制问题。C/S 结构不仅仅局限在局域网内，当用户在移动终端下载一个 App 应用时，移动终端就成为 C/S 结构的客户端，每当在应用程序上进行数据访问时，请求就会发给数据库服务器，比如，支付宝、微信、微博、爱奇艺等移动端应用都是典型的 C/S 结构。

（2）B/S（Browser/Server，浏览器/服务器）结构。随着 Internet 和 WWW 的流行，以往的主机/终端和 C/S 都无法满足当前的全球网络开放、互连、信息随处可见和信息共享的新要求，于是就出现了 B/S 型模式，即浏览器/服务器结构。它是 C/S 架构的一种改进，可以说属于三层 C/S 架构。该结构主要利用了不断成熟的 WWW 浏览器技术，用通用浏览器就实现了原来需要复杂专用软件才能实现的强大功能，并节约了开发成本，是一种全新的软件系统构造技术。B/S 结构的第一层是浏览器，即客户端，只有简单的输入输出功能，处理极少部分的事务逻辑。由于客户不需要安装客户端，只要有浏览器就能上网浏览，它面向的是大范围的用户，所以界面设计得比较简单，通用；第二层是 Web 服务器，扮演着信息传送的角色。当用户想要访问数据库时，就会首先向 Web 服务器发送请求，Web 服务器统一请求后会向数据库服务器发送访问数据库的请求，这个请求是以 SQL 语句实现的；第三层是数据库服务器，它扮演着重要的角色，因为它存放着大量的数据。当数据库服务器收到了 Web 服务器的请求后，会对 SQL 语句进行处理，并将返回的结果发送给 Web 服务器，接下来，Web 服务器将收到的数据结果转换为 HTML 文本形式发送给浏览器，也就是我们打开浏览器看到的界面。

（3）云计算。云计算（Cloud Computing）是分布式计算的一种，指的是通过网络"云"将巨大的数据计算处理程序分解成无数个小程序，然后，通过多部服务器组成的系统进行处理和分析这些小程序得到结果并返回给用户。早期的云计算，简单地说，就是简单的分布式计算，它能够解决任务分发，并进行计算结果的合并。因此，云计算又称为网格计算。这项技术可以在很短的时间内（几秒钟）完成对数以万计的数据的处理，从而实现强大的网络服务。现阶段所说的云服务已经不单单是一种分布式计算，而是分布式计算、效用计算、负载均衡、并行计算、网络存储、热备份冗杂和虚拟化等计算机技术混合演进并跃升的结果。云平台提供的服务有：①用户可以租用一台虚拟服务器来发布自己的网站；②可以为自己的计算机部署某种基础软件环境，如操作系统、Oracle 数据库等；③为企业客户提供办公平台及应用；④为企业或客户提供网络安全配置服务；⑤提供各种 API（Application）；⑥提供数据分析服务、数据计算、数据存储服务等。

云使用了数据多副本容错、计算节点同构可互换等措施来保障服务的高可靠性，使用云计算比使用本地计算机可靠。云计算不针对特定的应用，在云的支撑下可以构造出千变万化的应用，同一个云可以同时支撑不同的应用运行。

1.4 GIS 软件工程的分类、开发方式及特点

1.4.1 GIS 软件分类

GIS 软件大致可以分为三种类型，即基础平台类、数据工具类、应用系统类。

（1）基础平台类。由专业的 GIS 软件公司开发，提供全部的地理信息系统处理功能，完成数据处理、空间分析、信息查询、专题地图制作、二次开发接口等，是所有其他 GIS 软件的基础。比较有代表性的平台有美国 ESRI 公司的 ArcGIS 系列软件，国内超图公司的 SuperMap 系列软件。基础平台类软件是通用性基础软件，开发难度大，周期长，一般只有几家有实力的商业公司能够开发完成。

（2）数据工具类。GIS 所处理的数据主要是空间数据，从泛地理信息角度来说，专门用于某类空间数据产生处理的软件也可以归为 GIS 软件，比如遥感图像处理软件，代表性的有 ENVI、Erdas、PCI 等；三维模型处理软件，代表性的有 Skyline、CityEngine 等。这些软件专业性强，一般也是由几家商业软件公司专门开发维护。

（3）应用系统类。应用系统类软件占 GIS 软件比例最多，市场份额也是最大的，它既需要基础平台类和数据工具类软件的支持，同时又与各个行业的业务相结合，形成具有各个行业特征的 GIS 应用系统，如国土资源管理系统、城市规划管理系统、警用地理信息系统、交通地理信息系统、环境资源管理系统。可以说，GIS 应用系统已开始逐步渗透到国民经济的各个行业，具有广泛的应用前景。

1.4.2 GIS 应用系统的开发模式

GIS 应用系统的软件开发模式大致可以分为四种：独立开发模式、宿主型开发模式、平台二次开发模式、开源开发模式。

（1）独立开发模式。不依赖于任何 GIS 工具软件，从空间数据的采集、编辑到数据的处理分析及结果输出，所有的算法都由开发者独立设计，然后选用某种程序设计语言，如 Visual C++、Java 等，在一定的操作系统平台上编程实现。这种开发模式开发周期长，软件功能相对专一，对开发者要求高，并且不依赖于任何 GIS 基础平台，具有较好的独立性，比如汽车导航系统，一般是采用独立开发模式完成的。

（2）宿主型开发模式。基于 GIS 平台软件，进行应用系统开发。多数 GIS 平台软件都提供了可供用户进行二次开发的脚本语言，用户以原 GIS 软件为开发平台，利用这些脚本语言或者插件，开发出自己的针对不同应用领域的应用程序。这种开发方式较为容易，开发出来的程序寄生于 GIS 平台提供的宿主环境中运行，可以利用宿主已有的功能。但这种方式对宿主的依赖性较强，用户界面受宿主的限制，适用于用户定制实现单一的 GIS 功能，无法开发出一个功能复杂强大的 GIS 应用系统。如图 1.1 所示是一个以 ArcMap 为宿主的用 C#语言开发的插件示例。

第 1 章 软件工程概述

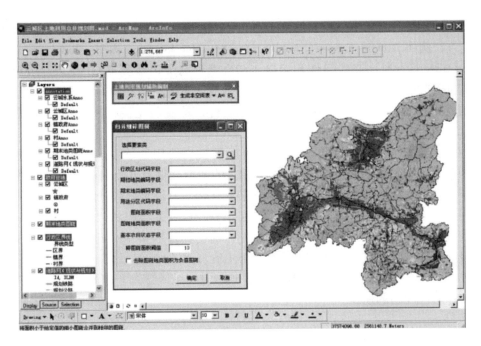

图 1.1 宿主型开发模式示例

近年来，由于 Python 语言的流行，ArcGIS 也在其桌面软件 ArcMap 内置了对 Python 的支持，提供了一个嵌入式、交互式的 ArcGIS Python 窗口，如图 1.2 所示，其宿主型开发模式，能够用 Python 建立方便快捷的工作流和地理信息处理工具，提高了工作效率。

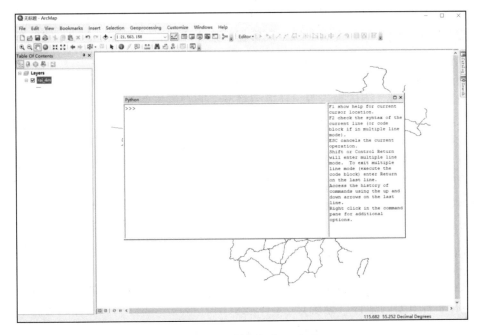

图 1.2 ArcGIS Python 窗口

（3）平台二次开发模式。GIS商业平台都会提供一系列的用于二次开发的组件或API接口，例如ArcGIS Engine、ArcGIS Map SDK for Javascipt API、ArcGIS Server for Android SDK等，通过这些组件和接口，结合某种高级语言如C#、Javav、JavaScript等，能够开发出桌面、Web端、移动端的GIS应用系统。这些系统能开发出功能完善复杂的应用系统，并能脱离GIS平台独立运行，是目前主流的GIS应用系统开发模式。

（4）开源开发模式。开源是其源码可以被公众使用的软件，此类软件的使用，修改和分发受到一些许可证的限制。GIS相关的开源软件有几百种，开源GIS软件是自由、免费的，使用者可以自由下载、安装和使用。开源最显著的特点即源码的开放性，用户不仅可以免费安装软件，而且还可以获得软件的源码和软件的文档资料，并可以在开源社区进行学习和交流。GIS软件目前已经形成了一个比较齐全的产品线，包括桌面软件、空间数据库管理系统、服务GIS和Web处理服务、移动GIS、GIS类库、WebGIS等，因此，采用开源软件开发GIS应用系统逐渐得到重视，为用户提供了另一种解决问题的途径。

1.4.3　GIS软件工程的特点

GIS与一般的软件系统具有很多相通的地方，软件工程的一般理论和方法均适用于GIS软件工程。但是GIS软件系统与一般的信息系统关系紧密，同时还有自身的一些特点。

GIS与其他信息系统最大的区别是它能处理空间对象，它不仅能进行空间数据的存储、显示、绘制、输出，还能对空间数据进行查询、分析。GIS不仅处理文本、表格、多媒体数据，还能处理各种空间数据，包括矢量数据、栅格数据。数据维度多样，既有二维空间数据，也有三维空间数据，还有多维时空数据。因此，GIS软件工程具有以下特点：

（1）系统复杂度高。①需要的文档数量高。除了一般的软件需求说明书、系统设计书、用户手册、测试报告等，还需要增减空间数据采集工作方案及技术方案、空间数据说明书等。②软件开发复杂度高。GIS涉及的因素多，数据量大，功能复杂，常常与其他管理信息系统（Mangement Information System，MIS）和办公自动化系统（Office Automation，OA）混合在一起开发，如果涉及三维空间数据、时空数据，则开发难度更高、开发周期更长。③软、硬件架构复杂。GIS往往需要很多第三方的工具库，如地图投影、影像处理、空间分析、三维数据处理等，因此软件架构较为复杂。另外，由于空间数据量巨大，因此对服务器、存储设备、网络等硬件环境要求更高。

（2）数据复杂度高。GIS往往需要海量的空间数据作支撑。很多GIS本身就是一个强大的数据处理系统，数据被称为GIS的"核心"和"血液"，所以数据库建设在GIS中有非常重要的地位。据统计，GIS投资的三个主要部分——数据、硬件、软件所占费用比例为8∶1∶1，可见数据在系统中占有重要地位。在开发过程中，需要注意三点：①数据的质量。系统需要输入高质量的数据，否则会影响系统效率和功能的实现。非空间信息往往关注输入数据的标准和数值的正确性，而 GIS 的数据在空间关系（主要是指拓扑关系、点位关系等）、元数据、分层、图文关联等方面有严格要求。②数据的现时性。即数据的时效，在 GIS 中，所面对的空间数据往往不是由系统本身产生的，而是通过系统外的数据采集过程来完成的，而且空间数据变化较快，数据很容易过时，因此，系统需要具有一定的数据更新机制。③合理的数据组织结构。GIS 所处理的数据包括矢量格式、栅格格式的空间数据和表格、文本、多媒体等非空间数据，它们的不同组织方式，对系统的效率、安全性具有重要的影响。

（3）系统表达方式复杂。在系统开发中，需要通过界面设计、视图功能开发、人机交互方式来实现人与系统环境的交流。GIS 相对于一般的信息系统，其表达内容多元化、表达方式复杂化体现在以下两个方面：①表达的内容复杂。GIS 同时能够处理文本数据、空间数据、多媒体数据等，甚至也能够接受遥感监测的实时数据，这是其他信息系统无法比拟的，相应地，它在表达方式的组成上也是非常复杂的，如输出方面包括专题图、报表、业务表格等。②表达的对象具有时空特性。GIS 处理的对象具有鲜明的空间特性，系统必须能将这些对象的空间性直观地表达给用户；同时，许多地理对象具有一定的时间序列，系统需要模拟地理现象的时空演化，如地籍信息系统，它需要系统能追溯到历史上一定时刻的空间对象的状态，以支持地籍管理。

（4）系统维护工作量大。GIS 数据量大，处理的内容复杂，因此无论是空间数据的更新、数据库的一致性维护，都需要大量的后期工作。因此，GIS 的开发是一项长期投资，需要分步有序进行。

第 2 章 软 件 过 程

2.1 软件过程概述

软件工程应该遵循的一系列步骤即软件过程。软件过程是指软件整个生命周期，即从需求获取、需求分析、设计、实现、测试、发布到维护整个过程的模型。一个软件过程定义了软件开发中采用的方法，但软件过程还包含该过程中应用的技术——技术方法和自动化工具。过程定义一个框架，为有效交付软件工程技术，这个框架必须得以创建。软件过程构成了软件项目管理控制的基础，并且创建了一个环境以便于技术方法的采用、工作产品（模型、文档、报告、表格等）的产生、里程碑的创建、质量的保证、正常变更的正确管理。

软件工程的开发包括如下七个过程：

（1）开发过程。开发过程是开发者和机构为了定义和开发软件或服务所需的活动。此过程包括需求分析、设计、编码、集成、测试、软件安装和验收等活动。

（2）管理过程。管理过程为软件工程中的各项管理活动，包括项目开始和范围定义，项目管理计划、实施、控制、评审和评价，项目完成。

（3）供应过程。供应过程是供方按照合同向需求方提供合同所规定的系统、软件产品或服务所需的活动。

（4）获取过程。根据需求，获取过程是需求方按合同要求获取一个系统、软件产品或服务的活动。

（5）操作过程。操作过程是操作者和机构为了在规定的运行环境中为用户运行一个计算机系统所需要的活动。

（6）维护过程。维护过程是维护者和机构为了适应软件的修改，使它处于良好运行状态需要的活动。

（7）支持过程。支持过程对项目的生命过程给予支持。它有助于项目的成功并能提高项目的质量。这个过程没有规定一个特定的生命周期模型或软件开发方法，各软件开发机构可为其开发项目选择一种生命周期模型，并将软件工程过程所含的过程、活动与任务映射到该模型中。

2.2 软件生命周期模型

软件生命周期模型确立了软件开发和演绎中各阶段的次序限制以及各阶段活动的准则，确立了开发过程应遵循的规定和限制，便于各种活动的协调以及各类人员的有效通信，有利于活动重用管理。软件生命周期模型能表示各种活动的实际工作方式、各种活动时间的同步和制约关系,以及活动的动态特性。生命周期模型能被软件开发过程的各类人员所理解,应该适用不同的软件项目并具有较强的灵活性,从而能够支持软件开发环境的建立。

目前存在几种常见的软件生命周期模型,主要有瀑布模型、原型模型、增量模型、螺旋模型、喷泉模型、基于知识的模型,以及敏捷开发和极限编程。

2.2.1 瀑布模型

瀑布模型是 20 世纪 80 年代受推崇的一种软件开发模型,是一种线性的开发模型。这个模型内的工作自顶向下从抽象到具体顺序进行,好像瀑布一样从高到低。瀑布模型是将软件的生命周期各活动规定为依线性顺序连接的若干阶段的模型,具有不可回溯性。开发人员必须等前一阶段任务完成后,才开始后一阶段的工作,并且前一阶段的输出往往是后一阶段的输入。由于其不可回溯性,如果在软件生命周期的后期发现并要改正前期的错误,则需要付出很高的代价。瀑布模型示意图如图 2.1 所示。

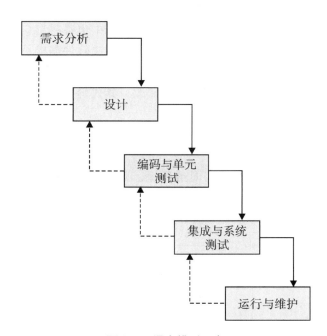

图 2.1 瀑布模型示意

瀑布模型具有如下特点:

(1) 以文档形式驱动,为合同双方最终确认产品规定了蓝本,为管理者进行项目开发管理提供了基础,为开发过程施加了"政策"或纪律限制,约束了开发过程中的活动。

(2) 以里程碑开发原则为基础,提供各阶段的检查站点,确保用户需求,满足预算和时间限制。

（3）瀑布模型是一种整体开发模型，在开发过程中，用户看不见系统是什么样，只有开发完成向用户提交整个系统时，用户才能看到一个完整的系统。

（4）瀑布模型适合于功能明确、完整、无重大变化的软件开发。大部分的系统软件有这些特征，例如编译系统、数据管理系统和操作系统等，这些系统在开发前均可被完整、准确、一致和无二义性地定义其目标、功能和性能等。

瀑布模型还有一定的局限性，表现在：

（1）开发前期，用户对系统认识模糊，很难将系统的一切描述得准确，因此很难保证每个阶段，特别是定义阶段是正确完整的。

（2）用户和软件开发人员知识背景不同，在开发过程中，用户因为对计算机应用功能的逐步了解而产生的新需求，或由于环境变化而希望系统也随之变化，都会成为严格线性开发的障碍。

（3）作为整体开发的瀑布模型，由于不支持软件产品的演化，开发过程中的一些很难发现的错误，只能在最终产品运行时才能发现，因此，瀑布模型缺乏应对变化的机制，会导致最终产品难以维护。

瀑布模型在取代非结构化软件、降低软件的复杂度、促进软件开发工程化方面起了很大作用。但是，瀑布模型在大量的软件开发实践中也暴露出它的缺点，即它是一种理想的线性开发模式，缺乏灵活性，特别是无法解决软件需求不确定或不准确的问题。这将导致开发出的软件不是用户真正需要的软件，并且问题往往在开发过程完成后才能被发现，为此需要进行返工或大量的修改，其代价是巨大的。

2.2.2 原型模型

原型模型是借助一些软件开发工具或环境，从而尽可能快速构造一个系统的简化模型，如图2.2所示。

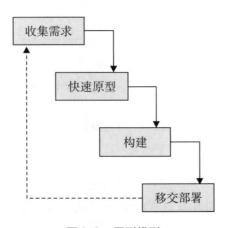

图 2.2 原型模型

原型模型最大的特点是利用原型法技术能够快速建立系统的初步模型，供开发人员和用户进行交流,以便较准确获得用户的需求。采用逐步求精法使原型逐步完善,这是一种在新的高层次上不断反复推进的过程,它可以避免在瀑布模型冗长的开发过程中看不见产品雏形。

相对于瀑布模型来说,原型模型更符合人类认识真理的过程和思维活动,是非常流行的实用的软件方法,原型模型适合满足如下条件的软件开发:

(1) 有快速建立系统原型模型的软件工具与环境。随着计算机软件的飞速发展,这样的软件工具越来越多,特别是一些第四代语言,已具备较强的生成原型系统的能力。

(2) 原型模型适合那些不能确切定义需求的软件开发。

(3) 已有产品或产品的原型(样品),只需客户化的工程项目。

(4) 简单而熟悉的行业和领域。

2.2.3 增量模型

增量模型是把待开发的软件系统模块化,将每个模块作为一个增量组件,分批次地分析、设计、编码和测试这些增量组件。运用增量模型的软件开发过程是递增式的过程。相对瀑布模型而言,采用增量模型进行开发,开发人员不需要一次性地把整个软件产品提交给用户,可以分批次提交。一般情况下,开发人员会首先提供基本核心功能的增量组件,创建一个具备基本功能的子系统,然后再对其进行完善,增量模型示意图如图2.3所示。

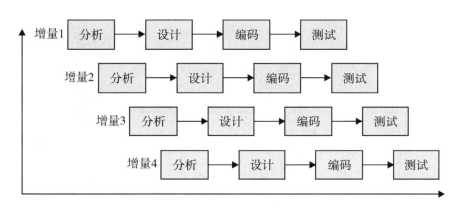

图2.3 增量模型

增量模型的最大特点是将待开发的软件系统模块化、组件化,其具有以下优点:

(1) 将待开发的软件系统模块化,可以分批次地提交软件产品,使用户可以及时了解软件项目的进展。

(2) 以组件为单位进行开发,降低了软件开发的风险,一个开发周期内的错误不会影响整个软件系统。

(3) 开发顺序灵活。开发人员可以对构件的实现顺序进行优先级排序,先完成需求稳定的核心组件。当组件的优先级发生变化时，还能及时对实现顺序进行调整。

增量模型的缺点是要求待开发的软件系统可以被模块化，如果待开发的软件系统很难模块化，则增量开发会带来很多麻烦。

增量模型适用于具有以下特征的软件开发项目：

（1）软件产品可以分批次地进行交付。
（2）待开发的软件系统能够被模块化。
（3）软件开发人员对应用领域不熟悉，难以一次性地进行系统开发。
（4）项目管理人员把握全局的水平较高。

2.2.4 螺旋模型

螺旋模型将瀑布模型与增量模型结合起来，并且加入了这两种模型所忽略的风险分析，它把开发过程分为制订计划、风险分析、实施工程和客户评价4种活动。瀑布模型将过程周期分为几个周期，每个周期和瀑布模型大致相符，在工作的推进过程中，各类活动呈螺旋上升的趋势，如图2.4所示。

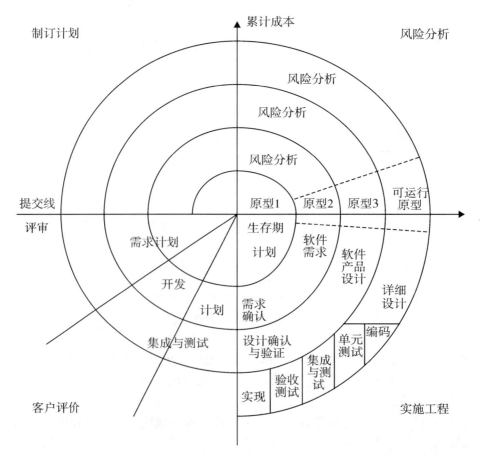

图2.4 螺旋模型

(1) 制订计划。确定软件产品各个部分的目标，如性能、功能和适应变化的能力等；确定软件产品各部分的各种实现方案；确定不同方案的限制条件。

(2) 风险分析。对各个不同的实现方案进行评估，对出现的不确定因素进行风险分析，提出解决风险的策略，建立相应的原型。若原型是可运行的，则作为下一步产品演化的基础。

(3) 实施工程。实施工程渗透了瀑布模型的各个阶段，由开发人员对下一版的软件产品进行开发和验证。

(4) 客户评价。通过对产品的评价，提出修改意见，对下一周期的软件需求、设计和实现进行计划。

螺旋模型适合于大型软件的开发，它吸收了软件工程"演化"的概念，使得开发人员和用户对每个螺旋周期出现的风险有所了解，从而做出相应的反应。但是，使用该模型需要有丰富的风险评估经验和专门知识，这使得该模型的应用受到一定的限制。

2.2.5 喷泉模型

喷泉模型是以面向对象的软件开发方法为基础，以用户需求为动力，以对象作为驱动的模型，它适合于面向对象的开发方法。它克服了瀑布模型不支持软件重用和多项开发活动集成的局限性。喷泉模型使开发过程具有迭代性和无间隙性。系统某些部分常常重复工作多次，相关功能在每次迭代中随之加入演化的系统。无间隙性是指在分析、设计和实现等开发活动之间不存在明显的边界。如图 2.5 所示：

喷泉模型的各个阶段没有明显的界线，开发人员同步进行开发可以提高软件项目开发效率，节省开发时间适应于面向对象的软件开发过程。

由于喷泉模型在各个开发阶段是重叠的，在开发过程中需要大量的开发人员，因此不利于项目的管理。喷泉模型要求严格管理文档，这使得审核的难度加大，尤其是面对可能随时加入的各种信息、需求与资料的情况时。

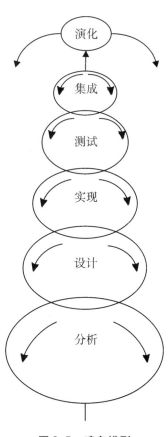

图 2.5 喷泉模型

2.3 敏捷开发与极限编程

随着计算机技术的发展，软件系统规模越来越大，软件需求常常发生变化，对此，则需要能更快地开发软件，同时软件也能够以更快的速度更新。传统的方法在开发效率上面临挑战，因此，强调快速、小文档、轻量级的敏捷开发方法开始流行，相对于传统的软件工程方法，它更强调软件开发过程中各种变化的必然性，并通过团队成员之间充分的交流与沟通，以及合理的机制来有效响应变化。

2.3.1 敏捷开发

"敏捷"一词来源于2001年初，由17名软件开发人员一同发布的"敏捷软件开发宣言"。它原是一种价值观，用于指导我们高效地完成产品开发，随着它改变了整个行业模式，大家便用它来统一命名其指导下的新型开发模式。

传统的开发模式，像瀑布模型、喷泉模型、螺旋模型等，虽然有不断的进化与创新，但始终没有一款能快速、灵活地适应市场变化。此后，则逐渐发展了很多轻量化的软件开发方法，比如Scrum、水晶清透法、极限编程法等，它们都起源于敏捷开发宣言之前，但都统称为敏捷软件开发法，因为它们都是迭代和增量式的开发方法。

各种敏捷开发方法的差异在于理念、过程、术语不同，但相较于"非敏捷"开发方法，它们都更强调团队间的紧密协作、面对面的沟通、频繁的交付新版本、紧凑而自我组织型的团队、能够很好地适应需求变化的代码编写和团队组织方法，也更注重软件开发过程中人的作用。

敏捷宣言的四个价值观：

（1）个体和互动高于流程和工作。要想为产品持续做出正确的决策是很困难的，需要跨部门面对面的沟通交流，获取更多的有价值信息。同时，要让团队所有成员熟悉掌握项目本身、进展情况，帮助成员清晰了解全局，而不是一层一层地隔断信息却要求成员们具有全局观，良好透明的沟通才能保证项目的高效运转。

当业务线众多、项目复杂、周期跨度较大时，这一点尤为重要。为了帮助成员更快速直观地掌握全局，一些企业甚至会在办公区安置一块显示屏，上面呈现项目进度、代办清单、参与成员及情况、里程碑任务、燃尽图等，将项目信息可视化，助力成员们的决策分析与执行控制。

（2）可运行的软件高于详尽的文档。软件相对于文档更灵活轻量，毕竟文档无论是撰写还是维护，都需要花费大量的时间精力，于是各种高效有序的项目管理工具在协作中更受欢迎。但软件高于文档并不代表着要抛弃文档或草草记录，而是在快速迭代的周期里以软件协作为主，文档尽可能的精简，可以在复盘回顾时进行维护修补。

相比起软件，文档流传性、追溯性更强，规范的文档能帮助我们实现低成本的跨部门沟通；面对团队成员的更新换代，文档也能更好地帮助新人清晰地了解产品历程及全貌。

（3）客户合作高于合同谈判。软件开发初期，需求无法完全收集，且客户需求一直在发生变化，所以要和客户保持紧密频繁的沟通，如果条件允许，最好与客户面对面沟通，甚至是在客户现场办公。这样可以第一时间获取反馈和详尽的信息细节，以减少理解偏差和决策误判，保证开发效率和质量。

（4）响应变化高于遵循计划。敏捷开发本身就是为了快速地响应市场变化，随时关注变化，以实际交付质量、真实的反馈去做衡量、决策，而不是遵循计划。我们需要做的就是调研要有足够的深度，方案要考虑后期的拓展性，尽量避免变化成为瓶颈甚至危机。如果你想晋升，更要关注学习整个过程中领导如何协调资源、解决困难、指导部署。

"敏捷联盟"为了帮助希望使用敏捷开发来进行软件开发的人们定义了 12 条原则：

（1）通过尽早最高目标是通过尽早和持续地交付有价值的软件来满足客户。

（2）即使在项目开发的后期，仍然欢迎对需求提出变更。敏捷过程通过拥抱变化，帮助客户创造竞争优势。

（3）要不断交付可用的软件，周期从几周到几个月不等，且越短越好。

（4）在项目过程中，业务人员要和开发人员每天在一起。

（5）要善于激励项目人员，给他们所需要的环境和支持，并相信他们能够完成任务。

（6）团队内部和各个团队之间，最有效的方法是面对面的沟通。

（7）可工作的软件是衡量进度的首要指标。

（8）敏捷过程提倡可持续的开发。项目方、开发方人员和用户应该能够保持恒久、稳定的进展速度。

（9）对卓越技术和好的设计的持续关注有助于增强敏捷性。

（10）尽量做到简洁，尽最大可能减少不必要的工作，这是一门艺术。

（11）最佳的架构、需求和设计出自组织团队。

（12）团队要定期回顾和反省如何能够做到更有效，并相应地调整团队的行为。

2.3.2 极限编程

极限编程（Extreme Programming，XP）是由 KentBeck 于 1996 年提出的，是一种软件工程方法学，在敏捷软件开发中可能是最富有成效的几种方法学之一。极限编程是一种轻量级的、灵巧的软件开发方法，同时它也是一种非常严谨和周密的方法。它的基础价值观是交流、朴素、反馈和勇气，即任何一个软件项目都可以从四个方面入手进行改善：加强交流，从简单做起，寻求反馈，勇于实事求是。

XP 是一种近螺旋式的开发方法，它将复杂的开发过程分解为一个个相对比较简单的小周期。通过积极的交流、反馈以及其他一系列的方法，开发人员和客户可以非常清楚开发进度、变化、待解决的问题和潜在的困难等，并根据实际情况及时地调整开发过程。

极限编程的四个价值观：沟通、简单、反馈、勇气。

（1）沟通。构建一个软件系统的基本任务之一就是与系统的开发者交流以明确系统的具体需求。在一些正式的软件开发方法中，这一任务是通过文档来完成的。极限编程技术可以被看成在开发小组的成员之间迅速构建与传播制度上的认识的一种方法。它的目标是向所有开发人员提供一个对于系统的共享的视角，而这一视角又是与系统的最终用户的视角相吻合的。为了达到这一目标，极限编程支持设计、抽象，还有用户－程序员间交流的简单化，鼓励经常性的口头交流与反馈。

（2）简单。极限编程鼓励从最简单的解决方式入手，再通过不断重构达到更好的结果。这种方法与传统系统开发方式的不同之处在于，它只关注于对当前的需求来进行设计、编码，而不去理会明天、下周或者下个月会出现的需求。极限编程的拥护者承认这样的考虑是有缺陷的，即有时候在修改现有的系统以满足未来的需求时不得不付出更多的努力。然而，他们主张"不在将来可能的需求上投入精力"所得到的好处可以弥补这一点，因为将来的需求在他们还没提出之前是很可能发生变化的。为了将来不确定的需求进行设计以及编码意味着在一些可能并不需要的方面浪费资源。而与之前提到的"交流"这一价值相关联来看，设计与代码上的简化可以提高交流的质量。一个由简单的编码实现的简单的设计可以更加容易地被小组中的每个程序员所理解。

（3）反馈。XP团队重视反馈，反馈越快越好。在极限编程中，"反馈"是与系统开发的很多不同方面相关联的。

来自系统的反馈：通过编写单元测试，程序员能够很直观地得到经过修改后系统的状态。

来自客户的反馈：功能性测试是由客户还有测试人员来编写的。他们能由此得知当前系统的状态。这样的评审一般计划 2～3 个礼拜进行一次，这样客户可以非常容易地了解、掌控开发的进度。

来自小组的反馈：当客户带着新需求来参加项目计划会议时，小组可以直接对实现新需求所需要的时间进行评估然后反馈给客户。

反馈是与"交流""简单"这两条价值紧密联系的。为了沟通系统中的缺陷，可以通过编写单元测试，简单地证明某一段代码存在问题。来自系统的直接反馈信息将提醒程序员注意这一部分。用户可以以定义好的功能需求为依据，对系统进行周期性的测试。

（4）勇气。极限编程理论中的"系统开发中的勇气"最好用一组实践来诠释。其中之一就是"只为今天的需求设计以及编码，不要考虑明天"这条戒律。这种努力可以避免开发者陷入设计的泥潭，而在其他问题上花费了太多不必要的精力。勇气使得开发人员在需要重构他们的代码时能感到舒适。这意味着重新审查现有系统并完善它会使得以后出现的变化需求更容易被实现。另一个勇气的例子是了解什么时候应该完全丢弃现有的代码。每个程序员都有这样的经历：他们花了一整天的时间纠缠于自己设计和代码中的一个复杂的难题却无所得，而第二天回来以一个全新而清醒的角度来考虑问题，并在半小时内就轻松解决了问题。

在极限编程的实践中，开发者应遵循以下 12 条规则：

（1）短交付周期。极限编程和 Scrum 一样采用迭代的交付方式，每个迭代周期长达 1～3 周的时间。在每次迭代结束的时候，团队交付可运行的、经过测试的功能，这些功能可以马上投入使用。

（2）计划游戏。XP 的计划过程主要针对软件开发中的两个问题：预测在交付日期前可以完成多少工作；现在和下一步该做些什么。不断地回答这两个问题，就是直接服务于如何实施及调整开发过程；与此相比，希望一开始就精确定义整个开发过程要做什么事情以及每件事情要花多少时间，则事倍功半。

（3）结对编程。结对编程是指代码由两个程序员坐在一台电脑前一起完成。一名程序员控制电脑并且主要考虑编码细节。另外一个程序员主要关注整体结构，不断地对第一个程序员写的代码进行评审。结对不是固定的，甚至建议程序员尽量交叉结对。这样，每个人都可以知道其他人的工作，每个人都对整个系统熟悉。结对程序设计加强了团队内的沟通，这与代码集体所有制是息息相关的。

（4）可持续的节奏。团队只有持久才有获胜的希望。他们以能够长期维持的速度努力工作，他们保存精力，他们把项目看作马拉松长跑，而不是全速短跑。

（5）代码集体所有。代码集体所有意味着每个人都对所有的代码负责；这一点，反过来又意味着每个人都可以更改代码的任意部分。结队程序设计对这一实践贡献良多：借由在不同的结队中工作，所有的程序员都能看到完全的代码。集体所有制的一个主要优势是提升了开发程序的速度，因为一旦代码中出现错误，任何程序员都能修正它。

在给予每个开发人员修改代码的权限的情况下，可能存在程序员引入错误的风险，他/她们知道自己在做什么，却无法预见某些依赖关系。完善的单元测试可以解决这个问题：如果未被预见的依赖产生了错误，那么当单元测试运行时，它必定会失败。

（6）编码规范。XP 开发小组中的所有人都遵循一个统一的编程标准，因此，所有的代码看起来好像是一个人写的。因为有了统一的编程规范，每个程序员更加容易读懂其他人写的代码，这是实现代码集体所有的重要前提之一。

（7）简单设计。XP 中让初学者感到最困惑的就是这点。XP 要求用最简单的办法实现每个小需求，前提是按照这些简单设计开发出来的软件必须通过测试。这些设计只要能满足系统和客户在当下的需求就可以了，不需要任何画蛇添足的设计，而且所有这些设计都将在后续的开发过程中被不断地重整和优化。

在 XP 中，没有哪种传统开发模式是一次性的、针对所有需求的总体设计。在 XP 中，设计过程几乎一直贯穿着整个项目开发：从制订项目的计划，到制订每个开发周期（Iteration）的计划，到针对每个需求模块的简捷设计，到设计的复核，以及一直不间断地设计重整和优化。整个设计过程是个螺旋式、不断前进和发展的过程。从这个角度看，XP 是把设计做到了极致。

（8）测试驱动开发。测试驱动开发的基本思想就是在开发功能代码之前，先编写测试代码，然后只编写使测试通过的功能代码，从而以测试来驱动整个开发过程的进行。这有助于编写简洁可用和高质量的代码，有很高的灵活性和健壮性，能快速响应变化，并加速开发过程。

（9）重构。XP 强调简单的设计，但简单的设计并不是没有设计的流水账式的程序，也不是没有结构、缺乏重用性的程序设计。开发人员虽然对每个 USERSTORY 都进行了简单设计，但同时也在不断地对设计进行改进，这个过程叫设计的重构（Refactoring）。

Refactoring 主要致力于减少程序和设计中重复出现的部分，以增强程序和设计的可重用性。Refactoring 的概念并不是 XP 首创的，它已经被提出近 30 年了，而且一直被认为是高质量代码的特点之一。但 XP 强调，把 Refactoring 做到极致，应该随时随地、尽可能地进行 Refactoring，只要有可能，程序员都不应该心疼以前写的程序，而要毫不留情地改进程序。当然，每次改动后，程序员都应该运行测试程序，保证新系统仍然符合预定的要求。

（10）系统隐喻。为了帮助每个人一致清楚地理解要完成的客户需求、要开发的系统功能，XP 开发小组用很多形象的比喻来描述系统或功能模块是怎样工作的。比如，对于一个搜索引擎，它的隐喻（Metaphor）可能就是"一大群蜘蛛，在网上四处寻找要捕捉的东西，然后把东西带回巢穴。"

（11）持续集成。集成软件的过程不是新问题，如果项目开发的规模比较小，比如一个人的项目，如果它对外部系统的依赖很小，那么软件集成不是问题，但是随着软件项目复杂度的增加（即使增加一个人），就会对集成和确保软件组件能够在一起工作提出了更多的要求，对此，要早集成、常集成。早集成，频繁的集成帮助项目在早期发现项目风险和质量问题，如果到后期才发现这些问题，解决问题代价很大，很有可能导致项目延期或者项目失败。

持续集成是一种软件开发实践，团队开发成员应经常集成他们的工作，通常每个成员每天至少集成一次，也就意味着每天可能会发生多次集成。每次集成都通过自动化的构建（包括编译、发布、自动化测试）来验证，从而尽快地发现集成错误。许多团队发现这个过程可以大大减少集成的问题，让团队能够更快地开发内聚的软件。

（12）现场客户。在极限编程中，"客户"并不是为系统付账的人，而是真正使用该系统的人。极限编程认为客户应该时刻在现场解决问题。例如：当团队开发一个财务管理系统时，开发小组内应包含一位财务管理人员。客户负责编写故事和验收测试，现场客户可以使团队和客户有更频繁的交流和讨论。

2.4 GIS 项目软件开发过程

GIS 项目软件开发过程与一般的信息系统开发过程有许多类似的地方，但又有自身的一些特点：

（1）GIS 是以管理具有空间定位特征的地理数据为主要内容，整个项目的应用需求是围绕地图表现以及地理信息数据查询、编辑、分析来进行的。

（2）项目内容综合性强，横跨多学科，包括计算机科学、测绘科学、遥感科学、地理学、制图学、信息学等。

（3）数据组织以空间数据为主，由图形数据和属性数据及其之上的拓扑模型、网络模型组成。

（4）面向不同的应用领域，具有较强的行业特征，如：土地管理信息系统、城市规划报批管理系统、警用地理信息系统等。

GIS 软件工程的开发过程包括：前期工程、设计工程、数据工程、实施工程、维护工程等环节。

（1）前期工程。前期工程包括工程调研、可行性研究、制订项目计划、需求分析等。

（2）设计工程。设计工程包括总体设计、数据库设计、模型设计、详细设计等。

（3）数据工程。数据工程包括数据预处理、数据采集、数据处理等。

（4）实施工程。实施工程包括程序编制、测试、安装部署、试运行等。

（5）维护工程。维护工程包括数据库维护、软硬件维护等。

总之，GIS 项目有其自身的特点，但其系统建设总体上必须遵循软件工程学的基本原则和要求。GIS 项目的建设是在系统分析、系统设计的原则指导下，按总体设计方案和详细设计方案确定目标和内容，分阶段、分步骤进行系统开发。

第3章 软件工程可行性分析

3.1 可行性分析概述

可行性分析是通过对项目的主要内容和配套条件，如市场需求、资源供应、建设规模、工艺路线、设备选型、环境影响、资金筹措、盈利能力等，从技术、经济、工程等方面进行调查研究和分析比较，并对项目建成以后可能取得的财务、经济效益及社会环境影响进行预测，从而提出该项目是否值得投资和如何进行建设的咨询意见，为项目决策提供依据的一种综合性的系统分析方法。

在进行任何一项较大工程时，首先要进行可行性分析和研究。因为这些工程中的问题并不都有明显的解决方法，可行性分析根据项目发起文件和实际情况，对该项目是否能在特定的资源、时间等制约条件下完成评估，并且确定它是否值得去开发。可行性研究的目的不是如何解决问题，而是确定问题是否值得解决，是否能够解决。

软件可行性分析的主要步骤如下：

（1）确定项目规模。分析人员对项目有关人员进行调查访问，仔细阅读分析有关材料，对项目的规模和目标进行定义和确认，描述项目的一切限制和约束，确保系统分析员正在分析的问题确实是要解决的问题。

（2）分析当前已有的系统。当前已有系统是新系统的信息来源，新系统应该完成已有系统的基本功能，并在此基础上对现行系统存在的问题进行改善或修复。应该收集、研究、分析现有系统的文档资料，实地考察现有系统，在考察的基础上访问有关人员。描述现有系统的高层流程图与有关人员审查系统流程图是否正确。

（3）设计新系统的高层逻辑模型。从高层次设想新系统的逻辑模型，概括地描述开发人员对新系统的理解和设想。

（4）导出和评价供选择的解法。从技术角度出发提出实现高层逻辑模型的不同方案，即导出若干较高层次的物理解法。

（5）草拟开发计划。制定工程进度表，估计对各类开发人员和各种资源的需求情况，指明什么时候使用及使用多长时间，估计系统生命周期每个阶段的成本，最后给出下一个阶段（需求分析）的详细进度表和成本估计。

（6）编写可行性研究报告。把可行性研究各个步骤写成清晰的文档，请用户、客户组织的负责人及评审组审查，以决定该项目是否能被接受。

3.2 可行性分析的内容

可行性分析的内容包括以下三个方面：

（1）技术可行性。对要开发的项目的功能、性能和限制条件进行分析，确定在现有资源条件下，技术风险有多大，项目是否能够实现，这些就是技术可行性研究的内容。这些资源包括已有的硬件资源、软件资源，现有的技术人员的技术水平和已有的工作基础。技术可行性评估与分析要考虑下面这些情况：①开发的风险。在给出的限制范围内，是否能够设计出系统并实现必需的功能和性能。②资源的有效性。可用于开发的人员是否存在问题，可用于建立系统的其他资源是否具备。③相关的技术发展是否支持这个系统。

（2）经济可行性。进行开发成本的估算以及了解取得效益的评估，确定要开发的项目是否值得投资开发。对于大多数系统，一般衡量经济上是否合算，应考虑一个"底线"。经济可行性分析涉及范围较广，包括成本-效益分析、公司长期投资经营策略、开发所需的成本和资源及潜在的市场前景。

（3）社会可行性。研究开发的项目是否存在任何侵犯、妨碍等责任问题，开发项目的运行方式在用户组织内是否可行，现有管理制度、人员素质和操作方式是否可行。对 GIS 来说，GIS 数据来源的合法性、GIS 数据保密是要重点考虑的问题。

3.3 成本-效益分析

3.3.1 软件系统开发费用的内容

软件系统开发费用包括以下六个方面：

（1）硬件成本。如计算机和网络设备的成本。这些设备的成本一般是明确的，都由制造商提供，但要考虑制造商和销售商给出的价格会有一定比例的折扣。

（2）系统软件成本。包括计算机的操作系统、网络管理系统、数据库管理系统、程序设计语言以及二次开发平台软件及其他开发工具等。这些软件如果和硬件一起订购，则享有同样的折扣；如果是购自第三方，则通常有不同的折扣。

（3）软件开发成本。主要是参与软件开发工作的人工费，这些人员包括：系统分析员、系统开发人员、数据库管理员、数据通信专家、数据录入人员、数据测试人员、技术文档写作人员、行政辅助人员等。可通过计算这些人员的工时工资和所用工时来评估软件的开发成本。

（4）施工成本。这部分成本包括机房装卸费用（工时费用与装修费用）、计算机和网络设备的安装费用及通信线路的铺设费用等。

（5）用户培训费用。用户培训按培训地点可划分为国内培训和国外培训，通常国外培训的价格昂贵。用户培训还应该按培训性质分为技术人员培训和终端用户培训；技术人员培训的内容为系统的管理与维护以及应用系统开发的有关内容，终端用户培训的内容则集中在应用程序的使用方法。

（6）不可预见费用。在系统开发费用中应包括不可预见费，比例通常占整个开发费用的 10% 左右。

系统的运营成本指在软件生命周期内维护系统运行的费用,并以每一年的花费量计算,包括以下四个方面:

(1) 人员费用,包括维护人员与操作人员费用。这些费用由这些人员的工资和其他福利费用决定。

(2) 可能需要支付的电话费、网络费用等。

(3) 维修费用,主要是硬件设备级网络线路的维修费用。

(4) 消耗品费用,如打印、复印、磁盘、纸张等消耗品。

3.3.2 成本估计

成本估计包括以下三个方面:

(1) 代码行技术成本估计。代码行技术是比较简单的定量成本估算方法,是把每个软件功能的成本和实现这个功能需要的源代码行数联系起来。通常根据经验和历史数据估计实现一个功能需要的源代码行数。

$$软件成本 = 每行代码的平均成本 \times 估计的源代码总行数$$

不过,现在的软件开发工具能帮助开发者自动生产大量的源代码,因此,单纯以代码行数来估算开发成本,对于当前复杂的系统,特别是应用系统来说已经意义不大了。

(2) 任务分解技术成本估计。把软件开发项目分解为若干个相对独立的任务,分别估计每个单独任务的成本:

$$单独任务成本 = 任务所需人力估计值 \times 每人每月平均工资$$

$$软件开发项目总成本估计 = 各个单独任务成本估计值之和$$

常用的办法是按开发阶段划分任务,典型环境下各个开发阶段需要使用的人力百分比大致如表3.1所示:

表3.1 典型环境下各个开发阶段使用人力百分比

任务	人力(%)
可行性研究	5
需求分析	10
设计	25
编码与单元测试	20
综合测试	40
总计	100

(3) 自动估计成本。采用自动估计成本的方法可以减轻人的劳动,使得估计结果更客观。但是,采用这种技术需要以长期收集的历史数据为基础。例如,1978年Putnam提出的模型,是一种动态多变量模型。它是假定在软件开发的整个生存期中

工作量有特定的分布。这种模型是依据在一些大型项目（总工作量达到或超过 30 个人/年）中收集到的工作量分布情况而推导出来的，但也可以应用在一些较小的软件项目中。

$$L = C_k * K^{1/3} * t_d^{4/3}$$

式中，L——源代码行数（以 LOC 计）；

K——整个开发过程所花费的工作量（以人/年计）；

t_d——开发持续时间（以年计）；

C_k——技术状态常数，它反映"妨碍开发进展的限制"，取值因开发环境而异，如表 3.2 所示：

表 3.2　C_k 典型开发环境距离

C_k 的典型值	开发环境	开发环境举例
2000	差	没有系统的开发方法，缺乏文档和复审
8000	好	有合适的系统的开发方法，有充分的文档和复审
11000	优	有自动的开发工具和技术

3.3.3　成本/效益分析方法

成本/效益分析的目的是从经济角度评价开发一个新的软件项目是否可行。成本/效益分析首先是评估待开发系统的成本，然后与可能取得的效益进行比较权衡。下面介绍三种基本的度量效益的方法：

（1）货币的时间价值。成本估算的目的，是要对项目进行投资，投资在前，取得效益在后，因此要考虑货币的时间价值。设年利率为 i，现在已存入 P 元，则 n 年后可得金额为：

$$F = P(1 + i)^n$$

即 P 元钱在 n 年后的价值。反之，若 n 年后能收入 F 元，那么现在这些钱的价值就是：

$$P = F/(1 + i)^n$$

因此，在做成本/效益评估时，要充分考虑货币的时间价值，才能做出正确的评估结果。

（2）投资回收期法。投资回收期是衡量一个开发工程价值的经济指标。投资回收期就是使累计的经济效益达到最初投资额所需的时间。投资回收期越短，就能越快获得利润。这项工程就越值得投资。

例如，引入 GIS 自动制图项目后两年后，可以节省 15.6 万元，比最初投资还少 3.6 万元，第三年可节省 7.5 万元，则：3.6/7.5 = 0.48，因此，投资回收期是 2 + 0.48 = 2.48（年）。

（3）纯收入。衡量项目价值的另一项经济指标是项目的纯收入，也就是在整个生命周期之内系统的累计经济效益（折合成现值）与投资之差。这相当于比较投资开发一个软件系统与把钱存在银行中（或贷给其他企业）这两种方案的优劣。如果纯收入为零，则项目的预期效益与在银行存款一样，但是开发一个系统要冒风险，因此从经济学观点看这项工程可能是不值得投资的；如果纯收入小于零，那么这个项目是不值得投资的。

3.4 软件工程项目开发技术

制订开发计划要根据系统目标和任务，把在开发过程中各项工作的负责人员、开发进度、所需经费预算，所需软、硬件等问题做出安排，以便根据计划开展和检查本项目的开发工作，开发计划是项目管理人员对项目进行管理的依据，并据此对项目的费用、进展和资源进行控制和管理。

3.4.1 制订开发计划的原则

制订开发计划的原则有以下三项：

（1）总结系统开发各阶段工作经验。根据长期以来系统开发经验，各个开发阶段的工作量和时间有一定规律，例如，用户调查要花费项目10%左右的时间，系统分析和设计往往占项目的30%，系统实现占项目的40%左右，系统测试、安装、交付往往占项目的20%左右。GIS也基本符合这个规律，当然也有自身的一些特点，即数据采集和入库的工作量相当大，如果不能够提供高质量的数据，系统将无法正常运行。为了保证系统能够正常交付和试运行，在系统测试阶段，用户应该提供系统所需要的数据。

（2）开发计划应该具有足够的灵活性。合理的开发计划是建立在系统正确评估的基础上，要充分预料到不可预见因素的影响，特别是不可忽略文档编写在系统开发项目中所花费的时间，根据统计文档编写占约40%的时间。我国许多GIS建设方案中，往往出于针对用户需求和项目难度估计不够，系统建设时间大大超过开发计划所规定的时间，导致工作陷入被动局面。

（3）建设各阶段的评审制度。软件工作的各个阶段环环相扣，上一个阶段的质量直接影响后面阶段的执行质量和改进，所以在各个阶段必须通过严格评审，合乎要求后才可开始下一个阶段的任务。

3.4.2 制订开发计划的方法

制订开发计划受用户、开发单位和项目本身三个方面因素的制约。项目本身具有一定客观规律，这些规律基本上确定了开发计划的框架。用户对项目交付时间是有要求的，开发单位一方面要与用户加强沟通，以获得合适的开发时间；另一方面要发挥主观能动性，通过充实开发力量等手段加快项目进度以满足用户要求。

开发计划制订的好坏与制订者的经验有很大联系，在对 GIS 开发有充分了解的基础上，可按照以下步骤开展计划制订工作：

（1）根据系统工程和 GIS 的构成特性，对系统进行分解，分为具有一定独立性的工作任务，GIS 一般包括数据采集入库、系统规划、系统分析、系统设计、编码、测试、交付安装等任务，针对项目本身的要求，还有其他一些特色任务，如用户培训、网络安装、分析模型设计。

（2）对任务进行分类，确定任务性质。任务主要分为三类：①承前启后性任务，这个阶段工作的开展必须在前一阶段工作结束之后，如程序编码必须在系统详细设计工作结束后才能开展，承担这些工作的人员可以是一致的，也可以是不同人员；②独立性任务，与系统开发的其他阶段关系比较松散，具有独立性，可以根据需要安排在系统开发的任何时期，比如某个阶段之后或贯穿系统整个生命周期的工作，这类任务比如空间数据数字化，一般而言承担此类工作的人员往往与承担前一个工作的是不同的人员；③任务依附于某个阶段工作性质的工作，主要指文档编写，不同文档对应于不同阶段的工作性质，如在系统规划分析阶段编写数据字典、系统定义说明书等，在系统设计阶段编写系统总体设计方案、系统详细设计报告等。

（3）确定各个任务需要投入的资源，包括软硬件、人员、资金和其他设施。对各项资源进行逐项调查落实，制订详细资源列表，保证各个阶段能够及时获得所需要的资源，并结合各个任务的工作量，获得各个任务的持续时间及开始时间，这个工作要与项目管理工作结合起来。

（4）组合任务，形成项目开发计划，以甘特图等形式将各个阶段的时间和资源组织起来。

3.4.3　推算各阶段时间的方法

确定各个阶段合理时间是系统开发计划制订的关键之一，阶段时间过长，容易导致开发人员放松，延缓项目进度，造成成本增加；如果时间估计过短，投入力量太少，造成无法完成各个阶段的任务，使得开发工作陷入被动局面，影响整个项目的进度，甚至为此承担法律经济责任。

确定每个阶段的时间没有一个明确制订方法，主要是通过经验推算，具有较大的误差，在经验法里主要考虑四个因素：

（1）各个阶段工作量的比例。在上节提到的统计比例的基础上，根据开发人员对系统的熟悉程度和能力，确定各个阶段的大致工作量比例。

（2）确定各个阶段的人员数量。对这些人员的能力、熟练程度进行考察，然后分配到各个阶段的不同工作，要尽量减少他们工作之间的关联性。在人员数量的确定上，并不是人员越多效率越高，往往随着人员的增加，他们之间的协调工作量也增加了，部分效率也被消耗了。

（3）确定软、硬件和设备等资源能够获得的时间。特别要对于一些非开发人员能够控制的资源进行合理评价。

（4）对资源合理分配后，取时间最长者为阶段时间。在系统开发中往往会出现不可预测的情况，所以应该在估计时间的基础上增加一定比例时间，这个比例往往为10%～30%。

图 3.1 是以甘特图表达的某系统开发工作计划表：

ID	任务单元名称	开始时间	完成时间	持续时间
1	项目启动	2005-1-3	2005-2-4	5周
2	项目管理	2005-1-3	2005-10-25	42.4周
3	空间数据采集	2005-1-17	2005-4-15	13周
4	非空间数据收集	2005-1-17	2005-4-15	13周
5	项目需求调查和总体设计	2005-3-18	2005-4-29	6周
6	项目的详细设计	2005-5-2	2005-5-20	3周
7	数据库建库模块开发及建库	2005-5-17	2005-8-15	13周
8	项目的软件开发、测试、用户文档编写	2005-5-17	2005-10-3	20周
9	第三方测试	2005-10-5	2005-10-18	2周
10	用户培训和支持	2005-10-14	2005-10-27	2周
11	帮助业主进行项目的对外宣传策划	2005-8-22	2005-10-21	9周

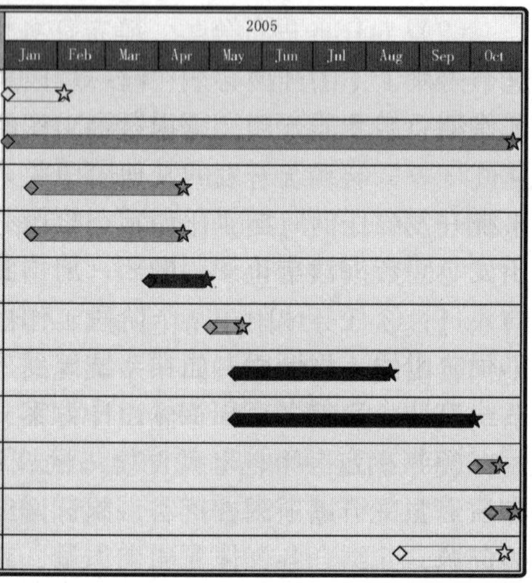

注：假定项目的正式启动时间为2005年1月。

图 3.1　某系统开发工作计划表示例

3.5　可行性分析报告的编写

系统分析员与用户在分析基础上，将用户需求按照形式化方法表示出来。可行性研究结束后，要提交的文档是可行性研究报告，主要内容如表 3.3 所示：

表 3.3　可行性研究报告的内容

1　引言
1.1　编写目的
［编写本可行性研究报告的目的，指出预期的读者］
1.2　背景
a.［所建议开发的软件系统的名称］
b.［本项目的任务提出者、开发者、用户及实现该软件的计算站或计算机网络］
c.［该软件系统同其他系统或其他机构的基本相互来往关系］
1.3　定义
［列出本文件中用到的专门术语的定义和外文首字母组词的原词组］

续上表

1.4 参考资料 〔列出用得着的参考资料〕 2 可行性研究的前提 〔说明对所建议开发的软件的项目进行可行性研究的前提〕 2.1 要求 〔说明对所建议开发的软件的基本要求〕 2.2 目标 〔说明所建议系统的主要开发目标〕 2.3 条件、假定和限制 〔说明对这项开发中给出的条件、假定和所受到期的限制〕 2.4 进行可行性研究的方法 〔说明这项可行性研究将是如何进行的，所建议的系统将是如何评价的，摘要说明所使用的基本方法和策略〕 2.5 评价尺度 〔说明对系统进行评价时所使用的主要尺度〕 3 对现有系统的分析 〔这里的现有系统是指当前实际使用的系统，这个系统可能是计算机系统，也可能是一个机械系统甚至是一个人工系统〕 〔分析现有系统的目的是进一步阐明建议中开发新系统或修改现有系统的必要性〕 3.1 处理流程和数据流程 〔说明现有系统基本的处理流程和数据流程。此流程可用图表即流程图的形式表示，并加以叙述〕 3.2 工作负荷 〔列出现有系统所承担的工作及工作量〕 3.3 费用开支 〔列出由于运行现有系统所引起的费用开支〕 3.4 人员 〔列出为了现有系统的运行和维护所需要的人员的专业技术类别和数量〕 3.5 设备 〔列出现有系统所使用的各种设备〕 3.6 局限性 〔列出本系统的主要局限性〕 4 所建议的系统 4.1 对所建议系统的说明 〔概括地说明所建议系统，并说明在第2条中列出的那些要求将如何得到满足，说明所使用的基本方法及理论根据〕 4.2 处理流程和数据流程。 〔给出所建议系统的处理流程式和数据流程〕 4.3 改进之处 〔按2.2条中列出的目标，逐项说明所建议系统相对于现存系统具有的改进〕

续上表

4.4　影响
［说明新提出的设备要求及对现存系统中尚可使用的设备须作出的修改］
4.4.1　对设备的影响
［说明新提出的设备要求及对现存系统中尚可使用的设备须作出的修改］
4.4.2　对软件的影响
［说明为了使现存的应用软件和支持软件能够同所建议系统相适应，而需要对这些软件所进行的修改和补充］
4.4.3　对用户单位机构的影响
［说明为了建立和运行所建议系统，对用户单位机构、人员的数量和技术水平等方面的全部要求］
4.4.4．对系统运行过程的影响
［说明所建议系统对运行过程的影响］
4.4.5　对开发的影响
［说明对开发的影响］
4.4.6　对地点和设施的影响
［说明对建筑物改造的要求及对环境设施的要求］
4.4.7　对经费开支的影响
［扼要说明为了所建议系统的开发，统计和维持运行而需要的各项经费开支］
4.5　技术条件方面的可能性
［本节应说明技术条件方面的可能性］
5　可选择的其他系统方案
［扼要说明曾考虑过的每一种可选择的系统方案，包括需开发的和可从国内国外直接购买的，如果没有供选择的系统方案可考虑，则说明这一点］
5.1　可选择的系统方案1
［说明可选择的系统方案1，并说明它未被选中的理由］
5.2　可选择的系统方案2
［按类似5.1条的方式说明第2个乃至第n个可选择的系统方案］
［……］
6　投资及效益分析
6.1　支出
［对于所选择的方案，说明所需的费用，如果已有一个现存系统，则包括该系统继续运行期间所需的费用］
6.1.1　基本建设投资
［包括采购、开发和安装所需的费用］
6.1.2　其他一次性支出
6.1.3　非一次性支出
［列出在该系统生命期内按月或按季或按年支出的用于运行和维护的费用］
6.2　收益
［对于所选择的方案，说明能够带来的收益，这里所说的收益，表现为开支费用的减少或避免、差错的减少、灵活性的增加、动作速度的提高和管理计划方面的改进等，包括：

续上表

6.2.1　一次性收益 ［说明能够用人民币数目表示的一次性收益，可按数据处理、用户、管理和支持等项分类叙述］ 6.2.2　非一次性收益 ［说明在整个系统生命期内由于运行所建议系统而导致的按月的、按年的能用人民币数目表示的收益，包括开支的减少和避免］ 6.2.3　不可定量的收益 ［逐项列出无法直用人民币表示的收益］ 6.3　收益/投资比 ［求出整个系统生命期的收益/投资比值］ 6.4　投资回收周期 ［求出收益的累计数开始超过支出的累计数的时间］ 6.5　敏感性分析 ［是指一些关键性因素与这些不同类型之间的合理搭配、处理速度要求、设备和软件的配置等变化时，对开支和收益的影响最灵敏的范围的估计］ 7　社会因素方面的可能性 7.1.　［法律方面的可行性］ 7.2.　［使用方面的可行性］ 8　结论 ［在进行可行性研究报告的编制时，必须有一个研究的结论］

第4章 软件工程的需求分析

4.1 需求分析概述

需求分析是软件定义时期的关键阶段,其基本任务是回答"系统必须做什么"这个问题。虽然可行性分析阶段已经粗略了解用户的需求,而且提出了可行的系统方案。但是,可行性分析阶段的目的是短时间内确定是否存在可行的系统方案,因此,会忽略许多细节,实际上可行性分析并没有准确回答"系统必须做什么"这个问题。

需求分析不是确定系统怎样完成工作,而是确定系统必须完成哪些工作,并对目标系统提出完整、准确的具体要求。在可行性研究阶段的文档是系统需求分析的出发点。在需求分析阶段,系统管理人员要仔细研究这些文档并将它们细化。

需求分析结束时,要提交详细的数据流程图、数据字典和算法描述。需求分析的结果是系统开发的基础,它是关系到系统的质量甚至成败的关键。因此,必须用行之有效的方法进行严格的审查验证。

4.1.1 需求分析的特点

需求分析虽然处于软件开发过程的开始阶段,但它对于整个软件开发过程以及软件产品质量至关重要。需求分析是指开发人员要进行细致的调查分析,准确理解用户需求,将用户非形式化的需求陈述转化为完整的需求定义,再由需求定义转换到相应的形式功能规约的过程。在计算机发展的早期,所求解的问题比较小,问题也容易理解。所以需求分析的重要性没有引起重视。当计算机应用领域的扩大和问题对象越来越复杂时,需求分析在软件开发中的重要性越来越突出,从而需求分析也愈加困难。到目前为止,还没有一种公认的形式化分析方法,其难点主要体现在以下四个方面:

(1)需求易变性。用户在开始时提出一些功能需求。当对系统有一定的理解后,会进一步提出一些需求,并在以后随着理解的深入而不断提出新的需求。用户需求的变动是一个极为普遍的问题。即使是部分变动,也往往会影响需求分析的全部,导致不一致性和不完备性。

(2)问题的复杂性。一方面是由用户需求所涉及的因素多引起的,如运行环境和系统功能等;另一方面是扩展的应用领域本身的复杂性。

(3)交流障碍。需求分析涉及人员较多,系统分析员要与软件系统用户、问题领域专家、需求工程师和项目管理员等进行交流。但这些人具备不同知识背景,处于不同的角度,扮演不同的角色,造成了相互之间的交流困难。

(4)不完备性和不一致性。由于用户群体中各类人员对于系统的要求所处的角度不一样,所以对问题的陈述往往是不完备的,其各个方面的需求还可能存在矛盾。需求分析要消除其矛盾,形成完备及一致的定义。

为了克服需求分析的困难,人们展开的各种研究都是围绕着需求分析的方法、自动化工具(如 CASE 技术)及形式化需求分析等方面,需求分析的方法在应用中已有丰富的应用经验。

4.1.2 需求分析的任务

需求分析的任务包括以下五个方面:

(1)确定系统运行环境要求。系统的运行环境要求包括系统运行时的硬件环境要求,例如计算机的 CPU、内存、存储器、输入/输出方式、通信接口和外围设备等的要求;软件环境要求,如操作系统、数据库管理系统和编程语言等的要求。

(2)确定系统的功能性需求和非功能性需求。需求可以分为两大类:功能性需求和非功能性需求,前者定义系统做什么,后者定义系统工作时的特性。

功能需求是软件系统的最基本的需求表述,包括对系统应该提供的服务,如何对输入做出反应,以及在系统特定条件下的行为描述。在某些情况下,功能需求还必须明确系统不应该做什么,这取决于开发的软件类型、软件的未来用户,以及开发的系统类型。所以,功能性的系统需求要详细地描述系统功能特征、输入和输出接口,以及异常处理方法等。

非功能性需求包括对系统提出性能需求、可靠性和可用性需求、系统安全,以及系统对开发过程、时间、资源等方面的约束和标准等。性能需求指定系统必须满足的定时约束或容量约束,一般包括速度(响应时间)、信息量速率(吞吐量、处理时间)和存储容量等方面的需求。

(3)进行有效的需求分析。一般情况下,用户并不熟悉计算机的相关知识,而软件开发人员对相关的业务领域也不熟悉,用户与开发人员之间对同一问题理解的差异和习惯用语的不同往往会为需求分析带来很大的困难。所以,开发人员和用户之间充分和有效的沟通在需求分析的过程中至关重要。

(4)导出软件的逻辑模型。分析人员根据前面获取的需求资料,要进行一致性的分析检查,在分析、综合中逐步细化软件功能,并划分成各个子功能。同时,对数据域进行分解,并分配到各个子功能上,以确定系统的构成及主要成分。最后要用图文结合的形式,建立起新系统的逻辑模型。

(5)编写文档。编写软件需求规格说明书,全面、清晰地描述用户需求。软件规格需求说明书具有清晰性、无二义性、一致性和准确性等特点,同时,它还需通过严格的需求验证和反复修改的过程才能最终确定。

4.1.3 需求获取的方法

需求获取的方法有如下五种:

(1) 研究资料法。任何组织和单位都现存有大量的计划、报表、文件和资料。这些资料分为两类，一类是企业外部资料，如各项法规、市场信息等；另一类是企业内部的各种资料，如企业有关计划、指标、经营分析报告、合同、账单、统计报表等。对这些资料的研究分析，可以了解生产经营情况和正常操作程序，理解信息的处理方式，有助于明确需求。但这些资料只反映静态的和历史的情况，无法反映企业的动态活动和过程，因此，还必须借助于其他方法获得更复杂、更全面的需求。

　　(2) 问卷调查法。问卷调查法是通过调查问卷的方式进行调查的一种收集需求的技术。一般调查问卷分为两种类型：自由格式和固定格式的调查问卷。自由格式的调查问卷为回答者提供了灵活回答问题的方式，固定格式的调查问卷则需要事先设定选项或几种答案供用户选择。

　　调查问卷的优点如下：①多数调查问卷可以被快速回答。②如果希望从多人处获取信息，调查问卷是一种低成本的数据采集方法。③调查问卷形式允许保护个人隐私，并便于整理和归纳。

　　调查问卷的缺点如下：①由于背对背地进行调查，对回答问题的质量难以把握。②对于模糊、隐含的问题不便于采用问卷的调查方法。

　　(3) 用户访谈。用户访谈就是面对面与用户交流。一般把用户访谈分为两种类型，即结构化访谈和非结构化访谈。在结构化访谈中，开发人员向访谈对象提出一系列事先确定好的问题，问题可以是开放性的或者是封闭式的。在非结构化访谈中，没有事先确定的问题，开发人员只是向访谈对象提出访谈的主题和问题，只有一个谈话的框架。

　　用户访谈的优点如下：①访谈为分析人员提供了与访谈对象自由沟通的机会。通过建立良好的人际关系，有利于让访谈对象愿意为该项目的开发做出努力。②通过访谈可以挖掘更深层次的用户需求。③访谈允许开发人员使用一些个性化的问题。

　　访谈方法的缺点如下：①成功的访谈很大程度取决于分析人员的经验与技巧。②访谈占用的时间较多，访谈后的资料整理也需要花费较多的时间。

　　(4) 实地观察法。为了深入了解系统需求，有时需要通过实地观察辅助开发人员挖掘需求。实地观察法一般用来验证通过其他方法调查得到的信息。当系统特别复杂时，应该采用这种方法。

　　实地观察法的优点如下：①通过观察法得到的数据准确、真实。②通过观察有利于了解复杂的工作流程和业务处理过程，而这些有时是很难用文字描述清楚的。

　　实地观察法的缺点如下：①在特定的时间进行观察，并不能保证得到平时的工作状态，有些任务不可能总是按照观察人员观察时看到的方式执行。②这种方法比较花费时间，整理数据比较麻烦。

　　(5) 原型法。原型法在软件系统的很多开发阶段起着非常重要的作用，其中包括需求获取。在需求模糊和不确定性较大的情况下，原型法更为有效。它在投入大量人力、物力之前，在限定时间内，用最经济的方法开发出一个可实际操作的系统模型，它可以减少与用户的沟通时间，可以让双方直观地、形象化地进行评价。原型法只适用于调研和确认"点"的功能需求，所以用在相对比较简单的调研对象是高效率的，但是对于规模大、系统复杂的业务对象，使用这种方法不能解决对业务整体的理解和业务逻辑的获取。

4.1.4 需求分类

需求通常分为两大类，即功能性需求和非功能性需求。一般来说，这两类需求都是通过需求工程的需求调研来完成的。

（1）功能性需求。功能性需求是系统必须要提供的业务处理功能，也是软件需求的主体。通常所说的需求前面没有形容词时指的都是功能性需求。获取的需求可以分为三类，它们之间存在着转换关系，按照转换关系的顺序分为：目标需求、业务需求以及功能需求。①目标需求：客户提出的信息化目标、理念、希望、价值。②业务需求：客户提出的系统要对应业务的内容、过程、规则等。③功能需求：确定系统必须提供的处理业务需求的功能及功能的具体描述。

理论上来讲，系统功能需求描述应该既全面又具有一致性。在实际过程中，对大型而复杂的系统而言，要做到需求描述既全面又具有一致性是不可能的，一方面是因为系统固有复杂性，另一方面是因为项目相关人员观点不同，需求也会发生矛盾，在需求最初被描述的时候，这些矛盾可能不明显，只有深入地分析问题才能暴露出来。一旦在评审时或者在随后的生命周期阶段发现问题，必须对需求文档中存在的问题加以改正。

（2）非功能性需求。软件需求的内容还包括不是直接用来处理业务而是对功能需求运行效果提出的需求。非功能性需求是建立一些指标性的条件来判断系统的运行情况，而不是针对某个业务处理的具体功能需求，它们被用来判断运行的系统是否可以满足以下条件：安全性、可靠性、互操作性、健壮性、易使用性、可维护性、可移植性、可重用性、可扩充性。

非功能需求是对系统提供的服务或功能给出约束，包括时间约束、开发过程的约束、标准等。非功能需求约束常用于整个系统，通常不用在单个系统服务中。例如，速度需求、容量需求、吞吐量需求、负载需求、实时性需求、输入输出格式需求等。

4.2 需求分析的方法

需求分析的方法主要有结构化分析方法和面向对象分析方法。面向对象的方法是目前软件业界的主流方法，但它不能完全取代面向结构化分析方法，本书在第1章讨论了有关面向对象的分析方法。结构化的分析方法和面向对象分析方法理论基础不同，它把现实世界描绘为数据在信息系统中流动，以及在数据流动过程中数据向信息的转化，本节重点介绍几种结构化的分析方法。

4.2.1 数据流程图

数据流程图（Data Flow Diagram，DFD）是结构化分析的最基本工具。数据流程图描述系统的分解，即描述系统由哪几部分组成，各部分之间有什么联系等。数据流程图是系统的逻辑模型，图中没有任何具体的物理元素，只是描述信息在系统中流动和处理情况。因为数据流程图是逻辑系统的图形表示，容易让人理解。

（1）数据流程图的基本图形元素。数据流程图主要由四种图形元素组成，常见的如图4.1所示。①数据源点和汇点。数据源点或汇点表示图中要处理数据的输入来源或处理结果要送往何处。源点和汇点代表系统之外的人、物和组织。在数据流程图中应该注明源点和汇点的名字。②加工。加工是以数据结构和数据内容作为加工对象。加工的名字通常是一个动词短语，简明扼要地表明什么加工完成后是什么。在数据流程图要注明加工的名字。③数据文件。数据文件在数据流程图中起保存数据的作用，因此称为数据存储。它可以是数据库文件或任何形式的数据组织。指向文件的数据流可理解为写入文件或查询文件，从文件中引出的数据流可以理解为从文件读取数据或得到查询结果。数据文件在数据流程图中必须给以命名，一般用名词或名词性短语命名。④数据流。表示数据流的流动方向。数据流可以从加工流向加工，从加工流向数据文件，从数据文件流向加工。它们大多是在加工之间传输加工数据的命名通道，也有连接数据存储文件和加工的没有命名的数据通道。这些数据流虽然没有命名，但因连接的是有加工和有名文件，所以含义也是清楚的。

数据的源点或汇点　　加工（"3"为编号）　　数据文件（I为文件编号）　　数据流（A为数据流编号）

图4.1　数据流程图基本图形符号

（2）数据流与加工之间的关系。当数据流与加工之间存在一对多或多对一的关系时，数据流之间往往存在一定的逻辑关系，在数据流程图中可以通过符号表示它们之间的关系："＊"表示多个数据流必须同时存在；"8"表示相邻的数据流只取其一。

（3）分层数据流程图。为了表达数据处理过程的数据加工情况，用一个数据流程图是不够的。为表达稍为复杂的实际问题。需要按照问题的层次结构进行逐步分解，并以分层的数据流程图反映这种结构关系。先把整个数据处理过程暂且看成一个加工，它的输入数据和输出数据实际上反映了系统与外界环境的接口。这就是分层数据流程图的顶层。但仅此一图并未表明数据的加工要求，需要进一步细化。

（4）数据流程图的画法。简单概括为：自外向内，自顶向下，逐层细化，完善求精。具体为：①先找系统的数据源点与汇点，它们是外部实体，由它们确定系统与外界的接口。②找出外部实体的输出数据流与输入数据流。③在图的边上画出系统的外部实体。④从外部实体的输出数据流出发,按照系统的逻辑需要,逐步画出一系列逻辑加工,直到找到外部实体所需的输入数据流。⑤按照下面所给的原则进行检查和修改。⑥按照上述步骤,再从各加工出发,画出所需的子图。

(5) 进行检查和修改的原则。①数据流图上所有图形符号只限于前述四种基本图形元素。②数据流图的主图必须包括前述四种基本元素,缺一不可。③数据流图的主图上的数据流必须封闭在外部实体之间,外部实体可以不止一个。④每个加工至少有一个输入数据流和一个输出数据流。⑤在数据流图中,需按层给加工框编号。编号表明该加工处在哪一层,以及上下层的父层与子图的对应关系。⑥任何一个数据流图必须与它上一层的一个加工对应,两者的输入数据流和输出数据流必须一致。⑦图上每个元素都必须有名字。表明数据流和数据文件是什么数据,加工做什么事情。⑧数据流图中不可夹带控制流。因为数据流图是实际业务流程的客观映像,说明系统"做什么"而不是要表明系统"如何做",因此不是系统的执行顺序,不是程序流程图。⑨初画时可以忽略琐碎的细节,以集中精力于主要数据流。

例如:某银行的计算机储蓄系统功能是将储户的存户填写的存款单或存款单输入系统,如果是存款,系统记录存款人姓名、住址、存款类型、存款日期、利率等信息,并打印出存款单给储户;如果是取款,系统计算清单给储户。画出数据流程图,如图4.2所示:

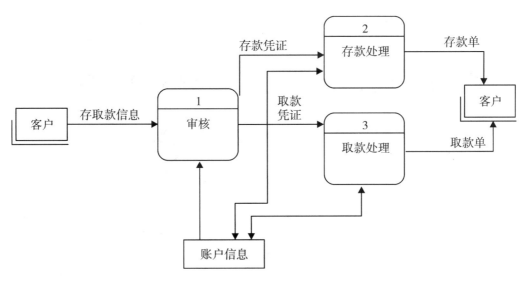

图4.2 数据流程图示例

4.2.2 实体-关系图

实体-关系图(以下简称E-R图),可以明确描述开发系统的概念结构数据模型,对于比较复杂的系统,通常要先构造出各部分的E-R图,然后将各部分E-R图集合成总的E-R图,并对E-R图进行优化,得到整个系统的概念结构模型。它是描述现实世界关系概念模型的有效方法,是表示概念关系模型的一种方式。E-R图用"矩形框"表示实体型,矩形框内写明实体名称;用"椭圆图框"或圆角矩形表示实体的属性,并用"实心线段"将其与相应关系的"实体型"连接起来。在E-R图中有如下四种成分:①矩形框。表示实体,在框中记入实体名。②菱形框。表示联系,在框中记入联系名。③椭圆形框。表示实体或联系的属性,将属性名记入框中。对于主属性名,则在其名称下画一下画线。④连线。实体与属性之间,实体与联系之间,联系与属性之间用直线相连,并在直线上标注联系的类型。(对于一对一联系,要在两个实体连线方向各写"1";对于一对多联系,要在一的一方写"1",多的一方写"N";对于多对多关系,则要在两个实体连线方向各写"N""M"。)

例如,某教务系统中,"学生"是一个实体,具有{学号、姓名、性别、年龄、班级、入学年份}等属性;"教师"是一个实体,具有{教工号、姓名、性别、职称};"课程"是一个实体,具有{课程号、课程名、学时、学分}等属性。

学生和课程之间是"选课"关系,且是一个多对多的关系,关系本身也可能有属性,例如"成绩"是"选课"这个关系的一个属性;老师和课程之间是任教关系,且是一个一对多的关系。此教务系统的E-R图如图4.3所示:

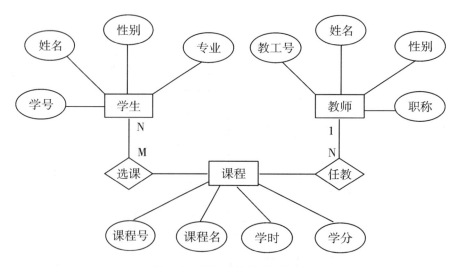

图4.3 教务系统的E-R图

4.2.3 状态转移图

状态转移图是一种描述系统对内部或外部事件响应的行为模型。它描述系统状态和事件,事件引发系统在状态间的转换,而不是描述系统中数据的流动。这种模型适合描述实时系统,因为这类系统多是由外部环境的激励而驱动的。

状态转移图具有下列优点：①状态之间的关系能够被直观描述。②由于状态转移图的单纯性，其能够机械地分析许多情况，可以很容易建立分析工具。③状态转移图能够很方便地对应状态转移表等其他描述工具。并不是所有系统都需要画状态转移图，有时系统中某些数据对象在不同状态下会呈现不同的行为方式，此时应分析数据对象的状态，画出状态转移图，才可正确地认识数据对象的行为，并定义其行为。对这些行为规则较复杂的数据对象需要进行以下分析。④找出数据对象的所有状态。⑤分析在不同状态下，数据对象的行为规则有无不同，若无不同则可将其合并成一种状态。⑥分析从一种状态可以转换成哪几种状态，是数据对象的什么行为导致这种状态的转换。

（1）状态。状态是任何可以被观察到的系统行为模式，一个状态代表系统的一种行为模式。状态规定了系统对事件的响应方式。系统对事件的响应，既可以是做一个（或一系列）动作，也可以是仅仅改变系统本身的状态，还可以是既改变状态又做动作。

在状态转移图中定义的状态主要有初态（即初始状态）、终态（即最终状态）和中间状态。初态用一个黑圆点表示，终态用黑圆点外加一个圆表示，状态图中的状态用一个圆角四边形表示，状态之间为状态转换，用一条带箭头的线表示。带箭头的线上的事件发生时，状态转移开始。在一张状态图中只能有一个初态，而终态则可以没有，也可以有多个。状态转移图使用的主要符号如图4.4所示：

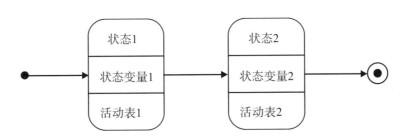

图4.4 状态转移图中的主要符号

状态中活动表的语法格式如下：
事件名（参数表）/动作表达式

其中，"事件名"可以是任何事件的名称。在活动表中经常使用下述三种标准事件：entry、exit和do。entry事件指定进入该状态的动作，exit事件指定退出该状态的动作，do事件则指定在该状态下的动作。需要时可以为事件指定参数表。活动表中的动作表达式描述做的具体动作。

状态转移图既可以表示系统循环动作，也可以表示系统单程生命期。当描述循环运行过程时，通常并不关心循环是怎样启动的。当描述单程生命期时，需要标明初始状态（系统启动时进入初始状态）和最终状态（系统运行结束时到达最终状态）。

（2）事件。事件是某个特定时刻发生的事情，它是对引起系统做动作或从一个状态转换到另一个状态的外界事件的抽象，事件就是引起系统做动作或转换状态的控制信息。

状态变迁通常是由事件触发的,在这种情况下,应在表示状态转移的箭头线上标出触发转移的事件表达式。

如果在箭头上未标明事件,则表示在源状态的内部活动执行完成后自动触发转移。事件表达式的语法如下:

事件说明［守卫条件］/动作表达式

其中,事件说明的语法为:事件名(参数表)。

守卫条件是一个布尔表达式。如果同时使用事件说明和守卫条件,则当且仅当事件发生且布尔表达式为真时,状态转移才发生。如果只有守卫条件没有事件说明,则只要守卫条件为真,状态转移就发生。

动作表达式是一个过程表达式,当状态转换开始时执行该表达式。

图 4.5 是一个状态转移图的例子。

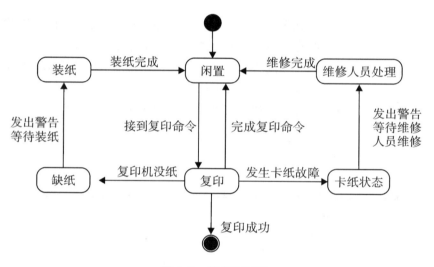

图 4.5 状态图示例

4.2.4 数据字典

(1) 数据字典概述。需求分析中使用数据字典,主要用来描述数据流程图中的数据流、数据存储、处理过程和外部实体。数据字典把数据的最小组成单位看成数据元素(基本数据项),若干个数据元素可以组成一个数据结构(组合数据项)。数据结构是一个递归的概念,即数据结构的成分也可以是数据结构。建立数据结构的工作量很大,但这是一项必不可少的工作,不仅在需求分析阶段,而且在整个系统开发和系统运行维护中都要用到它。

数据字典中采用的符号如表 4.1 所示:

表 4.1 数据字典符号

符号	含义	示例
=	被定义为	
+	与	$X = a + b$ 表示 X 由 a 和 b 组成
[…∣…]	或	$X = [a \mid b]$ 表示 X 由 a 或 b 组成
$m\{…\}n$ 或 $\{…\}_m^n$	重复	$X = 2\{a\}6$ 表示重复 2 到 6 次
{…}	重复	$X = \{a\}$ 表示 X 由 0 个或多个 a 组成
(…)	可选	$X = (a)$ 表示 a 在 X 中可能出现,也可能不出现
"…"	基本数据元素	$X = $ "a" 表示 X 是取值为字符 a 的数据元素
..	连接符	$X = 1..9$ 表示 X 可取 $1 \sim 9$ 中的任意一个值

例如,某教务系统的学生成绩库文件的数据字典描述可以表示为以下形式:

文件名:学生成绩库

记录定义:学生成绩 = 学号 + 姓名 + {课程代码 + 成绩 + [必修∣选修]}

学号:由 6 位数字组成

姓名:2～4 个汉字

课程代码:8 位字符串

成绩:1～3 位十进制整数

文件组织:以学号为关键字递增排序

数据字典一般包含六类条目:数据元素、数据结构、数据流、数据存储、处理过程、外部实体。不同类型的条目有不同的属性需求描述:①数据元素。数据元素是最小的数据组成单位,也就是不可再分的数据单位,是属性数据字典的主要内容。②数据结构。数据结构的重点是数据之间的组合关系,即说明这个数据结构包括哪些成分。一个数据结构可以包括若干个数据元素和数据结构。③数据流。关于数据流,在数据字典中描述数据流的来源、去处、组成、流通量、高峰时的流通量等属性。④数据存储。数据存储的条目,主要描写该数据存储的结构,及有关的数据流、查询的要求。⑤处理过程。对于数据流程图中的处理框,需要在数据字典中描述处理框的编号、名称、功能的简要说明,有关输入、输出。对功能进行描述,应使人能有一个较明确的概念,知道该框的主要功能。⑥外部实体。外部实体是数据的来源和去向。数据字典中关于外部实体的条目主要说明外部实体产生的数据流和传给该外部实体的数据流,以及该外部实体的数量。

(2)空间数据字典。空间数据字典的主要内容包括每个图形要素的名字、别名、分类、描述、定义和位置等信息。①名字。为每个图形要素提供一个唯一标识,方便在数据库中进行引用和管理。②别名。如果一个图形要素有多个名称或在不同上下文中有不同的叫法,这些名称也会被列出作为别名。③分类。对图形要素按照其特性和用途进行分类,有助于理解其在数据库中的角色和功能。④描述。提供关于图形要素的详细信息，包括它的来源、使用场景和重要性等。⑤定义。对图形要素的含义进行明确和精确的描述，确保在数据库中的一致性和准确性。⑥位置。记录图形要素在空间数据库中的具体位置或存储路径，便于查找和使用。

4.3 需求分析报告的编写

需求调查收集了需求信息后，需要编写需求分析报告进行文档化。由于需求过程的复杂性，该环节往往需要会产生多种不同类型的需求规格说明文档，如：用户需求文档、系统规格需求说明文档、软件规格需求说明文档、接口需求规格文档说明文档、硬件需求规格说明文档。

软件规格需求文档是对整个系统功能分配给软件部分的详细描述，是软件开发中非常重要的一种需求分析报告，表4.2是软件需求规格说明模板。

表4.2　软件需求规格说明模板

1　引言
1.1　编写的目的
说明编写这份需求说明书的目的，指出预期的读者。
1.2　背景
待开发的系统的名称；
本项目的任务提出者、开发者、用户；
该系统同其他系统或其他机构的基本的相互来往关系。
1.3　定义
列出本文件中用到的专门术语的定义和外文首字母组词的原词组。
1.4　参考资料
列出用得着的参考资料。
2　任务概述
2.1　目标
叙述该系统开发的意图、应用目标、作用范围以及其他应向读者说明的有关该系统开发的背景材料。解释被开发系统与其他有关系统之间的关系。
2.2　用户的特点
列出本系统最终用户的特点，充分说明操作人员、维护人员的教育水平和技术专长，以及本系统的预期使用频度。
2.3　假定和约束
列出进行本系统开发工作的假定和约束。
3　需求规定
3.1　对功能的规定
用列表的方式，逐项定量和定性地叙述对系统所提出的功能要求，说明输入什么量、经怎样的处理、得到什么输出，说明系统的容量，包括系统应支持的终端数和应支持的并行操作的用户数等指标。

续上表

> 3.2 对性能的规定
> 3.2.1 精度
> 说明对该系统的输入、输出数据精度的要求,可能包括传输过程中的精度。
> 3.2.2 时间特性要求
> 说明对于该系统的时间特性要求。
> 3.2.3 灵活性
> 说明对该系统的灵活性的要求,即当需求发生某些变化时,该系统对这些变化的适应能力。
> 3.3 输入、输出要求
> 解释各输入、输出数据类型,并逐项说明其媒体、格式、数值范围、精度等。对系统的数据输出及必须标明的控制输出量进行解释并举例。
> 3.4 数据管理能力要求(针对软件系统)
> 说明需要管理的文卷和记录的个数、表和文卷的大小规模,要按可预见的增长对数据及其分量的存储要求作出估算。
> 3.5 故障处理要求
> 列出可能的软件、硬件故障以及对各项性能而言所产生的后果和对故障处理的要求。
> 3.6 其他专门要求
> 如用户单位对安全保密的要求,对使用方便的要求,对可维护性、可补充性、易读性、可靠性、运行环境可转换性的特殊要求等。
> 4 运行环境规定
> 4.1 设备
> 列出运行该软件所需要的硬设备。说明其中的新型设备及其专门功能,包括:
> 处理器型号及内存容量;
> 外存容量、联机或脱机、媒体及其存储格式,设备的型号及数量;
> 输入及输出设备的型号和数量,联机或脱机;
> 数据通信设备的型号和数量;
> 功能键及其他专用硬件。
> 4.2 支持软件
> 列出支持软件,包括要用到的操作系统、编译程序、测试支持软件等。
> 4.3 接口
> 说明该系统同其他系统之间的接口、数据通信协议等。
> 4.4 控制
> 说明控制该系统的运行方法和控制信号,并说明这些控制信号的来源。

第 5 章 GIS 软件工程总体设计

5.1 总体设计概述

总体设计的基本目标是概要回答系统应该如何实现。设计在任何工程产品或系统中是开发阶段的第一步。设计可以定义为应用各种技术原理,对一个设备、一个过程或一个系统做出足够详细的决策,使之有可能在物理得以实现。软件工程的总体设计是在前面系统分析的基础上,为后期将要构造的系统实体建立一个模型和表达式。

5.1.1 软件设计的重要性

软件设计是软件工程过程的技术核心地位。软件开发中不管采用什么开发模式,都需要进行软件设计。当软件需求分析和定义完成后,就进入设计阶段。它是在对系统的信息、功能和各种要求理解的基础上构想未来的系统。软件设计和软件构造与验证这三项活动是必不可少的。每一项都是按一定的形式变换信息,最终使之成为被确认的计算机软件。在软件工程中这些技术阶段的信息流如图 5.1 所示:

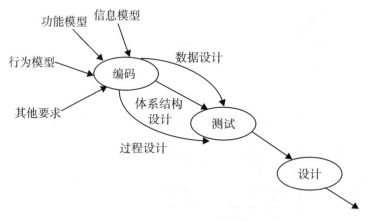

图 5.1 软件设计与软件工程

在软件需求提供的信息、功能和行为模型上,设计阶段可以使用任何一种设计方法。设计阶段包括:把分析阶段所建立的信息域模型变换为数据结构,这种数据结构是软件实现所需要的;也包括定义程序结构构建之间相互关系的体系结构设计。另外还包括变换结构构件为软件的过程描述的过程设计。源代码生成并通过测试后,进行软件的组装和确认。

软件设计的重要性还反映在质量上，在开发过程中，设计是对软件最本质的部分进行构造。只有通过设计，才能把用户的需求精确地转换为完美的软件系统，软件设计是整个软件工程和软件维护的基础。对于一个软件系统，如果不进行设计而构造一个系统，可以肯定这个系统是不稳定的。这个系统即使发生很小的变动都可能出现故障，而且很难测试，直到软件工程的最后，系统的质量仍无法评价。

因此，软件设计应遵循以下原则：

（1）设计应当模块化，即软件应被逻辑地划分为能完成特定功能和子功能的构建。

（2）设计应形成具有独立功能特征的模块（如子程序或过程）。

（3）设计应使模块之间和外部环境之间的接口复杂性尽量减少。

（4）设计应该有一个分层的组织结构，这样可以对软件各个构建进行理性的控制。

（5）设计应有性质不同的可区分的数据和过程表达式。

（6）设计应利用软件需求分析中得到的信息和可重复的方法。

5.1.2　软件总体设计过程

软件总体设计过程包括以下内容：

（1）制定规范。首先应该为软件开发组制定在设计时应该共同遵守的标准，以协调组内各成员的工作，包括：①阅读和理解软件需求说明书，在给定预算范围内和技术现状下，确认用户的要求能否实现。若能实现则需明确实现的条件，从而确定设计的目标以及它们的优先顺序。②根据目标确定最合适的设计方法。③确定设计文档的编制标准，包括文档体系、用纸及样式、记述的详细程度、图形的画法等。④通过代码设计确定代码体系，与硬件、操作系统的接口规定、命名规则等。

（2）软件系统结构设计。实现一个系统目标需要程序和数据。所以必须设计出组成这个系统的所有程序结构和数据。具体方法如下：①采用某种设计方法，将一个复杂的系统按功能划分成模块。②确定每个模块的功能。③确定模块之间的调用关系。④确定模块之间的接口，即模块之间传递信息。⑤评价模块结构的质量。

基于结构化理论的软件结构设计是以模块为基础的。在需求分析阶段，通过某种分析方法已经把系统分解成层次结构。在设计阶段，以需求分析为依据，从实现的角度将需求分析的结果映射为模块，并组成模块的层次结构。

（3）数据库设计。确定软件涉及的文件系统结构以及数据库的模式、子模式，进行数据完整性和安全性的设计。它包括：①确定输入、输出文件的详细的数据结构。②结合算法设计，确定算法所必需的逻辑数据结构及其操作。③确定对逻辑数据结构所必需的操作的程序模块（软件包），限制和确定各个数据设计决策的影响范围。④若需要与操作系统或调度程序接口所必需的控制表等数据时，确定其详细的数据结构和使用规则。⑤数据的保护性设计，主要包括：第一，防卫性设计。在软件设计中插入自动检错、报错和纠错功能。第二，一致性设计。有两个方面：其一是保证软件运行过程中所使用的数据的类型和取值范围不变；其二是在并发处理过程中使用封锁和解除封锁机制保持数据不被破坏。第三，冗余性设计。针对同一问题，由两个开发者采用不同的程序设计风格、不同的算法设计软件，当两者运行结果之差不在范围内时，利用检错系统予以纠正，或使用表决技术决定一个正确的结果，以保证软件容错。

（4）网络系统设计。如果采用时网络，则要进行网络系统的设计。要分析网络负荷与容量，遵照网络系统设计原则，确定网络需求，进行网络结构设计，选择好网络操作系统，确定网络系统配置，制定网络拓扑结构。

（5）编写总体设计文档。总体设计阶段一般应编写如下文档：①总体设计说明书（概要设计说明书）。给出系统目标、总体设计、数据设计、处理方式设计、运行设计、出错设计等。②数据库设计说明书。给出所使用数据库简介、数据模式设计、物理设计等。③用户手册。对需求分析阶段编写的初步的用户手册进行审订。④制订初步的测试计划。对测试的策略、方法和步骤提出明确的要求。

（6）总体设计评审。评审内容包括：①可追溯性。分析该软件的系统结构、子系统结构，确认该软件设计是否覆盖了所有确定的软件需求，软件的每一成分是否可以追溯到某一项需求。②接口。分析软件各部分之间的联系，确认该软件内部接口与外部接口是否已经明确定义。模块是否满足高内聚和低耦合的要求。模块作用范围是否在其控制范围之内。③风险。即确认该软件设计在现有技术条件下和预算范围内是否能按时实现。④实用性。即确认该软件设计对于需求的解决方案是否实用。⑤技术清晰度。即确认该软件设计是否以一种易于翻译成代码的形式表达。⑥可维护性。从软件维护角度出发，确认该软件设计是否考虑了方便未来的维护。⑦质量。即确认该软件设计是否表现出良好的质量特征。⑧备选方案。是否考虑其他方案，比较各种选择方案的标准是什么。⑨限制。评估对该软件的限制是否现实，是否与需求一致。⑩其他问题。对于文档、可测试性、设计过程等进行评估。

5.1.3　总体设计的基本任务

（1）设计软件结构。软件结构设计体现在以下五个方面：①采用某种设计方法，将一个复杂的系统按功能划分成模块。②确定模块的功能。③确定模块之间的调用关系。④确定模块之间的接口，即模块之间传递的消息。⑤评价模块结构的质量。

软件结构的设计是以模块为基础的，在需求分析阶段，通过某种分析方法把系统分解成层次结构。在设计阶段，以需求分析的结果为依据，从实现的角度划分模块，并组成模块的层次结构。

（2）数据结构即数据库设计。对于大型数据处理的软件系统，除了软件结构的设计外，数据结构与数据库设计也是非常重要的，数据结构以及数据库的设计采用逐步细化的方法进行。

（3）编写总体设计报告。编写总体设计报告包括编写总体设计说明书、数据库设计说明书、用户手册、修订测试计划等内容。

(4) 评审。对设计部分是否完整地实现需求中规定的功能、性能等要求，设计方案的可行性，关键的处理及内外部接口定义的正确性、有效性以及各部分之间的一致性等进行评审。

5.2 软件设计基本原理

5.2.1 抽象

抽象是认识复杂现象过程中使用的思维工具，即抽出事物本质的共同特性而暂不考虑它的细节，不考虑其他因素。当考虑用模块化的方法解决问题时，可以提出不同层次的抽象。在抽象的最高层，可以使用问题环境的语言，以概括的方式叙述问题的解。在抽象的较低层，则采用更过程化的方法，在描述问题时，面向问题的术语与面向实现的术语结合使用。最终，在抽象层的最底层，可以用直接实现的方式来说明。软件工程实施的每一步，都可以看成对软件抽象层次的一次细化。

随着抽象不同层次的展开，过程抽象和数据抽象就建立了。所谓过程抽象是一个命名的指令系列，它具有一个特定的受限功能。数据抽象则是一个命名的说明数据对象的数据集合，例如一个部门员工的"工资单"。这个数据对象实际上是由许多不同方面的信息组成的，例如：单位、姓名、工资总额、房租、水电费、煤气费、电话费、电视费等。在说明这个数据抽象名时指的是所有数据。

控制抽象是软件设计中第3种抽象形式。像过程抽象和数据抽象一样，控制抽象隐含了程序控制机制，而不必说明它的内部细节。控制抽象的例子是操作系统中用于进程协调活动的同步信号。

5.2.2 细化

逐步细化是一种自顶向下的设计策略。程序的体系结构开发是由过程细节层次不断地细化而成的。分层的开发是以逐步的方式分解一个宏功能，直到获得编程语言语句。

在细化的每一步，已给定的程序的一条或几条指令被分解为更多细节的指令。当所有指令按计算机或编程语言写成时，这样不断地分解或规格说明的细化也将终止。随着任务的细化，数据也要细化，分解或结构化。程序的细化和数据的说明一并进行，这是很自然的事。

每一步细化都隐含一定的设计决策。重要的是程序员应当了解一些基本的准则和存在可选方案。

细化实际上是一个详细描述的过程。在高层抽象定义时，从功能说明或信息描述开始，就是说明功能或信息的概念。而不给出功能内部的工作细节或信息的内部结构。细化则是设计者在原始说明的基础上进行详细说明，随着不断地细化给出更多的细节。

5.2.3 模块化

计算机软件是由许多分解的模块组成的。模块在程序中是指数据说明、可执行语句等程序对象的集合，或者是单独命名和编址的元素，如高级语言中的过程、函数和子程序等。在软件体系结构中，模块是可组合、分解、更换的单元。模块具有以下四种基本属性。

(1) 接口。指模块的输入、输出。
(2) 功能。指模块实现什么功能。
(3) 逻辑。描述内部如何实现要求的功能及所需的数据。
(4) 状态。指该模块的运行环境，即模块的调用与被调用的关系。

功能、状态与接口反映模块的外部特性，逻辑反映它的内部特性。

模块化是指解决一个复杂问题时自顶向下逐层把软件系统划分成若干模块的过程。每个模块完成一个特定的功能。所有的模块按某种方法组装起来，成为一个整体，完成整个系统所要求的功能。

在面向对象设计中，模块和模块化的概念将进一步扩充。模块化是软件解决复杂问题所具备的手段，也是软件的一个重要属性，它使得一个程序易于为人们所理解、设计、测试和维护。如果一个软件就是一个模块，是很难理解的，人们对这样复杂的软件进行了解、处理和管理几乎是不可能的。例如：

若问题为 x，表示它的复杂性函数为 $C(x)$，解决它所需的工作量函数为 $E(x)$。对于问题 $P1$ 和 $P2$，如果：

$C(P1) > C(P2)$，$P1$ 比 $P2$ 复杂，则：

$E(P1) > E(P2)$，即问题越复杂，所需工作量越大。

根据解决一般问题经验，由：

$$C(P1 + P2) > C(P1) + C(P2)$$

即一个问题与问题组合而成的复杂度大于分别处理每个问题的复杂度之和，则：

$$E(P1 + P2) > E(P1) + E(P2)$$

从上面不等式可以得出这样的结论：如果把软件无限细分，那么最后开发软件所需工作量就小得可以忽略。但是，事实上，软件开发工作量的因素还有很多，例如模块接口费用等，所以，上述结论不能成立。因为，随着模块数目的增加，模块之间的接口复杂程度和为接口所需的工作量也随之增加，单独开发各个子模块的工作量之和也会有所减少。根据这两个因素的关系，可画出模块数目与软件成本关系图，如图 5.2 所示，从图中可以看出，存在一个工作量或开发成本最小的模块数目 M 区。

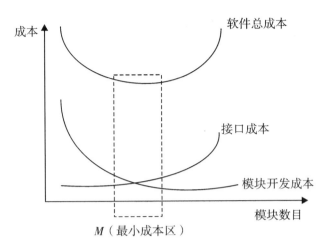

图 5.2　模块工作量与接口成本

虽然还无法算出 M 的准确数值，但在考虑模块时，软件总成本曲线确实提供了非常有用的指导，这就是在模块过程中，还必须减少接口的复杂性。从图 5.2 可以看出，随着模块数目的增加，模块开发成本之和是减少了，但模块接口成本之和却增加了，所以，模块数目必须适中。图中 M 区是一个使软件开发工作量最小的区域。

事实上，除了考虑模块接口成本和子模块开发成本，模块的划分、设计还需要遵循相关设计原则和方法，这些在后面讲会介绍。

5.2.4　模块划分原则——耦合

耦合表示软件结构内不同模块彼此之间依赖（连接）的紧密程度，是衡量软件模块结构质量好坏的度量，是对模块独立性的直接衡量指标。软件设计应追求尽可能松散耦合，避免强耦合。模块的耦合越松散，模块间的联系就越小，模块的独立性也就越强。这样，对模块测试、维护就越容易，错误传播的可能性就越小。

模块强弱取决于模块间接口的复杂度，进入或访问一个模块的点，以及通过接口的数据。如果两个模块中每个模块都能独立地工作，而不需要另一个模块的存在，那么它们彼此之间完全独立，即没有任何联系，也无所谓耦合可言。但是，在一个软件系统内不可能所有模块之间都没有任何连接。一般地，可以将模块的耦合分为以下六类：

（1）数据耦合。如果两个模块彼此之间通过参数交换信息，而且交换的信息是简单的数据类型，则称这种耦合为数据耦合，如图 5.3 所示：

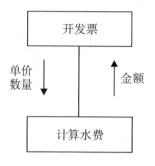

图 5.3　数据耦合示例

数据耦合是低耦合。系统中必须存在这种耦合，因为只有当某些模块的输出数据作为另一些模块的输入数据时，系统才能完成有价值的功能，一般来说，一个系统内可以只包含数据耦合。图中"开发票"和"计算水费"这两个模块之间的传递由简单的数据类型（单价、数量、类型）进行关联，它们之间是数据耦合关系。

（2）标记耦合。如两个模块通过传递数据结构（不是简单数据，而是记录、数组等）加以联系，或都与一个数据结构有关系，则称这两个模块间存在标记耦合。如图 5.4 所示。

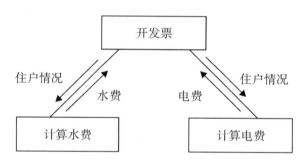

图 5.4　标记耦合示例

"住户情况"是一个数据结构，图中模块都与此数据结构有关。"计算水费"和"计算电费"本无关，由于引用了此数据结构产生依赖关系，它们之间也是标记偶合。可以把这个例子的"标记耦合"改为"数据耦合"，如图 5.5 所示：

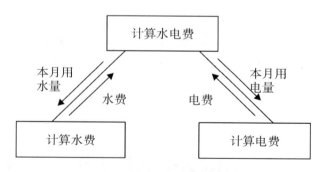

图 5.5　标记耦合改数据耦合

（3）控制耦合。一模块向下属模块传递的信息（开关量、标志等控制被调用模块决策的变量）控制了被调用模块的内部逻辑。这种耦合关系为控制耦合。如图 5.6 所示：

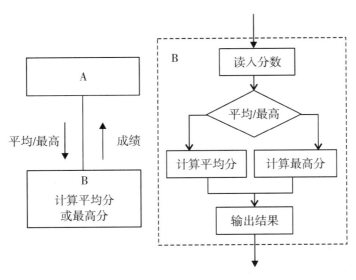

图 5.6　控制耦合示例

示例中，A 模块调用 B 模块，传递的参数（平均/最高）影响了模块 B 的内部逻辑结构。

控制耦合增加了理解和编程的复杂性，调用模块必须知道被调模块的内部逻辑，增加了相互依赖，一般应做如下修改，改控制耦合为数据耦合，如图 5.7 所示。①将被调用模块内的判定上移到调用模块中进行。②被调用模块分解成若干单一功能模块。

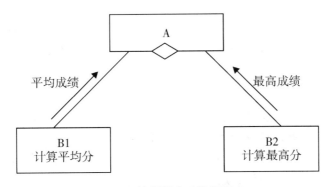

图 5.7　控制耦合改数据耦合

（4）外部耦合。一组模块均与同一外部环境关联（例如，I/O 模块与特定的设备、格式和通信协议相关联），它们之间便存在外部耦合。

外部耦合必不可少,但这种模块数目应尽量少。

(5)公共耦合。一组模块引用同一个公用数据区(也称"全局数据区、公共数据环境")。公共数据区指全局数据结构、共享通信区、内存公共覆盖区、任何存储介质上的文件等,公共耦合示例如图5.8所示:

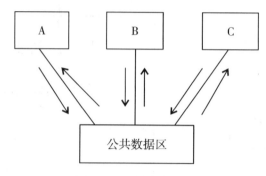

图5.8 公共耦合示例

公共数据区及全程变量无保护措施,慎用公共数据区和全程变量,公共耦合可能产生这些问题:①软件可理解性降低;②诊断错误困难;③软件可维护性差;④软件可靠性差。

(6)内容耦合。如果发生下列情形之一,两个模块之间就发生了内容耦合:①一个模块直接访问另一个模块的内部数据;②一个模块不通过正常入口转到另一模块内部;③两个模块有一部分程序代码重叠(只可能出现于汇编语言中);④一个模块有多个入口。

内容耦合是最不好的耦合形式,不应该出现。

5.2.5 模块划分原则——内聚

内聚标志着一个模块内各个元素彼此结合的紧密程度,它是信息隐藏和局部概念的自然扩展。简单地说,理想内聚的模块只做一件事。设计时应该力求做到高内聚。内聚和耦合是密切相关的,模块内的高内聚意味着模块间的低耦合。由低到高,内聚度可以分为以下七类:

(1)偶然内聚。如果一个模块的各成分之间毫无关系,则称为偶然内聚,也就是说模块完成一组任务,这些任务之间的关系松散,实际上没有什么联系。

常犯这一种错误:在写完程序后,发现一组语句在多处出现,于是为节省空间而将这些语句作为一个模块设计,这就出现了偶然内聚。

(2)逻辑内聚。几个逻辑上相关的功能被放在同一模块中,则称为逻辑内聚。把几种相关功能(逻辑上相似的功能)组合在一个模块内,每次调用由传给模块的参数确定执行哪种功能。逻辑内聚示例如图5.9所示:

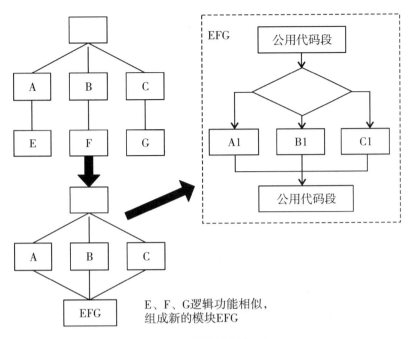

图 5.9　逻辑内聚示例

新的模块 EFG 形成后，其内部产生了控制耦合关系。单逻辑内聚因为几个模块的逻辑关系而聚在一起，也有一定的合理性。

（3）时间内聚。模块完成的功能必须在同一时间内执行，这些功能只因时间因素关联在一起，即时间内聚。例如，紧急故障处理模块中的关闭文件、报警、保护现场等任务都需无中断按时序处理。

（4）过程内聚。模块内的各处理单元相关，按特定次序执行，称为过程内聚。这种情况发生在使用流程图设计时。过程内聚示例如图 5.10 所示：

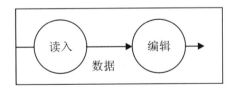

图 5.10　过程内聚示例

（5）通信内聚。模块内各部分使用相同的输入数据，或产生相同的输出结果。例如，某模块中的各成分都需要利用某个符号表（或文件进行操作）。模块完成多个功能，各个功能都在同一数据结构上操作。通信内聚示例如图 5.11 所示：

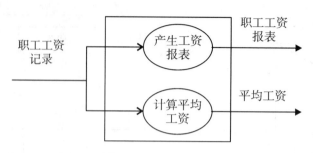

图 5.11　通信内聚示例

（6）信息内聚。模块完成多个功能，各功能都在同一数据结构上操作，每一功能有唯一入口，成为信息内聚，信息内聚示例如图 5.12 所示，几个加工同时引用一个共同的数据。

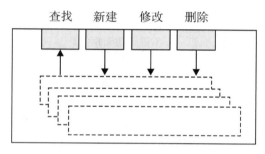

图 5.12　信息内聚示例

（7）功能内聚。模块仅包括为完成某个功能所必需的所有成分。模块所有成分共同完成一个功能，缺一不可内聚性最强。

因此，在模块设计中，应尽力提高模块独立性，选择合适的模块规模，模块的深度、宽度、扇出和扇入应适当，模块的作用范围应该在控制范围之内，降低模块接口的复杂程度。

5.3　数据库设计

数据库设计（Database Design）是指根据用户的需求，在某一具体的数据库管理系统上，设计数据库的结构和建立数据库的过程。数据库系统需要操作系统的支持。

数据库设计是建立数据库及其应用系统的技术，是信息系统开发和建设中的核心技术。由于数据库应用系统的复杂性，为了支持相关程序运行，数据库设计就变得异常复杂，因此最佳设计不可能一蹴而就，而只能是一种"反复探寻，逐步求精"的过程，也就是规划和结构化数据库中的数据对象以及这些数据对象之间关系的过程。

5.3.1 数据库设计的目标和内容

数据库设计的目标主要有以下四个方面：

(1) 满足用户要求。设计者必须充分理解用户方面的要求与约束条件，尽可能精确地定义系统的要求。

(2) 良好的数据库性能。数据库性能包含多方面的内容，而这些性能往往是冲突的，数据库设计必须从多方面考虑，对这些性能做出最佳的权衡折中。

(3) 准确地模拟现实世界。数据库通过数据模型来模拟现实世界的信息类别与信息之间的联系。数据库模拟现实世界的准确度取决于两个方面：一是数据模型特征；二是数据库设计者的努力。能否精确描述现实世界的关键在于设计质量。为了提高设计质量，必须充分理解用户要求，掌握系统环境，利用良好的软件工程规范与工具，充分发挥数据库管理系统（Database Mangement System，DBMS）的特点。

(4) 能被某个 DBMS 接受。数据库设计的最终结果，是确定 DBMS 支持下的能运行的数据模型与处理模型，建立起可用、有效的数据库。因此，在设计中，必须充分了解 DBMS 的特点，使模型能充分发挥 DBMS 的优点。

5.3.2 数据库设计的步骤

数据库设计的整个过程包括以下四个步骤：

(1) 需求分析。用系统的观点分析与某一特定的数据库应用有关的数据集合。

(2) 概念设计。把用户的需求加以解释，并用概念模型表达出来。概念模型是现实世界到信息世界的抽象，具有独立于具体的数据库实现的优点，是用户和数据库设计人员之间进行交流的语言。数据库需求分析和概念设计阶段需要建立数据库的数据模型，可采用的建模技术方法有三类：一是面向记录的传统数据模型，包括层次模型、网状模型和关系模型；二是注重描述数据及其之间的语义关系的语义数据模型，如实体－联系模型等；三是面向对象的数据模型，它是在前两类数据模型的基础上发展起来的面向对象的数据库建模技术。

(3) 逻辑设计。数据库逻辑设计的任务是把信息世界中的概念模型利用数据库关系系统所提供的工具映射为计算机世界中为数据库管理系统所支持的数据模型，并用数据描述语言表达出来。在进行逻辑设计前，必须了解用户的要求，抽象概念模型。逻辑设计又称为数据模型映射。所以，逻辑设计是直接依赖于概念模型数据库管理系统来选择的。数据库设计的核心问题是围绕数据模型展开的。要使数据模型能很好地反映现实世界中的实体及其联系，首先就必须搞清楚现实世界中要反映在数据库中的各种实体和它们之间的联系。E－R 图是完成这个目标的一种有效的方法。数据库逻辑设计可分为两个阶段：①预备阶段。为了实现合理、有效的逻辑设计，必须进行两项工作：收集和分析用户要求；建立概念性数据模型。②设计阶段。逻辑设计的核心任务是找出能总体表达 E－R 模型的数据模型，如层次模型、网状模型或关系模型，进行 E-R 模型向数据模型的转换。

（4）物理设计。数据库物理设计是指数据库存储结构和存储路径的设计，即将数据库的逻辑模型在实际物理存储设备上加以实现，从而建立一个具有较好性能的物理数据库。该过程依赖于特定计算机系统。数据库物理设计主要解决三个问题：合适的分配存储空间，数据的物理表示，确定的存储结构。

5.3.3 数据库的逻辑设计

（1）数据库的逻辑设计的步骤：①初始模式形成。把 E-R 图表示的实体-联系类型，转换成选定的数据库管理系统所支持的记录类型，包括层次、网状、关系、面向对象系统等。②子模式设计。子模式是应用程序与数据库的接口，允许有效访问数据库而不破坏数据库的安全性。③模式评价。根据定量分析和性能测算对逻辑数据库结构（即模型）作出评价。定量分析是指针对处理频率和数据容量及其增长情况的分析。性能测算是针对逻辑记录访问数目、一个应用程序传输的总字节数和数据库字节数等。④优化模式。为使模式适应信息的不同表示，可利用数据库管理系统性能，如建立索引、散列等功能。

（2）E-R 图向数据模型转换。关系模型的逻辑结构是一组关系模式的结合，E-R 图则是由实体、实体的属性和实体之间的联系三个要素组成的。所以将 E-R 图转换为关系模型实际上就是要将实体、实体的属性和实体之间的联系转化为关系模式，这种转换遵循如下原则：①一个实体转换为一个关系模式。实体的关键字就是关系的关键字。②一个 m:n 联系转换为一个关系模式。与该联系相连的各实体的关键字以及联系本身的属性均转换为关系的属性，而关系的关键字为各实体关键字的组合。③一个 1:n 联系可以转换为一个独立的关系模式，也可以与 n 端对应的关系模式合并。如果转换为一个独立的关系模式，则与该联系相连的各实体的关键字以及联系本身的属性均转换为关系的属性，而关系的关键字为 n 端实体的关键字。④一个 1:1 联系可以转换为一个独立的关系模式，也可以与任意一端对应的关系模式合并。如果转换为一个独立的关系模式，则与该联系相连的各实体的关键字以及联系本身的属性均转换为关系的属性，每个实体的关键字均是该关系的候选关键字。如果与某一端对应的关系模式合并，则需要在该关系模式的属性中加入另一个关系模式的码和联系本身的属性。⑤3 个或 3 个以上实体间的一个多元联系转换为一个关系模式。与该多元联系相连的各实体的关键字以及联系本身的属性均转换为关系的属性，而关系的关键字为各实体关键字的组合。⑥同一实体集的各实体间的联系，即自联系，也可以按上述 1:1、1:n 和 m:n 这三种情况分别处理。⑦具有相同关键字的关系模式可以合并。

5.3.4 数据库的物理设计

数据库物理设计主要解决三个问题：合适的分配存储空间，数据的物理表示以及确定存储结构。

存储空间的分配应遵循两个原则：一是存取频度高的数据存储在快速、随机设备上，存取频度低的数据存储在慢速设备上；二是相互依赖性强的数据应尽量存储在相邻的空间上。

数据的物理表示分为两类：数值数据和字符数据。数值数据可以用十进制形式或二进制形式表示。通常，二进制形式占用较少的存储空间。字符数据可以用字符串的方式表示，有时也可以利用代码值的存储代替字符串的存储。为了节约存储空间可以采用数据压缩技术。存储结构的选择与应用要求和数据模型有密切联系，对批处理的应用数据，一般以顺序方式组织数据为好。对于随机应用的数据，则以直接方式或索引方式比较好，同时用指针链接法建立数据间的联系。物理设计在很大程度上与选用的数据库管理系统有关。设计中应根据实际需要，选用系统所提供的功能，确定数据库的物理结构，主要考虑以下四个方面：

（1）确定数据库的存储结构。确定数据库的存储结构要综合考虑存取时间、存储空间利用率和维护代价三个方面的因素。这三个方面通常是相互矛盾的，例如，消除一切冗余数据虽然能节约存储空间，但往往会导致检索代价的增加。许多关系型DBMS都提供了聚簇功能，即为提高某个属性（或属性组）的查询速度，可以把这些属性上有相同的值的元组集中存放在一个物理块中，如果存放不下，可以预留在空白区或链接多个物理块。

（2）设计数据的存取路径。在关系数据库中，选择存取路径主要是指确定如何建立索引。例如，应把哪些域作为次码建立索引，建立单码索引还是组合索引，建立多少个为合适，是否建立聚集索引等。

（3）确定数据的存放位置。为了提高系统性能，数据应该根据应用情况将易变部分与稳定部分、经常存取部分和存取频率较低部分分开存放。在物理设计时，可以考虑将表和索引分别放在不同磁盘上；在查询时，由于两个磁盘驱动器分别工作，因而可以保证物理读、写速度比较快，也可以将比较大的表分别放在两个磁盘上，以加快存取速度。另外，还可以将日志文件与数据库对象（表、索引）放在不同的磁盘以改进系统的性能。由于各个系统所能提供的对数据进行物理安排的手段、方法差异很大，因此设计人员必须仔细了解给定的DBMS在这方面提供了什么方法，再针对应用环境的需求，对数据进行适当的物理安排。

（4）确定系统配置。DBMS产品一般都提供了一些存储分配参数，供设计人员对数据库进行物理优化。初始情况下，系统都为这些变量赋予合理的默认值。但这些值不一定适合每一种应用环境，在进行物理设计时，需要重新对这些变量赋值以改善系统的性能。通常情况下，这些配置变量包括：同时使用数据库的用户数，同时打开数据库的对象数，使用缓冲区长度、个数，时间片大小，数据库大小，装填因子，锁的数目等。这些参数值影响存取时间和存储空间的分配，在物理设计时要根据应用环境确定这些参数值，以使系统性能最优。在物理设计时，对系统配置的调整是初步的，在系统运行时还要根据系统实际运行情况进一步调整，以改进系统的性能。

5.4 空间数据库设计

5.4.1 空间数据库的特点

空间数据库是 GIS 的核心，是把 GIS 中大量的地理数据按一定的模型组织起来，提供存储、维护、检索数据的功能，使 GIS 可以方便、及时、准确地从空间数据库中获得所需的信息。空间数据表达地理实体的位置、形状、大小和分布特征等信息；属性数据描述空间实体的非空间信息。地理信息由空间信息和非空间信息组成，包括位置数据、属性数据和空间关系信息。空间数据具有以下特点：

（1）数据量大。地理信息系统是一个复杂的综合体。需要用数据来描述各种地理要素的空间位置及环境特征，其数据量往往很大，导致空间数据库的数量比一般的通用数据库大很多。

（2）空间关系特征。每个空间对象都具有空间坐标，呈现一定的空间分布特征。而且地理要素的属性数据与空间对象相关联，两种数据之间具有不可分割的联系。因此，空间数据中记录的拓扑信息表达了多种空间关系，这种拓扑数据结构一方面方便了空间数据的查询和空间分析，另一方面也给空间数据的一致性和完整性维护增加了复杂性。

（3）非结构化特征。通用数据库数据记录一般是结构化的，而空间数据则不能满足这种结构化的要求。若通过一条记录表达一个空间对象，它的数据项是变长的，同时一个对象可能包含另外一个或多个对象，不满足关系数据模型范式要求，具有非结构化特征。

（4）分类编码特征。空间数据编码是空间数据结构的实现。每一个空间对象都有一个分类编码。而这种分类编码往往属于国家标准或行业标准、地区标准。每种空间对象隶属于一个基本的空间对象类型，通常一种空间对象对应一个属性数据表。

5.4.2 空间数据库的管理方式

空间数据库的管理方式有以下五种：

（1）文件管理方式。文件管理方式是将空间数据和属性数据都存放在一个或多个文件中，完全采用文件管理，其优点是灵活，软件厂商可以任意定义自己的文件格式，管理各种数据，这对存储需要加密的数据及非结构化的、不定长的几何坐标的记录非常有用。文件管理的缺点就是需要由开发者实现属性数据的更新、查询、检索等操作，增加了属性数据管理的开发量，也不利于数据共享。目前，许多 GIS 软件采用文本格式文件进行数据存储，其目的是实现数据的转入和转出，与其他应用系统交换数据。

（2）文件与关系数据库混合管理方式。部分 GIS 软件采用混合管理的模式，即用文件系统管理集合图形数据，用商用关系数据库管理系统管理属性数据，它们之间的联系通过目标标识或内部连接码进行连接。GIS中图形数据与属性数据的连接在这种管理模式下，几何图形数据与属性数据除ID作为连接码以为，两者几乎是独立组织、管理和检索。采用文件与关系数据库的混合管理模式，还不能说是建立了真正的空间数据库管理系统，因为文件管理系统的功能较弱，特别是在数据安全性、一致性、并发性控制以及数据损坏后的恢复方面缺少基本的功能。多用户操作的并发控制比商用数据库管理系统要逊色得多，因而GIS软件商一直在寻找采用商用数据库管理系统来同时管理图形和属性数据的方法。

（3）关系型空间数据库管理方式。关系型空间数据库管理系统是将图形数据和属性数据都存放在关系数据库中。关系数据管理系统的软件厂商不做任何扩展，由GIS软件商在此基础上进行开发，使之不仅能管理结构化的属性数据，而且能管理非结构化的图形数据。一个关系表示一个图层，关系中的一行表示一个地理实体，一列表示地理实体的一个属性，其中一列为几何形状列。用关系数据库管理系统图形数据有常规表方式和大对象方式两种。

用常规方式管理几何对象时，图形数据按照关系数据模型组织，特征表中几何对象列只存储其指向几何表的指针。每个几何对象在几何表中用一系列点坐标来描述，当几何对象的坐标对数超过了每行的定长坐标对数时，则采用分行存储的方式，并维护前后的关系。基于这种方式进行组织，它要涉及多个关系表，做多次连接投影运算。由于需要做如此复杂的关系连接运算，因此在处理空间目标方面效率不高。

大对象方式与常规表方式不同，几何对象列采用数据库提供的二进制大对象（Binary Large Object，BLOB）变长字段存储空间数据，将图形数据的变长部分处理成二进制块字段。大部分关系数据库管理系统都提供了二进制的字段域，以适应管理包括文本文档、图像、音频和视频等数据的需要，如SQL Server的Image类型、Oracle的BLOB类型等，一个几何对象对应几何表的一行。基于SQL Server的ArcSDE应用的是Image数据类型。这种存储方式虽然省去了大量关系表的连接操作，但可扩展性相对较差，二进制的读/写效率比定长的属性字段慢得多，特别是牵涉对象嵌套时，速度更慢。BLOB没有具体的内部结构，因而不能进行搜索、索引和分析操作，并且不含常用的语义概念，如泛化、聚集等关系。

（4）对象关系数据库管理方式。数据库技术和面向对象技术的结合，产生了对象关系型数据库系统。对象关系型数据库系统是关系型数据库系统进行面向对象的扩展。对象关系型数据库支持核心的面向对象数据库模型（对象模型），并借助于对关系数据库语义的扩充和修改，使之与对象模型的语义一致，以支持关系数据库特征，其基本特征包括基本数据类型的扩充、复杂对象、继承性等。ORDBMS提供了用户自定义类型的功能，使用抽象数据类型可以封装任意复杂的内部结构和属性，以方便表示空间对象。对于用户定义的数据类型也必须添加该类型要求的操作，这就是ORDBMS提供的扩充函数和操作符的功能，通过动态链接，实现客户端启动和服务端启动功能的安全管理，从而实现空间对象的索引、检索和空间分析等操作。ORDBMS中创建空间对象的基本构建有三种：组合、索引和引用。组合是由一个记录值组成的数据类型,即由任意不同数据类型组成的数据。集合是由一个字段中的任意一个值组成的数据类型,例如,点的集合构成线,线的集合构成面,面的集合构成体。引用是传统 SQL 系统中主键与外键关系的自然替代,它是对象标志的指针,指向其他表中的一个特定类型的记录,从而实现对组合、集合和基本数据类型的引用,用于表达空间对象之间的嵌套,使拓扑数据类型的表示非常便利。

(5)面向对象空间数据库管理方式。面向对象模型适应于空间数据的表达和管理,它不仅支持变长记录,而且支持对象的嵌套、信息的继承与聚集。面向对象的空间数据库管理系统允许用户定义对象和对象的数据结构以及它的操作。这种空间数据结构可以是不记录拓扑关系的矢量数据模型,也可以是拓扑数据结构,当采用拓扑数据结构时,往往涉及对象的嵌套、对象的连接和对象与信息聚集。从理论上讲,它能解决纯关系数据库存在的问题,具有完全的面向对象的特征,这些特征包括封装、消息、状态、标识、类型、类、复合对象、绑定、多态性、继承性和扩展性等。但由于面向对象数据库管理系统还不够成熟、价格昂贵,在 GIS 领域应用还不成熟。

5.4.3 空间数据库的数据分层设计

在空间数据库的逻辑设计中,需要将不同类、不同级的地理要素进行分层存放,每一层存放一种专题或一类信息。按照用户一定的需求或标准把某些地理要素组合一起成为图层,它表示地理特征以及描述这些特征的属性的逻辑意义上的集合。在同一层信息中,数据一般具有相同的集合特征和属性特征。

空间数据分层可以按专题、时间序列和垂直高度等方式划分。按专题分层就是每层对应一个专题,包含一种或几种不同的信息。专题分层就是根据一定的目的和分类指标对地理要素进行分类,按类分层,每类作为一个图层,对每一个图层赋予一个图层名。分类可以从性质、用途、形状、尺度和色彩五个方面因素考虑。按时间序列分层则可以不同的时间或时期进行划分,时间分层便于对数据的动态管理,特别对历史数据的管理。按垂直高度划分是以地面不同高层分层,这种分层从二维转化为三维,便于分析空间数据的垂向变化,从立体角度去认识事物构成。空间数据分层要考虑以下问题:

(1)数据应具有相同的特性,具有相同的属性。性质相同或相近的要素应放在同一层。

(2)即使是同一类型的数据,有时其属性特征也不相同,应该分层存储。

(3)分层要考虑数据与数据之间的关系,如哪些数据有公共边,哪些数据之间有隶属关系,很多数据之间都有共同或重叠的部分,即多重属性问题,这些因素都将影响层的设置。

(4)分层时要考虑数据与功能的关系,如哪些数据经常在一起使用,哪些功能是起主导作用的功能。考虑功能之间的关系,不同类型的数据由于其应用功能相同,在分析和应用时往往会同时用到,因此在设计时应反映这样的需求,可以将此类数据设计为同一专题层。例如,水系包括多边形水体(湖泊和水库等)、线状水体(河流和小溪等）和点状水体（井和泉等）。由于多边形的湖泊、水库，线状河流、小溪和点状的井、泉等在功能上有着不可分割、相互依赖的关系，在设计上可将这三种类型的数据组成同一个专题数据层。

（5）分层时应考虑更新的问题，数据中各类数据的更新可能使用各种不同的数据源，更新一般以层为单位进行处理，在分层中应考虑将更新频繁的数据分离出来，使用不同数据源更新的数据也应分层进行存储，以便于更新。

（6）不同部门的数据通常应该放入不同的层，这样便于维护。

（7）数据库中需要不同级别安全处理的数据也应该分别存储。

（8）分层时应顾及数据量的代销，各层数据的数据量最好比较均衡。尽量减少冗余数据。

（9）基础地形数据作为数据库的基础数据，数据的分层及属性应与国家标准保持一致，符合通用数据分层设计；数据更新周期长，应该统一更新；数据来源可以利用其他部门已有的基础数据。

（10）栅格数据主要是遥感影像和栅格地图，各作为一个图层。

（11）注记包括字符注记和符号注记，注记层的设计应具有灵活性。字符注记按照需要可以细分图层，也可合并相关图层；符号注记也可按不同的分类规则来设计。

5.5 GIS系统架构设计

软件架构是指在一定的设计原则的基础上，从不同调度对组成系统的各部分进行搭配，形成系统的多个结构而组成架构，包括该系统的各个组件，组件的外部可见属性及组件之间的相互关系。随着信息系统规模的不断扩大，复杂程度日益提高，体系结构模式对信息系统性能的影响越来越大。不同功能的信息系统对体系结构模式有着不同的要求，各种体系结构的信息系统在开发和应用过程中也有很大区别。当前，软件架构主要有：C/S体系架构，B/S体系架构，B/S和C/S混合体系架构，SOA体系架构。

5.5.1 C/S体系架构

C/S体系架构是以数据库服务器（Server）为中心，以客户机（Client）为网络基础，在信息系统软件支持下的两层模型。在这种体系结构中，用户操作模块部署在客户机上，数据存储在服务器上的数据库中。客户机依靠服务器获得所需要的网络资源，而服务器为客户机提供网络必需的资源，其体系架构如图5.13所示：

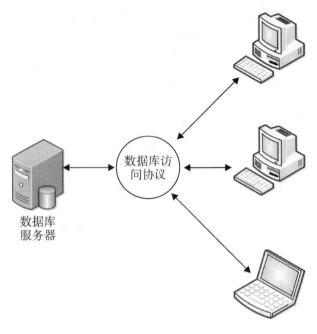

图 5.13 C/S 体系架构

在这个阶段，GIS 软件平台具有管理空间数据和属性的能力，具备多用户并发访问数据的能力，包括并发查询、并发修改。所有数据集中在一台数据库服务器中，所有客户直接连接到服务器。在这种体系架构中，主要采用面向对象的程序设计技术进行开发。该体系存在以下问题：

（1）数据过于集中，脱离了数据的生产、维护和应用部门具有地理分布的现实，不利于数据的及时更新和维护。

（2）所有客户连接到一台服务器上，极容易形成网络阻塞和服务器事务阻塞。对物理网络的通信能力和服务器的性能要求很高，且系统性能随访问量的变化而变化，性能很不稳定。

（3）只能在局域网内，不能适应 Internet 环境，不具备基于 Web 的集成能力。不能通过 Web 把用户的各种业务和办公自动化与 GIS 进行有效集成。

5.5.2 B/S 体系架构

B/S 是随着 Internet 技术的兴起，对 C/S 架构的一种变化或者改进的结构。在这种架构下，用户工作界面通过浏览器来实现，极少部分事务逻辑在浏览器（Browser）实现，主要事务逻辑在服务器端（Server）实现，形成数据库服务器、Web 服务器和客户浏览器三层结构，如图 5.14 所示。这种架构大大简化了客户端电脑负载，减轻了系统维护与升级的成本和工作量，降低了用户的总体成本。

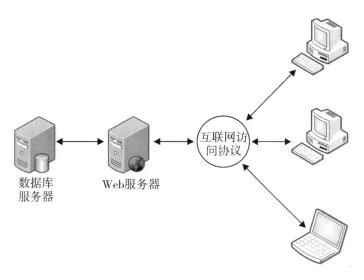

图 5.14　B/S 体系架构

基于 B/S 架构的网络 GIS 称为 WebGIS。WebGIS 一般称为万维网 GIS、互联网 GIS，是 GIS 技术与 WWW 技术的有机结合，在 Internet 环境下，为各种地理信息应用提供 GIS 功能。WebGIS 能充分利用网络资源，将基础性、全局性的处理交由服务器处理，而对数据量较小的简单操作则由客户端直接完成。这种计算模式能灵活高效地寻求计算负荷和网络流量负载在服务器端和客户端的合理分配，是一种较理想的优化模式。B/S 架构分为三层结构：表示层、功能层、数据层。

（1）表示层。Web 浏览器。在表示层中包含系统的显示逻辑，位于客户端。它的任务是由 Web 浏览器向网络上的某一 Web 服务器提出服务请求，Web 服务器对用户身份进行验证后用 HTTP 协议把所需的主页传送给客户端，客户端接收传来的主页文件，并把它显示在 Web 浏览器上。

（2）功能层。具有应用程序扩展功能的 Web 服务器。在功能层中包含系统的事务处理逻辑，位于 Web 服务器端。它的任务是接受用户的请求，首先需要执行相应的扩展应用程序与数据库进行连接，通过 SQL 等方式向数据库服务器提出数据申请，而后等数据库服务器将数据处理的结果提交给 Web 服务器，再由 Web 服务器传送回客户端。

（3）数据层。数据库服务器。在数据层中包含系统的数据处理逻辑，位于数据库服务器端。它的任务是接受 Web 服务器对数据库操纵的请求，实现对数据库查询、修改、更新等功能，把运行结果提交给 Web 服务器。

5.5.3　B/S 和 C/S 混合体系架构

局域网上使用 C/S 结构，便于数据建库、数据维护、空间数据库可视化交互编辑、大量数据更新。网络技术的进一步发展，特别是广域网的发展，促进了 B/S 架构的 GIS 平台的发展。B/S 架构体系解决了空间数据的远程应用问题,便于数据发布、公众信息查询、大众信息查询、大众地理信息系统,少量空间数据变更等。

B/S 与 C/S 架构各有所长,如果将这两种体系架构结合起来,就能使它们相互补充,形成 B/S 与 C/S 混合的软件架构。在这种体系架构中,一些能够满足大多数客户请求的信息采用 B/S 结构,这些信息用 Web 服务器进行处理,如数据库管理维护等交互性强、安全性要求高、数据查询灵活、数据处理量大的操作;管理员及少数专业人员使用的功能应采用 C/S 架构。B/S 与 C/S 架构混合体系架构如图 5.15 所示。

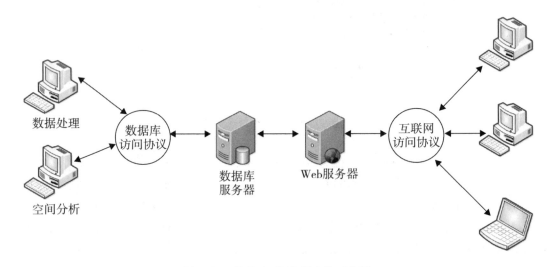

图 5.15　B/S 和 C/S 混合体系架构

5.5.4　SOA 体系架构

面向服务的架构(Service-Oriented Architecture,SOA)是一种设计模式,旨在通过将应用程序功能分解为独立的服务来提高系统的灵活性、可扩展性和可维护性。SOA 的核心特点包括:

(1)服务独立性。在 SOA 中,每个服务都是独立部署的,它们通过定义良好的接口和协议进行通信,这些接口通常是标准化的,以确保不同服务之间能够无缝交互。

(2)服务重用。服务被设计为可以跨多个不同的应用程序和组织边界重用,这有助于减少开发成本和时间,同时提高了整体效率。

(3)服务松耦合。服务之间的耦合度低,这意味着一个服务的变更不会或很少影响其他服务。这使得系统更加灵活,便于管理和扩展。

(4)服务可发现性。服务可以通过服务注册表进行发现,这使得服务的消费者能够更容易地找到和使用所需的服务。

(5)服务标准化。SOA 倡导使用标准化的接口和协议,如 WSDL(Web Services

Description Language）、SOAP（Simple Object Access Protocol）和 REST（Representational State Transfer），以确保不同服务之间的兼容性和互操作性。

（6）服务总线。企业服务总线（Enterprise Service Bus，ESB）是 SOA 的一个关键技术，它提供了在不同服务之间路由消息的能力，同时还可以提供转换、增强和处理这些消息的功能。

（7）微服务架构。微服务是 SOA 的一个变种，它强调将服务分解得更细，每个微服务通常只负责一个单一的业务功能，并且拥有自己的数据存储。微服务架构使得系统更加模块化，有助于提高敏捷性和可伸缩性。

总的来说，SOA 体系架构的目的是通过服务的标准化和模块化，实现业务流程的自动化和优化，从而提升整个 IT 系统的响应速度和适应变化的能力。尽管 SOA 提供了许多优势，但在实施过程中也可能面临一些挑战，如服务的管理和治理、安全性问题以及与现有遗留系统的集成等。

5.6 总体设计报告编写

需求调查收集了需求信息后，需要编写需求分析报告进行文档化。由于需求过程的复杂性，会产生多种不同类型的需求规格说明文档，如用户需求文档、系统规格需求说明文档、软件规格需求说明文档、接口需求规格说明文档、硬件需求规格说明文档。

软件规格需求文档是对整个系统功能分配给软件部分的详细描述，是软件开发中非常重要的一个需求分析报告，表 5.1 是软件需求规格说明模板：

表 5.1　软件需求规格说明模板

1　引言
1.1　编写的目的
说明编写这份需求说明书的目的，指出预期的读者。
1.2　背景
待开发的系统的名称；
本项目的任务提出者、开发者、用户；
该系统同其他系统或其他机构的基本的相互来往关系。
1.3　定义
列出本文件中用到的专门术语的定义和外文首字母组词的原词组。
1.4　参考资料
列出用得着的参考资料。
2　任务概述
2.1　目标
叙述该系统开发的意图、应用目标、作用范围以及其他应向读者说明的有关该系统开发的背景材料。解释被开发系统与其他有关系统之间的关系。
2.2　用户的特点
列出本系统的最终用户的特点，充分说明操作人员、维护人员的教育水平和技术专长，以

续上表

及本系统的预期使用频度。

2.3 假定和约束

列出进行本系统开发工作的假定和约束。

3 需求规定

3.1 对功能的规定

用列表的方式，逐项定量和定性地叙述对系统所提出的功能要求，说明输入什么量、经怎样的处理、得到什么输出，说明系统的容量，包括系统应支持的终端数和应支持的并行操作的用户数等指标。

3.2 对性能的规定

3.2.1 精度

说明对该系统的输入、输出数据精度的要求，可能包括传输过程中的精度。

3.2.2 时间特性要求

说明对于该系统的时间特性要求。

3.2.3 灵活性

说明对该系统的灵活性的要求，即当需求发生某些变化时，该系统对这些变化的适应能力。

3.3 输入、输出要求

解释各输入、输出数据类型，并逐项说明其媒体、格式、数值范围、精度等。对系统的数据输出及必须标明的控制输出量进行解释并举例。

3.4 数据管理能力要求（针对软件系统）

说明需要管理的文卷和记录的个数、表和文卷的大小规模，要按可预见的增长对数据及其分量的存储要求作出估算。

3.5 故障处理要求

列出可能的软件、硬件故障以及对各项性能而言所产生的后果和对故障处理的要求。

3.6 其他专门要求

如用户单位对安全保密的要求，对使用方便的要求，对可维护性、可补充性、易读性、可靠性、运行环境可转换性的特殊要求等。

4 运行环境规定

4.1 设备

列出运行该软件所需要的硬件设备。说明其中的新型设备及其专门功能，包括：

处理器型号及内存容量；

外存容量、联机或脱机、媒体及其存储格式，设备的型号及数量；

输入及输出设备的型号和数量，联机或脱机；

数据通信设备的型号和数量；

功能键及其他专用硬件；

4.2 支持软件

列出支持软件，包括要用到的操作系统、编译程序、测试支持软件等。

4.3 接口

说明该系统同其他系统之间的接口、数据通信协议等。

4.4 控制

说明控制该系统运行的方法和控制信号，并说明这些控制信号的来源。

第6章 GIS软件工程详细设计

6.1 详细设计概述

详细设计是软件工程中软件开发的一个步骤，就是对概要设计的一个细化，就是详细设计每个模块实现算法，以及所需的局部结构。在详细设计阶段，主要是通过需求分析的结果，设计出满足用户需求的软件系统产品。

详细设计不同于编码或编制程序，在这个阶段，主要确定各个模块的实现算法，并精确表达这些算法，以及进行算法的评价。详细设计需要给出合适的算法描述，并提供详细设计的表达工具。详细设计主要完成包括以下六个方面的内容：

（1）为每个模块进行详细的算法设计。用某种图形、表格、语言等工具将每个模块处理过程的详细算法描述出来。

（2）为每个模块内的数据结构进行设计。对于需求分析、概要设计确定的概念性的数据类型进行确切的定义。

（3）为数据结构进行物理设计，即确定数据库的物理结构。物理结构主要指数据库的存储记录格式、存储记录安排和存储方法，这些都依赖于具体所使用的数据库系统。

（4）其他设计。根据软件系统的类型，还可能要进行以下设计：①代码设计。为了提高数据的输入、分类、存储、检索等操作，节约内存空间，对数据库中的某些数据项的值要进行代码设计。②输入/输出格式设计。③人机界面设计。对于一个实时系统，用户与计算机频繁对话，因此要进行对话方式、内容、格式的具体设计。

（5）编写详细设计说明书。

（6）评审。对处理过程的算法和数据库的物理结构都要评审。

6.2 详细设计的基本工具

详细设计需要用到一些基本的设计工具，自然语言是人们之间沟通交流的主要媒介，早期的软件设计主要用自然语言，但由于自然语言存在二义性、不直观、修改复杂等缺陷，随着软件设计技术的发展，设计工具逐渐取代自然语言。详细设计工具常用的有流程图、盒图、PAD、PDL、IPO图、判定表、判定树7种。

6.3.1 程序流程图

程序流程图又称为程序框图，是最为常用的一种算法表达工具，是用统一规定的标准符号描述程序运行具体步骤的图形表示。程序框图的设计是在处理流程图的基础上，通过对输入、输出数据和处理过程的详细分析，将计算机的主要运行步骤和内容标识出来。程序流程图独立于任何编程语言，比较直观、清晰，易于学习掌握。

程序流程图是一种图形化的工具，包括五种基本的控制结构：顺序型、选择型、先判定循环型、后判定循环型、多分支选择型。这五种控制结构示意图如图 6.1 所示：

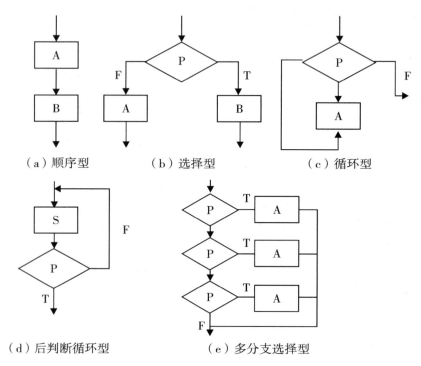

图 6.1　程序流程图的基本结构

程序流程图的基本符号如图 6.2 所示。程序流程图的优点是：采用简单规范的符号，画法简单，结构清晰，逻辑性强，便于描述，容易理解。

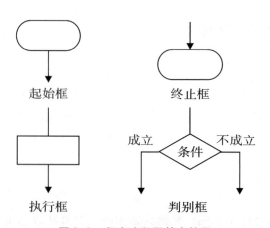

图 6.2　程序流程图基本符号

程序流程图虽然比较直观、灵活，并且比较容易掌握，但是它的随意性和灵活性却使它不可避免地存在着一些缺点：

（1）由于程序流程图的特点，它本身并不是逐步求精的好工具。因为它使程序员容易过早地考虑程序的具体控制流程，而忽略了程序的全局结构。

（2）程序流程图中用箭头代表控制流，这样使得程序员不受任何约束，可以完全不顾结构程序设计的精神，随意转移控制。

（3）程序流程图在表示数据结构方面存在不足。

6.3.2　N-S 图

N-S 图是由 Nassi 和 Shneiderman 提出的一种符合结构化程序设计原则的图形描述工具，也叫盒图。盒图具有以下特点：

（1）功能域（即某一个特定控制结构的作用域）有明确的规定，并且可以很直观地从 N-S 图上看出来。

（2）它的控制转移不能任意规定，必须遵守结构化程序设计的要求。

（3）很容易确定局部数据和全局数据的作用域。

（4）很容易表现嵌套关系，也可以表示模块的层次结构。

与程序流程图一样，盒图也提供了五种基本的图形表达符号，如图 6.3 所示：

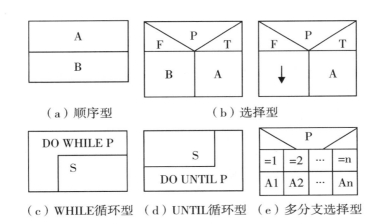

图 6.3　N-S 图的基本结构

任何一个 N-S 图，都可以用这五种基本的控制结构进行组合与嵌套绘制。当问题很复杂时，可以在图中给某个部分取个名字，在另一外的位置画出这个部分的细节。

6.3.3　PAD 图

PAD 图由日立公司设计，由程序流程图演化而来，又吸收了盒图的优点，是一种采用结构化的程序设计思路来表现程序逻辑结构的图形工具,其用二维树形结构来表示程序的控制流及逻辑结构,已得到 ISO 的认可。

在 PAD 图中,一条竖线代表一个层次,最左边的竖线是第一层控制结构,随着层次的加深,图形不断向右展开。PAD 图基本控制结构表达符号如图 6.4 所示:

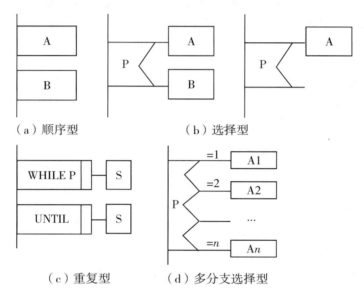

图 6.4　PAD 图基本控制结构表达符号

PAD 图具有如下特点:

(1) PAD 图表示的程序结构的执行顺序是自最左侧的竖线的上端开始,自上而下,自左向右。

(2) 用 PAD 图表示的程序片段结构清晰,层次分明。

(3) 支持自顶向下、逐步求精的设计方法。

(4) 只能用于结构化的程序设计。

(5) PAD 图不仅可以表示程序逻辑,还能表示数据结构。

6.3.4　PDL 语言

PDL(Program Design Language,PDL)语言,即程序设计语言,又称为伪代码,是一种用正文的形式表示数据结构和处理过程的工具。PDL 的语法规则分为"外语法"和"内语法"。

外语法符合一般程序语言常用的语法规则,而内语法可以用英文中一些简单的句子、短语、数学符号来描述程序执行的功能。

PDL 的外语法主要包括:数据说明、子程序结构、分程序结构、顺序结构、输入输出结构等内容,具体如下:

(1) 数据说明。PDL 程序中指明数据名的类型及作用域,其形式为:

```
    declare 〈数据名〉as〈限定词〉
    〈限定词〉具体的数据结构：
    scalar 〈纯量〉
    array 〈数组〉
    list 〈列表〉
    char 〈字符〉
    structure 〈结构〉
```
（2）子程序结构。
```
    Procedure 〈子程序名〉
    interface 〈参数表〉
    〈分程序 PDL 语句〉
    return
    end 〈子程序名〉〈PDL 语句指各种 PDL 构造〉
```
（3）分程序结构。
```
    BEGIN 〈分程序名〉〈语句〉
    END 〈分程序名〉
```
（4）顺序结构。
```
    选择型：
    if 〈条件〉then
       〈语句〉
    else
       〈语句〉
end if
    if 〈条件〉then
       〈语句〉
    else if 〈条件〉then
       〈语句〉
    else
       〈语句〉
end if
    WHILE 循环：
    LOOP WHILE 〈条件〉
       〈语句〉
end loop
    UNTIL 型循环：
    LOOP UNTIL 〈条件〉
       〈语句〉
end loop
```

CASE 型：
CASE 〈选择句子〉of
〈语言〉
END CASE

（5）输入/输出结构 print read display。

PDL 具有严格的关键字外语法，用于定义控制结构和数据结构，同时它的表示实际操作和条件的内语法又是灵活自由的，可以使用自然语言的词汇。

下面是一个 PDL 语言的例子：

Procedure compute location
BEGIN
  Keep track of current number of resource in use
    If another resource is available Allocate a dialog box structure
      If a doialog box stucture counde be cllocated Note that one more resource is in use Initialize the resource
        Store the resource number at the location provided by the caller
    Endif
  Endif
  Reture TRUE if a new resource was created；
      else return FALSE
  PRINT result
END

PDL 作为描述程序逻辑语言，具有如下特点：

（1）有固定关键字的语法，提供全部结构化控制结构、数据说明和模块特征。

（2）内语法使用自然语言描述处理特性，易写易读。内语法比较灵活，主要写清楚就可以，不必考虑语法错误，利于开发者把主要精力放在描述算法的逻辑上。

（3）有数据说明，包括简单的和复杂的数据结构。

（4）有子程序定义与调用机制，用以表达各种方法的接口说明。开发人员应根据系统编程所用的语言，说明 PDL 表示的有关程序结构。

（5）使用 PDL 语言，可以做到逐步求精，从比较概括和抽象的 PDL 程序，逐步写出更详细的、更精确的描述。

6.3.5 判定表

判定表（Decision Table）是分析和表达多逻辑条件下执行不同操作的情况下的工具。在程序设计发展的初期，判定表就已被当作编写程序的辅助工具了，它可以把复杂的逻辑关系和多种条件组合的情况表达得既具体又明确。当算法中包含多重嵌套的条件选择时，用程序流程图、N－S 图、PAD 图都不容易清楚描述，判定表可以清楚表达复杂条件组合与对应动作之间的关系。

一个判定表由四个部分组成,左上部列出所有条件,左下部是所有可能的动作,右上部是表示各种条件组合的一个矩阵,右下部是和每种条件组合相对应的动作。判定表右半部分的每一列实质上是一条规则,规定了与特定条件取值组合相对应的动作。举例如表6.1所示:

表6.1 判定表

问题:某航空公司规定,重量不超过30千克的行李可免费托运。重量超过30千克时,对超运部分,头等舱国内乘客收4元/千克;其他舱位国内乘客收6元/千克;外国乘客收费为国内乘客的2倍;残疾乘客的收费为正常乘客的1/2,请用判定表与判定树表达上述计算方案。

该问题的判定表如下:

		1	2	3	4	5	6	7	8	9
条件	国内乘客		T	T	T	T	F	F	F	F
	头等舱		T	F	T	F	T	F	T	F
	残疾乘客		F	F	T	T	F	F	T	T
	行李重量 $W \leq 30$	T	F	F	F	F	F	F	F	F
动作	免费	√								
	$(W-30) \times 2$				√					
	$(W-30) \times 3$					√				
	$(W-30) \times 4$		√						√	
	$(W-30) \times 6$			√						√
	$(W-30) \times 8$						√			
	$(W-30) \times 12$							√		

判断表能清晰地表达复杂逻辑的处理规则,它本身是一种静态逻辑描述工具,一般搭配程序流程图、PDL等工具一起使用。

6.3.6 程序复杂度分析

在软件工程学的教学及实际应用中,经常遇到程序复杂性的度量问题。程序的复杂性直接关系到软件开发费用的多少、开发周期的长短和软件内部潜伏错误的多少,同时它也是软件可理解性的一种度量,定量度量程序的复杂度,还可以作为模块规模的精确限度。程序复杂度的定量分析方法主要有两种:McCabe复杂度分析法和Halstead复杂度分析法。

定量度量程序复杂度的作用:①可估算软件中错误的数量及软件开发工作量。②度量的结果可用来比较不同设计或不同算法的优劣。③程序的复杂度可作为模块规模的限度。

（1）McCabe 复杂度分析法。McCabe 度量法是一种定量度量程序复杂度的有效方法。这种方法直观，容易度量，是一种基于程序控制流的复杂性度量方法。用这种方法度量得出的结果有时也称为程序的环路复杂度。降低程序的环路复杂度，将会给软件的测试以及维护带来极大的方便。

McCabe 方法的第一步是将程序流程图或 PDL 语言进行精简，退化成"流图"。其精简原则如下：①程序流程图的每个处理符号退化成"流图"。②程序流程图的汇点映射成结点。③一个顺序处理框和一个判断框可以映射成一个结点。④多个连续的处理框可以合并成一个结点。⑤对于包含了一个或多个布尔运算符（OR、AND、NOR 等）的复合条件，应把复合条件分解为简单条件，每个条件对应一个结点。如图 6.5 所示：

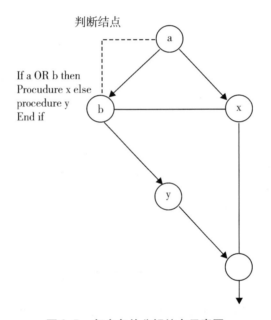

图 6.5 复合条件分解结点示意图

下面是一个将程序流程图经过退化，变成流图的例子，如图 6.6 所示：

程序环形复杂度的方法：①环形复杂度 $V(G)$ 等于流图中的区域数。②环形复杂度 $V(G) = E - N + 2$，其中 E 是流图中边的条数，N 是结点数。③环形复杂度 $V(G) = P + 1$，其中 P 为流图中判定结点的数目。

根据图 6.6，环形复杂度计算结果如下：①流图把平面区域分为四个区域。则程序环形复杂度 $V(G) = 4$。②边的条数 $E = 11$，结点数 $N = 9$，程序环形复杂度 $V(G) = E - N + 2 = 4$。③判定结点为（1），（2，3），（6），数目为 $P = 3$。则 $V(G) = P + 1 = 4$。

环形复杂度是一种定量的方法，能对软件的可靠性给予某种预测，实践表明，模块规模以 $V(G) \leq 10$ 为宜。

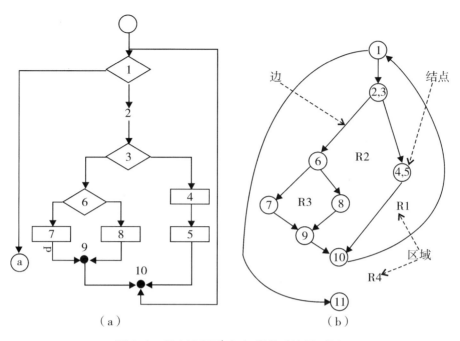

图6.6 程序流程图（a）转化成流图（b）

（2）Halstead 方法。Halstead 方法的基本思路是根据程序中可执行代码行的操作符和操作数的数量来计算程序的复杂性。操作符和操作数的量越大程序结构就越复杂。Halstead 方法根据程序中运算符和操作数的总数来度量程序的复杂度，其表达式如下：

$$N = N1 + N2$$

N 为程序的 Halstead 长度，$N1$ 为程序实际中出现的运算符总个数，$N2$ 为程序中实际出现的运算对象总个数。

预测的 Halstead 程序长度为：

$$H = n_1 \log_2 n_1 + n_2 \log_2 n_2$$

式中，H 为程序预测长度，n_1 为程序中使用不同运算符（关键字）的个数，n_2 为程序中使用不同操作符（变量和常量）的个数。

多次验证表明，程序的预测长度 H 和实际程序长度 N 非常接近。

Halstead 还给出了预测程序中包含的错误个数的公式：

$$E = N\log_2(n_1 + n_2)/3000$$

6.3 程序代码编写原则

6.3.1 标识符命名方法

（1）命名原则。在程序代码编写中，标识符命名的方法在详细设计阶段就要明确，一般应遵循下列原则：①按照标识符的实际意义命名，使其名称具有直观性，能够体现标识符的语义，这样可以帮助开发人员对标识符进行理解和记忆。②标识符的长度应当符合"最小长度与最大信息量"原则。③命名规则尽量与所采用的操作系统或开发工具的风格保持一致。④标识符名不要过于相似，这样容易引起误解。⑤在定义变量时，最好对其含义和用途做出注释；⑥程序中不要出现仅靠大小写区分的相似标识符。⑦不要用系统的保留字和关键字命名。

（2）匈牙利命名法。匈牙利命名法由匈牙利人西蒙尼提出，以一个或多个小写字母作为前缀，前缀后的是首字母大写的一个单词或多个单词的组合，该单词指明变量的用途。这种方法对跨平台移植是不利的。

在变量名的前面，可以加上属性，中间用"_"线分开，属性可以用于表示变量的作用域。因此，匈牙利命名法包括属性部分和类型部分。

属性部分：

g_：全局变量；

c_：常量；

m_：c++类成员变量；

s_：静态变量；

类型部分：用小写字母是变量名的前缀，以 VC 语言为例，常用的前缀如表 6.2 所示：

表 6.2 匈牙利命名法前缀示例

前缀	类型	描述	例子
ch	char	8 位字符	chName
ch	TCHAR	16 位 UNICODE 类型字符	chTitle
b	BOOL	布尔变量	bEnable
n	int	整型	nLength
n	UINT	无符号整型	nArea
w	WORD	16 位无符号整型	wPos
l	LONG	32 位有符号整型	lOffset
dw	DWORD	32 位无符号整型	dwWrite

续上表

前缀	类型	描述	例子
p	*	内存指针	pDoc
lp	FAR *	长指针	lpNode
lpsz	LPSTR	32 位字符串指针	lpszName
lpsz	LPCTSTR	32 位 UNICODE 类型指针	lpszName
h	HANDLE	句柄	hWnd

（3）驼峰命名法。驼峰命名法也称骆驼式命名法，正如它的名称所表示的那样，正如它的名称 CamelCase 所表示的那样，是指混合使用大小写字母来构成变量和函数的名字。程序员们为了自己的代码能更容易地在同行之间交流，所以多采取统一的可读性比较好的命名方式。驼峰法分为小驼峰法和大驼峰法：①小驼峰法。变量一般用小驼峰法标识。驼峰法的意思是：除第一个单词之外，其他单词首字母大写。譬如：int myStudentCount；变量 myStudentCount 第一个单词是全部小写，后面的单词首字母大写。②大驼峰法。相比小驼峰法，大驼峰法把第一个单词的首字母也大写了。该法常用于类名、函数名、属性、命名空间。例如：public class DatabaseUser；第一单词首字母是大写。

（4）下划线命名法。下划线是随着 C 语言的出现流行起来的，在 UNIX/LINUX 的环境中普遍使用，用小写字母和下划线来构成变量或函数名，每个逻辑断点处用下划线来标记。例如：string max_user_count。

6.3.2 编码注意要点

（1）注释。注释是为了帮助程序员和用户对程序的阅读理解。注释分为序言性注释和功能性注释。①序言性注释。通常置于每个程序模块的开头部分，它应当给出程序的整体说明，对于理解程序本身具有引导作用。有些软件开发部门对序言性注释做了明确而严格的规定，要求程序编制者逐项列出。有关项目包括，程序标题；有关本模块功能和目的的说明；主要算法；接口说明：包括调用形式、参数描述、子程序清单；有关数据描述：重要的变量及其用途，约束或限制条件，以及其他有关信息；模块位置：在哪一个源文件中，或隶属于哪一个软件包；开发简历：模块设计者、复审者、复审日期、修改日期及有关说明等。②功能性注释。功能性注释嵌在源程序体中，用以描述其后的语句或程序段是在做什么工作，或是执行了下面的语句会怎么样。而不要解释下面怎么做。一是注释是对代码的提示，而不是文档，注释的表达方式要简单。二是注释应当准确，易懂，防止注释有二义性。三是注释的位置应与被描述的代码相邻，可以放在代码的上方或右方，不可以放在下方。四是当代码比较长，特别是多重嵌套时，应当在一些段落处加注释，便于阅读。

（2）标识符命名规则。在参照某一标识符命名法的前提下，变量命名还需要遵循这些规则：①按照标识符的实际意义命名，使其名称具有直观性，能够体现标识符的语义，可以帮助开发人员对标识符进行理解和记忆。②标识符的长度应当符合"最小长度与最大信息量"的原则。③命名规则尽量与所采用的操作系统或开发工具的风格保持一致。④变量名不要过于相似，以免引起误解。⑤在定义变量时，最好对其含义和用途做出注释。⑥程序中不要出现仅靠大小写区分的相似标识符。⑦尽量避免名称中出现数字编号，除非逻辑上的确需要编号。

（3）变量声明次序。在编写程序时，变量声明的次序需要规范化，必须注意以下三点。一是变量类型声明次序：①常量声明；②简单变量类型声明；③数组声明；④公用数据块声明；⑤所有的文件声明。二是在类型说明中还可进一步要求，例如，可按如下顺序排列：①整型量说明；②实型量说明；③字符量说明；④逻辑量说明。三是当多个变量名在一个说明语句中说明时，应当对这些变量按字母的顺序排列。带标号的全程数据也应当按字母的顺序排列。例如：把"integer size，length，width，cost，price"写成"integer cost，length，price，size，width"。

（4）语句构造。语句构造注意以下事项：①不要为了节省空间而把多条语句写在一行。②合理地利用缩进来体现语句的不同层次结构。③除非对效率有特殊的要求，程序编写要做到清晰第一、效率第二。不要为了追求效率而丧失了清晰性。事实上，程序效率的提高主要应通过选择高效的算法来实现。④将经常使用并且具有一定独立功能的代码封装为一个函数或公共过程。⑤对于含有多个条件语句的算术表达式或逻辑表达式，使用括号来清晰地表达运算顺序。⑥避免使用复杂的判断条件。

（5）输入和输出。输入和输出要注意下列事项：①要对所有的输入数据进行严格的数据校验，及时识别错误的输入。②输入的步骤和操作尽量简单。③输入格式的限制不要太严格。④应该允许默认的输入。⑤在交互式的输入方式中，系统要给予用户正确的提示。⑥对输出数据添加注释。⑦输出数据要遵循一定的格式。

（6）程序效率。①在编程序前，尽可能化简有关的算术表达式和逻辑表达式。②仔细检查算法中的嵌套的循环，尽可能将某些语句或表达式移到循环外面。③尽量避免使用多维数组。④尽量避免使用指针和复杂的表。⑤采用"快速"的算术运算。⑥不要混淆数据类型，避免在表达式中出现类型混杂。⑦尽量采用整数算术表达式和布尔表达式。⑧选用等效的高效率算法。许多编译程序具有"优化"功能，可以自动生成高效率的目标代码。

6.4 GIS 软件工程细设计要点

在 GIS 应用系统中，空间数据至关重要，在详细设计的环节中，一般也会包括 GIS 空间基准的确定、地理信息编码方法、地理实体分类、人机交互界面等方面的内容，这也是 GIS 软件工程的特点。

6.4.1 GIS 数据空间基准

GIS 应用系统首先需要确定合适的空间数据定位基准。平面控制系统是地理空间定位的最基本要素，用于确定 GIS 系统中各种自然要素和人文要素的空间位置，真实反映真实世界中各种实体之间的平面位置关系。现有各种 GIS 应用系统采用的平面控制系统可能是多种多样的，除了地理坐标系统（即经纬度坐标）外，还有全国统一平面直角坐标（有时需要分带投影）和地方独立坐标系统。独立坐标系是由各个地方自行确定的以某一特定点为原点的平面直角坐标系统。独立坐标系与全国统一坐标系通过已知点的平移或旋转参数，可以相互转化。

设计 GIS 应用系统时，先选定一个平面控制系统作为整个系统统一的平面控制基础。如果选用独立坐标系，应确定它与全国统一坐标系统间的转换参数。用于建设该 GIS 的各种地形图、专题图以及有关数据均应归一到这个统一的平面系统中。

高程控制系统是地理空间定位的另一个重要因素，用于确定各种自然和社会经济要素相对于某一起始高程平面的高度，它们可以在该平面上，也可以高于或低于该平面。高程控制系统与平面控制系统结合，可以正确反映真实世界中各种实体之间在空间的三维立体关系。

高程坐标系由全国统一高程系统和地方独立高程系统组成。独立高程系统与全国统一高程系统之间通过已知的高程改正参数可以相互变换。在设计 GIS 应用系统时，先选定一个高程作为整个系统统一的高程控制基础。如果选用独立高程系统，应确定它与全国统一高程系统之间的高程转换参数。所有地形图、与高程有关的各种专题图和数据应归一到该统一的高程系统中。

6.4.2 地理信息编码

地理信息编码是指为识别点、线、面的位置和属性而设置的编码，它将全部实体按照预先拟订的分类标准，选择最适宜的量化方法，按实体的属性特征和几何坐标的数据结构记录在计算机的存储设备中。地理信息编码可以反映空间实体的几何特征和属性特征（类型、等级和数据特征）。地理编码是 GIS 设计的一个重要步骤。地理信息编码必须遵循以下原则：①科学性。地理编码以适合的计算机、GIS 和数据库技术对数据进行处理、管理和应用为目标，根据研究区域的地理信息，在一个编码体系中一个地理对象只能赋予一个唯一的地理编码；一个地理编码只能唯一地标识一个地理对象，不允许重码、乱码、错码。②系统性。地理编码分类应按合理的顺序排列，形成系统的、有机的整体，分类目既反映相互的区别，又反映彼此间的联系。③可扩充性。编码设计时应留有适当的余地和扩充的方案，取得最大限度地兼容和协调的一致性。④简单性。编码的结构简单，语义简洁。⑤适用性。地理信息的分类编码要易于使用，分类名称应尽量沿用各个专业的习惯名称，不发生概念混淆和二义性。代码应尽可能简短和便于记忆。⑥规范性。国家有关编码标准是编码设计的重要依据，已有的编制必须遵守。在一个编码体系中，编码结构、类型、编写格式必须统一。

地理信息分类的方法一般有两种，即线分类法和面分类法。

（1）线分类法。线分类法即层次分类法。线分类法也称等级分类法。线分类法按选定的若干属性（或特征）将分类对象逐次地分为若干层级，每个层级又分为若干类目。统一分支的同层级类目之间构成并列关系，不同层级类目之间构成隶属关系。同层级类目互不重复、互不交叉。例如，我国行政区划编码，是采用线分类法，是6位数字码。第1、2位表示省（自治区、直辖市），第3、4位表示地区（市、州、盟），第5、6位表示县（市、旗、镇、区）的名称。

（2）面分类法。面分类法也称平行分类法，它是把拟分类的商品集合总体根据其本身固有的属性或特征，分成相互之间没有隶属关系的面，每个面都包含一组类目。将某个面中的一种类目与另一个面的一种类目组合在一起，即组成一个复合类目。面分类法具有类目，可以较大量地扩充，结构弹性好，不必预先确定好最后的分组，适用于计算机管理等优点，但也存在不能充分利用容量、组配结构太复杂、不便于手工处理等缺点。

面分类法则将整形码分为若干码段，一个码段定义事物的一重意义，需要定义多重意义就可以采用多个码段。这种代码的数值当然也可以在数轴上找到表达，然而，一根数轴却只能约束一重意义上父类与子类的从属关系，多重意义的约束就要用多根数轴来实现，也就是说一个码段对应一根数轴。面分类是若干个线分类的合成。

6.4.3 地理实体分类

GIS的地理实体是指在语义上不能再划分的地理单元，如果再划分了，语义就变了。例如，城市可以看成一个地理实体，若再划分，这些部分就不是城市，只能称为区、街道等。以相同方式表示和存储的一组类似的地理实体，可以作为地理实体的一种类型。

地理实体通常分为点状实体、线状实体、面状实体和体状实体，复杂的地理实体由这些类型的实体构成。

（1）点状实体。点状实体是指只有特定的位置而没有长度的实体，如：①实体点：用于代表一个实体；②注记点：用于定位注记；③内点：用于标识相应多边形的属性；④结点：表示线的终点和起点；⑤节点：线或弧段的内部点。

（2）线状实体。线状实体是指有长度的实体，如线段、边界、链、网络等，有如下特征：①长度：从起点到终点的总长；②曲率：用于表示线状实体的弯曲程度；③方向：水流的方向等。

（3）面状实体。面状实体也称多边形、区域，是对湖泊、岛屿、地铁等一类现象的描述，具有如下空间特征：①面积：所占范围的大小；②周长：所占区域的周长；③独立或相邻：是独立存在，还是与其他面状实体相邻；④岛或洞：面状实体中是否有岛或洞；⑤重叠：面状实体之间是否有重叠。

（4）体状实体。体状实体用于描述三维空间中的现象与物体，它具有长度、宽度及高度等属性，通常具有这些空间特征：体积、岛或洞、表面积等。

主要通过以下方式对地理实体进行描述：①编码，用于区别不同的实体，编码通常包括分类码和识别码。分类码标识实体所属的类别，识别码对每个实体进行标识，是唯一的，用于区别不同的实体。②位置，通常用坐标值的形式（或其他方式）给出实体的空间位置。③类型，指明该地理实体属于哪一种实体类型，或由哪种实体类型组成。④行为，指明该地理实体可以具有哪些行为和功能。⑤属性，指明该地理实体所对应的非空间信息，如道路的宽度、路面质量、车流量、交通规则等。⑥说明，用于说明实体数据的来源、质量等相关信息。⑦关系，与其他实体的关系信息。

6.4.4 GIS用户界面设计要点

GIS应用系统涉及图形和属性数据的可视化和交互，具有一定的复杂性，在界面设计时，要考虑以下六个方面：

（1）为用户提供一个易学易用的使用环境。软件系统的所有功能都是通过用户界面介绍给用户，并引导用户使用。良好的用户界面，逻辑清晰、层次分明，切合用户的专业水平，容易将软件的功能系统地展示给用户。

（2）引导用户正确使用软件功能。GIS系统一般独有比较复杂的功能结构，用户界面的重要功能之一，就是引导用户正确使用软件功能。在用户选择菜单时，应循序渐进地引导用户逐个满足该操作必需的执行条件，并适时和自动地了解生产功能需要的一些窗口与对话框等。

（3）避免用户使用软件时出现逻辑错误。良好的用户界面，能在一定程度上防范这些错误发生。例如，当某项功能尚不具备执行条件时，界面上执行该功能的菜单或图标变为不可选状态，当条件满足时又自动变为可选状态。

（4）应该有HELP帮助功能。用户能从HELP功能中获知软件系统的所有规格说明和各种操作命令的用法，HELP功能应能联机调用，在任意时间、任何位置上为用户提供帮助信息。这种信息可以是综合性信息，也可以是与所在位置上下文有关的针对性信息。

（5）用户界面应具有容错能力，错误诊断功能。应能检查错误并提供清楚、易理解的报错信息，包括出错位置、出错原因、修改错误的提示或建议等。此外，还应具有修正错误的能力以及出错保护。用以防止用户得到意外的结果。

（6）GIS用户界面一般包括这些基本要素：①地图显示区域。这是GIS界面的核心部分，用于显示二维或三维地图。②图例显示区域。用于显示相关联的地图图例。③图层显示和控制区域。用户显示图层控制的区域，一般用侧边栏显示。④鹰眼图。能于显示主图的缩略信息，以及当前视图在全图中的位置。⑤功能菜单。全面反映系统的功能结构。⑥功能按钮。常用的系统功能。比如地图的各种导航操作，地图查询等。⑦状态栏。反映当前的操作状态，如鼠标的当前地理坐标等。

GIS 软件工程理论与应用开发

图 6.7 是具有代表性的 GIS 软件 ArcMap 的用户界面：

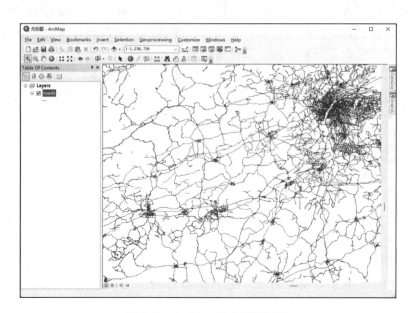

图 6.7　ArcMap 用户界面示例

第 7 章　面向对象设计和分析方法

7.1　面向对象设计的基本概念

面向对象方法的基本思想是从现实世界中客观存在的事物（即对象）出发构造软件系统，并在系统构造中尽可能地运用人类的自然思维方式。从 20 世纪 80 年代以来，不同类型的面向对象语言（如：Object – C、C++、Java 等）被研制开发出来，人们将面向对象的基本概念和运行机制运用到其他领域，获得了一系列相应领域的面向对象的技术。面向对象方法已被广泛应用于程序设计语言、形式定义、设计方法学、操作系统、分布式系统、人工智能、实时系统、数据库、人机接口、计算机体系结构以及并发工程、综合集成工程等，在许多领域的应用都得到了很大的发展。1986 年在美国举行了首届"面向对象编程、系统、语言和应用（OOPSLA86）"国际会议，使面向对象受到世人瞩目，其后每年都举行一次，这进一步标志着面向对象方法的研究已普及全世界。

面向对象设计的五个基本概念如下：

（1）对象（object）。对象是现实世界中一个实际存在的事物。从一本书到一家图书馆，简单的整数到庞大的数据库，极其复杂的自动化工厂、飞机、轮船都可看作对象，它不仅能表示有形的实体，也能表示无形的、抽象的规则、计划或事件，如一项计划、一场球赛等。对象由数据（描述事物的属性）和作用于数据的操作（体现事物的行为）构成一个独立整体。从程序设计者来看，对象是一个程序模块；从用户来看，对象为他们提供所希望的行为。

在面向对象系统中，对象是系统中用来描述客观事物的一个实体，是构成系统的一个基本单位。一个对象由一组属性和对这组属性进行操作的一组服务构成。属性和服务是构成对象的两个主要因素，属性是一组数据结构的集合，表示对象的一种状态，对象的状态只供对象自身使用，用来描述静态特性。而服务是用来描述对象动态特征的一个操作序列，是对象一组功能的体现，包括自操作和它操作。自操作是对象对其内部数据（属性）进行的操作，它操作是对其他对象进行的操作。

一个对象可以包含多个属性和多个服务，对象的属性值只能由这个对象的服务存取和修改。对象是其自身所具有的状态特征及可以对这些状态施加的操作结合在一起所构成的独立实体。对象具有如下的特性：①具有唯一标识名，可以区别于其他对象。②具有一个状态，由与其相关联的属性值集合所表征。③具有一组操作方法，即服务，每个操作决定对象的一种行为。④一个对象的成员仍可以是一个对象。⑤模块独立性。从逻辑上看，一个对象是一个独立存在的模块，模块内部状态不因外界的干扰而改变，也不会涉及其他模块；模块间的依赖性极小或几乎没有；各模块可独立地被系统组合选用，也可被程序员重用，不必担心影响其他模块。⑥动态连接性。客观世界中的对象之间是有联系的，在面向对象程序设计中，通过消息机制，把对象之间动态连接在一起，使整个机体运转起来，便称为对象的连接性。⑦易维护性。由于对象的修改、完善功能及其实现的细节都被局限于该对象的内部，不会涉及外部，这就使得对象和整个系统变得非常容易维护。

对象从形式上看是系统程序员、应用程序员或用户所定义的抽象数据类型的变量，当用户定义了一个对象，就创造出了具有丰富内涵的新的抽象数据类型。

（2）类（class）。具有相同特性（数据元素）和行为（功能）的对象的抽象就是类。因此，对象的抽象是类，类的具体化就是对象，也可以说类的实例是对象，类实际上就是一种数据类型。

在面向对象系统中，并不是将各个具体的对象都进行描述，而是忽略其非本质的特性，找出其共性，将对象划分成不同的类，这一过程称为抽象过程。类是对象的抽象及描述，是具有共同属性和操作的多个对象的相似特性的统一描述体。在类的描述中，每个类要有一个名字标识，用以表示一组对象的共同特征。类的每个对象都是该类的实例。类提供了完整的解决特定问题的能力，因为类描述了数据结构（对象属性）、算法（服务和方法）与外部接口（消息协议），是一种用户自定义的数据类型。

简单地讲，类是一种数据结构，用于模拟现实中存在的对象和关系，包含静态的属性和动态的方法。以 C#为例，所有的内容都被封装在类中，类是 C#的基础，每个类通过属性和方法及其他一些成员来表达事物的状态和行为。事实上，编写 C#程序的主要任务就是定义各种类及类的各种成员。类的声明需要使用 class 关键字，并把类的主体放在花括号中，格式如下：

［类修饰符］class 类名［：基类类名］
{
    //属性
    //方法
}

其中，除了 class 关键字和类名外，剩余的都是可选项；类名必须是合法的 C#标识符，它将作为新定义的类的类型标识符。

类与对象的关系如图 7.1 所示：

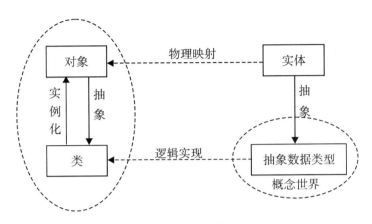

图7.1 类与对象的关系

（3）实例（instance）。类好比一个模板，可以用它产生多个具有相同属性的对象。如同工业生产某个特定功能的零部件，首先制出它的模具体（类），然后就可以用这个模具（类）生产出多个外形一样、功能相同的零部件（对象）。类是对象的抽象，而对象是类的实例，类在现实世界中是不存在的，类被具体化后得到对象，对象是具体存在于客观世界中类的实例。

（4）消息（message）。消息是面向对象系统中实现对象间的通信和请求任务的操作，是要求某个对象执行其中某个功能操作的规格说明。发送消息的对象称为发送者，接受消息的对象称为接收者。对象间的联系只能通过消息来进行，对象在接收到消息时才被激活。

消息具有三个性质：①同一对象可接收不同形式的多个消息，产生不同的响应。②相同形式的消息可以发送给不同对象，所做出的响应可以是截然不同的。③消息的发送可以不考虑具体的接收者，对象可以响应消息，也可以对消息不予理会，对消息的响应并不是必需的。

对象之间传送的消息一般由三部分组成：接收对象名、调用操作名和必要的参数。在面向对象程序设计中，消息分为两类：公有消息和私有消息。假设有一批消息发向同一个对象，其中一部分消息是由其他对象直接向它发送的，称为公有消息；另一部分消息是它向自己发送的，称为私有消息。

（5）方法（method）。在面向对象程序设计中，要求某一对象完成某一操作时，就向对象发送一个相应的消息，当对象接收到发向它的消息时，就调用有关的方法，执行相应的操作。方法就是对象所能执行的操作。方法包括界面和方法体两部分。方法的界面就是消息的模式，它给出了方法的调用协议；方法体则是实现这种操作的一系列计算步骤，也就是一段程序。

消息和方法的关系：对象根据接收到的消息，调用相应的方法；反过来，有了方法，对象才能响应相应的消息。所以消息模式与方法界面应该是一致的。同时，只要方法界面保持不变，方法体的改动不会影响方法的调用。

在C#语言中方法是通过函数来实现的，称为成员函数。

7.2 面向对象设计的特性

面向对象设计的特性有以下七个:

(1) 抽象 (abstract)。抽象就是忽略一个主题中与当前目标无关的那些方面,以便更充分地注意与当前目标有关的方面。抽象并不打算了解全部问题,而只是选择其中的一部分,暂时不用部分细节。抽象包括两个方面,一是过程抽象,二是数据抽象。过程抽象是指任何一个明确定义功能的操作都可被使用者看作单个的实体看待,尽管这个操作实际上可能由一系列更低级的操作来完成。数据抽象定义了数据类型和施加于该类型对象上的操作,并限定了对象的值只能通过使用这些操作修改和观察。

(2) 封装 (encapsulation)。封装是面向对象的特征之一,是对象和类概念的主要特性。封装是把过程和数据包围起来,对数据的访问只能通过已定义的界面。面向对象计算始于这个基本概念,即现实世界可以被描绘成一系列完全自治、封装的对象,这些对象通过一个受保护的接口访问其他对象。一旦定义了一个对象的特性,则有必要决定这些特性的可见性,即哪些特性对外部世界是可见的,哪些特性用于表示内部状态。在这个阶段定义对象的接口。通常应禁止直接访问一个对象的实际表示,而应通过操作接口访问对象,这称为信息隐藏。事实上,信息隐藏是用户对封装性的认识,封装则为信息隐藏提供支持。封装保证了模块具有较好的独立性,使得程序维护修改较为容易。对应用程序的修改仅限于类的内部,因而可以将应用程序修改带来的影响减少到最低限度。

封装提供了外界与对象进行交互的控制机制,设计和实施者可以公开外界需要直接操作的属性和方法,而把其他的属性和方法隐藏在对象内部。这样可以让软件程序封装化,而且可以避免外界错误地使用属性和方法。

一般的高级语言中,通过设置控制访问权限来实现类的封装。以 C#语言为例,访问控制符有 4 种: public、intenal、private、protected。① public: 所属类的成员以及非所属类的成员都可以访问。② internal: 当前程序集可以访问。③ private: 只有所属类的成员才能访问。④ protected: 所属类或派生自所属类的类型可以访问。

(3) 继承 (inheritance)。继承是从已有的对象类型出发建立一种新的对象类型,使它继承原对象的特点和功能。继承是面向对象编程技术的一块基石,通过它可以创建分等级层次关系的类。

继承是父类和子类之间共享数据和方法的机制,通常把父类称为基类,子类称为派生类。子类可以从其父类中继承属性和方法,通过这种关系模型可以简化类的设计。如图 7.2 所示,在 Vehicle 类的基础上定义一派生类 Car 和 Truck,它们继承了 Vehicle 类的一切特性,则 Car 类和 Truck 类都是 Vehicle 类的子集,如下面程序段所示:

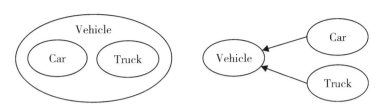

图7.2 基类与派生类

```
class Vehicle        //基类
{
    protected float weight;     //属性
    public void GetVehicle（）    //方法
        {…}
}
class Car：Vehicle           // Car 为派生类
{
    private int passenger;          //属性
    public new void GetVehicle（）   //方法
        {…}
}
```

从继承内容上继承可分为取代继承、包含继承、受限继承、特化继承。①取代继承。例如，一个徒弟从其师傅那里学到的所有技术，则在任何需要师傅的地方都可以由徒弟代替。②包含继承。例如，交通工具是一类对象，汽车是一种特殊的交通工具。汽车具有了交通工具的所有特征，任何一辆汽车都是一种交通工具，这便是包含继承，即汽车包含了交通工具的所有特征。③受限继承。例如，鸵鸟是一种特殊的鸟，它不能继承鸟会飞的特征。④特化继承。例如，教师是一类特殊的人，他们比一般人具有更多的特有信息，这就是特化继承。

（4）重载。重载是面向对象设计的一个重要特性，包括函数重载和操作符重载。①函数重载。指具有相同名称的函数通过不同的参数个数、参数顺序、参数类型或者是返回值类型来区分，这样在调用的时候程序就可以通过识别参数和返回值，选择应该要调用的函数。②操作符重载。操作符重载是指允许用户具有使用自定义的类型能使用的常用操作符号编写表达式的能力。一般常用的一元操作符、二元操作符、转换操作符等都可以通过重载改变其操作效果。

（5）多态性。对象根据所接收的消息而做出动作。同一消息为不同的对象接受时可产生完全不同的行动，这种现象称为多态性。利用多态性用户可发送一个通用的信息，而将所有的实现细节都留给接受消息的对象自行决定。多态性的实现受到继承性的支持，利用类继承的层次关系，把具有通用功能的协议存放在类层次中尽可能高的地方，而将实现这一功能的不同方法置于较低层次，这样，在这些低层次上生成的对象就能给通用消息以不同的响应。在面向对象程序语言中可通过在派生类中重定义基类函数（定义为重载函数或虚函数）来实现多态性。

例如，外部对象发送绘图消息，调用的几何绘图方法会完全不同：既可以是三角形，也可以是矩形，或者是圆形。如图7.3所示：

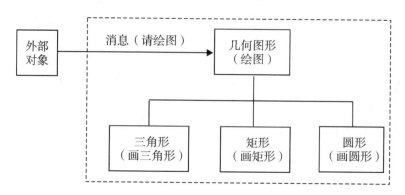

图7.3　多态性示意图

（6）泛型机制。泛型机制即通过参数化类型来实现在同一份代码上操作多种数据类型。泛型编程是一种编程范式，它利用"参数化类型"将类型抽象化，从而实现更为灵活的复用。这种机制允许将类名作为参数传递给泛型类型，并生成相应的对象；是一种把数据类型明确工作推迟到创建对象或调用方法时，才去明确的一种机制，也就是在创建对象或调用方法时才会知道数据的类型是什么。泛型机制只在编译期有效，在运行期泛型机制就擦除了，也就是泛型机制的作用只在编译期有效。

常用的高级语言如java、C#、C++均提供泛型机制的具体实现方式。

（7）反射机制。反射机制提供了封装程序集、模块和类型的对象（Type类型）。可以使用反射动态创建类型的实例，将类型绑定到现有对象，或从现有对象获取类型并调用其方法或访问其字段和属性。

通过反射机制，在运行时获得类的各种内容，进行反编译，对于类似Java、C#等这种先编译再运行的语言，能够让我们很方便地创建灵活的代码，这些代码可以在运行时装配，无须在组件之间进行源代码的链接，更加容易实现面向对象。

反射会消耗一定的系统资源，因此，如果不需要动态地创建一个对象，那么就不需要用反射；反射调用方法时可以忽略权限检查，因此可能会破坏封装性而导致安全问题。

反射最重要的用途就是开发各种通用框架。比如很多框架（Spring）都是配置化的（比如通过XML文件配置Bean），为了保证框架的通用性，他们可能需要根据配置文件加载不同的类或者对象，调用不同的方法，这个时候就必须使用到反射了，运行时动态加载需要加载的对象。

7.3 UML 设计工具

7.3.1 UML 概述

统一建模语言（Unified Modeling Language，UML）是一种通用的可视化建模语言，其以可视化的方式描述软件设计的过程和构件。它由软件工程研究领域三位著名的学者 Grady Booch、James Rumbaugh 和 Ivar Jacobson 联合提出，为软件开发的所有阶段提供模型化和可视化支持，从需求分析到规格，再到构造和配置。

UML 是一种标准的图形化建模语言，是面向对象分析与设计的一种标准化表达。它不是一种可视化的程序设计语言，而是一种可视化的建模语言；它不是工具或知识库的规格说明，而是一种建模语言的规格说明，是一种表示的标准，不是过程，也不是方法。

UML 是独立于过程的，它适用于各种软件开发方法、软件生命周期的各个阶段、各种应用领域，以及各种开发工具。UML 规范没有定义一种标准的开发过程，但它更适用于迭代式的开发过程。它是为支持大部分面向对象的开发过程而设计的。

UML 不是一种程序设计语言，但用 UML 描述的模型可以和各种编程语言相关联。可以使用代码生成器将 UML 模型转换为多种设计语言代码，或者使用逆向工程将程序代码转换成 UML。

UML 具有以下特点：

（1）统一标准。UML 融合了一些流行的面向对象开发方法的概念和技术，是一种面向对象的、标准化的、统一的建模语言。UML 提供了标准的、面向对象的模型元素的定义和表示方法。

（2）面向对象。UML 支持面向对象技术的主要概念，它提供了一些基本的表示模型元素的图形和方法，可以简洁地表达面向对象的各种概念。

（3）可视化，表达能力强大。UML 是一种图形化的语言，系统的逻辑模型或实现模型都能用相应的图形清晰地表示。每一个图形表示符后面都有良好定义的语义。UML 可以处理与软件的说明和文档有关的问题。UML 提供了语言的扩展机制，用户可以根据需要增加定义自己的构造型、标记值和约束等，它的强大表达能力使它可以用于各种复杂类型的软件系统的建模。

（4）独立于过程。UML 是系统建模语言，独立于开发过程。

（5）容易掌握使用。UML 概念明确，建模表示法简洁明了，图形结构清晰，容易掌握使用。

7.3.2 UML 的组成

UML 是由视图（View）、图（Diagram）、模型元素（Model Element）和通用机制组成。

（1）视图（View）。视图是在某一个抽象层上，对系统的抽象表示。UML从不同的角度为系统建模，形成不同的视图，每个视图代表完整系统描述中的一个对象，表示这个系统中的一个特定方面，每个视图由一组图组成，表达系统的某一方面的特征。视图分为以下五种：①用例视图（Use Case View）。强调从用户的角度看到的或需要的系统功能，是被称为参与者的外部用户所能观察到的系统功能的模型图。②逻辑视图（Logical View）。展现系统的静态或结构组成及特征，重点是展示对象和类是如何组成系统，实现所学系统行为，也称为静态视图。③并发视图（Concurrent View）。体现了系统的动态或行为特征，也称为动态视图。④组件视图（Component View）。体现了系统实现的结构和行为特征，描述系统组装和配置管理，对组成基于系统的物理代码的文件和组件进行建模，它展示组件之间的依赖，展示一组组件的配置管理以及定义系统的版本。⑤配置视图（Deploy View）。体现了系统实现环境的结构和行为特征，也称为环境模型视图。它描述系统的拓扑结构、分布、移交和安装。建模过程把组件物理地部署到一组物理的、可计算的结点上，如计算机和外设上，它允许横跨分布式结点上的组件分布配置。

（2）图。UML的图用来表达模型的内容，图由代表模型元素的图形符号组成。UML定义了9种图，分别代表建模的不同方面。①用例图（Use Case Diagram）：描述系统功能。②类图（Class Diagram）：描述系统的静态结构。③对象图（Object Diagram）：描述系统在某个时刻的静态结构。④时序图（Sequence Diagram）：按时间顺序描述系统元素间的交互。⑤协作图（Collaboration Diagram）：按时间和空间顺序描述元素间的交互和它们之间的关系。⑥状态图（State Diagram）：描述系统元素的状态条件和响应。⑦活动图（Activity Diagram）：描述系统元素的活动。⑧组件图（Component Diagram）：描述实现系统元素的组织。⑨配置图（Deployment Diagram）：描述环境元素的配置，并把实现系统的元素映射到配置上。

（3）模型元素。代表面向对象中的类、对象、消息和关系等概念。

（4）通用机制。用于表示其他信息，比如注释、模型元素的语义等。UML除了定义上述组成外，还定义了四种基本的关系，这些关系往往应用于表达模型元素之间的相互关系。①关联关系（Association）。关联关系是一种结构化的关系，指一种对象和另一种对象有联系。给定关联的两个类，可以从其中一个类的对象访问到另一个类的相关对象。②依赖关系（Dependency）。对于两个对象X、Y，如果对象X发生变化，可能会引起对另一个对象Y的变化，则称Y依赖于X。③泛化关系（Generalization）。定义了一般元素和特殊元素之间的分类关系。④实现关系（Realization）。实现关系将一种模型（如类）与另一种模型元素（如接口）连接起来，其中，接口只是行为的说明而不是结构或者实现。

7.3.3 用例图

用例图是用于描述行为的图，它用于描述一系列参与者（actors）与用例（use case）之间的关系。用例图从用户的角度描述系统的行为，它将系统的一个功能描述成一系列的事件,这些事件最终对操作者产生有价值的观测结果。

用例图是需求分析中的产物,主要作用是描述参与者和用例之间的关系,帮助开发人员可视化地了解系统的功能。借助于用例图,系统用户、系统分析人员、系统设计人员、领域专家能够以可视化的方式对问题进行探讨,减少了大量交流上的障碍,便于对问题达成共识。

用例图可视化地表达了系统的需求,具有直观、规范等优点,克服了纯文字性说明的不足。用例方法是完全从外部来定义系统功能的,它把需求和设计完全地分离开来。我们不用关心系统内部是如何完成各种功能的,系统对于我们来说就是一个黑箱子。

(1)用例图的构成。用例图由以下两个部分构成:①参与者。参与者(actor)是指存在于系统外部并直接与系统进行交互的人、系统、子系统或类的外部实体的抽象。每个参与者可以参与一个或多个用例,每个用例也可以有一个或多个参与者。在用例图中使用一个人形图标来表示参与者,参与者的名字写在人形图标下面,如图7.4所示。②用例。用例是用户与系统之间为达到某个目的进行的一次交互作用,即系统执行的一系列动作。用例描述了用户提出的可见需求,它实现了一个具体的用户目标。用例的图形表示为一个椭圆,椭圆中标注用例名,如图7.5所示。

图7.4 参与者

图7.5 用例

(2)用例的关系。用例的关系分为以下三种:①泛化关系。用例的泛化关系指的是一个父用例可以被特化形成多个子用例,而父用例和子用例之间的关系就是泛化关系。在用例的泛化关系中,子用例继承了父用例所有的结构、行为和关系,子用例是父用例的一种特殊形式。子用例还可以添加、覆盖、改变继承的行为。在 UML 中,用例的泛化关系通过一个三角箭头从子用例指向父用例来表示。如图7.6所示。②使用关系。当几个用例之间存在相同的动作,把几个用例的公共部分单独地抽象出来成为一个新的用例,该用例和这几个用例之间的关系就是使用关系,如图7.7所示。③扩展关系。一个用例加入一些新的行为后构成了另一个用例,这两个用例之间的关系就是通用化关系,又称扩展关系。后者通过继承前者的一些行为得来,前者通常称为通用化用例,后者称为扩展用例,如图7.8所示。

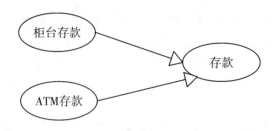

图 7.6 用例的泛化关系

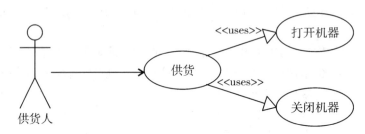

图 7.7 用例的使用关系

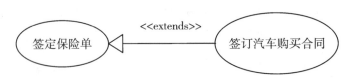

图 7.8 用例的扩展关系

（3）参与者和用例的确定。一是确定参与者。主要根据以下问题来确定：①谁使用系统的主要功能；②谁需要系统支持其日常工作；③谁来维护、管理系统使其能正常工作；④系统需要控制哪些硬件；⑤系统需要与其他哪些系统交互；⑥对系统产生的结果感兴趣的是谁。二是确定用例：①特定参与者希望系统提供什么功能；②系统是否存储和检索信息，如果是，这个行为由哪个参与者触发；③当系统改变状态时，通知参与者吗；④存在影响系统的外部事件吗；⑤是哪个参与者通知系统这些事件。

7.3.4 类图

类图描述系统中类的静态结构。它不仅定义系统中的类，表示类之间的联系，如关联、依赖、聚合等，还包括类的内部结构（类的属性和操作）。

1）类。类是任何面向对象系统中最重要的构造块。类是对一组具有相同属性、操作、关系和语义的对象的描述。这些对象包括现实世界中的软件事物和硬件事物，甚至也可以包括纯粹概念性的事物，它们是类的实例。

类在 UML 中由专门的图符表达，是分成三个分隔区的矩形。其中顶端的分隔区为类的名字，中间的分割区存放类的属性、属性的类型和值，如图 7.9 所示：

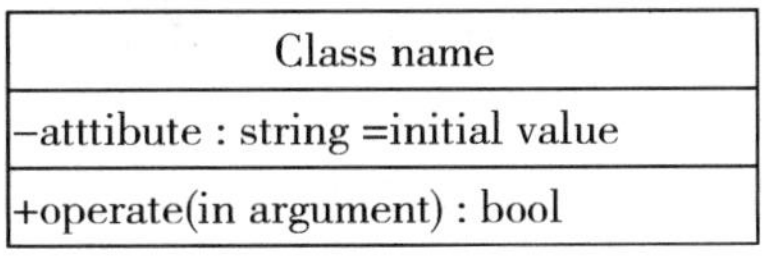
Class name
–atttibute : string =initial value
+operate(in argument) : bool

图 7.9　类的图示表达

（1）名称。类的名称是每个类所必要的构成，用于和其他类相区分。名称（name）是一个文本串。单独的名称（不包含冒号）的字符串叫作简单名（single name）。用类所在包的名称作为前缀的类名叫作路径名。

（2）属性。类的属性是类的一个组成部分，它描述了类在软件系统中代表的事物所具备的特性。在 UML 中类属性的语法为：

[可见性] 属性名 [：类型] [= 初始值] [{属性字符串}]

可见性包括：public、private、protected，用 " + " " – " "#" 表示。

（3）操作。类的操作是对类的对象所能做事物的抽象，它相当于一个服务的实现，该服务可以由类的任何对象请求以影响其行为。一个类可以有任何数量的操作或者根本没有操作。

UML 中类操作的语法为：

[可见性] 操作表 [{参数表}] [：返回类型] [{属性字符串}]

2）类的关联关系。在类的关系中，关联关系最为常见，是一种结构关系，它指明一个事物的对象与另一个事物对象间的联系。关联关系用一条连接相同类或不同类的实线表示。

有四种用于关联关系的修饰，分别是名称、角色、多重性和聚合。

（1）名称。关联可以有一个名称，用于描述该关系的性质。此名称一般为动词短语，表明源对象正在目标对象上执行的动作。如图 7.10 所示，"Study in" 就表示了关联类之间关联的语义关系。

Student
Study in
University
*
*

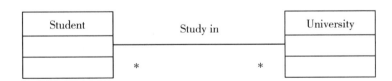

图 7.10　关联的名称

（2）角色。当一个类处于关联的某一端时，该类就在这个关系中扮演一个特定的角色。具体来说，角色就是关联关系中一个类对另一个类所表现的职责。如图 7.11 所示，"Learner" 和 "Teacher" 表示了关联关系中两个类分别扮演的角色。

Student
Learner
Teacher
University
*
*

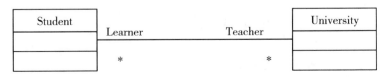

图 7.11　关联的角色

（3）多重性。关联的多重性是指关联中两个类间存在多少个相互连接，它表示参与对象的数目的上下界限制。常用的多重性表示方式有：① 0..1：表示 0 或 1；② 1：恰为 1；③ *：等同于 n，表示 0 或更多；④ 0..*：等同于 0..n，表示 0 或更多；⑤ 1..*：等同于 1..n，表示 1 或更多；⑥ 1..6：表示 1～6 个。

如图 7.12 所示表示雇主可以雇佣多个雇员，雇员只能被一家雇主雇佣：

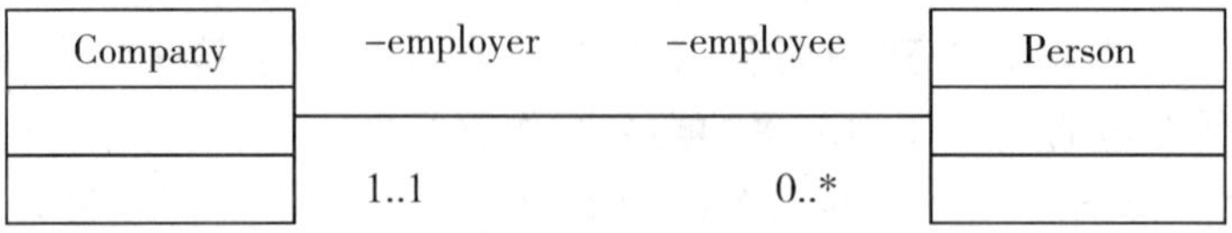

图 7.12　多重性示例

（4）聚合。聚合关系是一种特殊的关联关系，它表示类间的关系是整体与部分的关系。它描述了"has – a"的关系。聚合关系也是一种共享关系，整体包含部分，部分可以参与多个整体。如图所示，University 与 Institute 就是一个聚合关系，University 由多个 Institute 聚合而成。如图 7.13 所示：

图 7.13　聚合关系实例

组成是另一种形式的聚合关系，是更强形式的关联，部分对象仅属于一个整体对象，整体有管理部分特有的职责，并且它们有一致的生命期。如图 7.14，Window 作为一个整体类，Title，ToolBar、Menu 是部分类，而且生命周期是一致的。

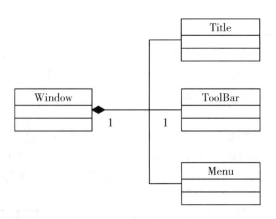

图 7.14　组成关系实例

3）类的泛化、依赖和实现关系。

(1) 泛化关系。泛化关系定义了一般元素和特殊元素之间的分类关系。类似于 C ＋＋和 Java 中的继承关系，这种关系将现实世界实体的共同特性抽象为一般类，通过增加具体内涵而成为各种特殊类。泛化关系示例如图 7.15 所示：

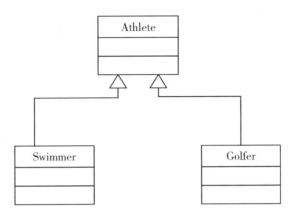

图 7.15　泛化关系示例

（2）依赖关系。依赖关系指明一个类把另一个类作为它的操作的特征标记中的参数。当被使用的类发生变化时，那么另一个类的操作也会受到影响。依赖关系示例如图 7.16 所示：

图 7.16　依赖关系示例

（3）实现关系。实现是规格说明和其实现间的关系。在大多数情况下，实现关系用来规定接口和实现接口的类或组件之间的关系。实现关系示例如图 7.17 所示：

图 7.17　实现关系示例

开放式 GIS 组织，即 OGC（Open GIS Consortium）提出了一个简单要素模型（Simple Feature Model），其中的几何对象模型由抽象的几何基类且继承自基类的几何类构成，基类与空间参考系统 SRS 关联。该几何对象包括如下几何实体：点

（Point）、线（Line）、线串（LineString）、线环（LinearRing）、曲线（Curve）、多边形（Polygon）、曲面（Surface）、复合多边形（MultiPolygon）、复合曲面（MultiSurface）、复合曲线（MultiCurve）、复合线串（MultiLineString）、复合点（MultiPoint）等。该几何对象模型可以用图 7.18 的类图来表达：

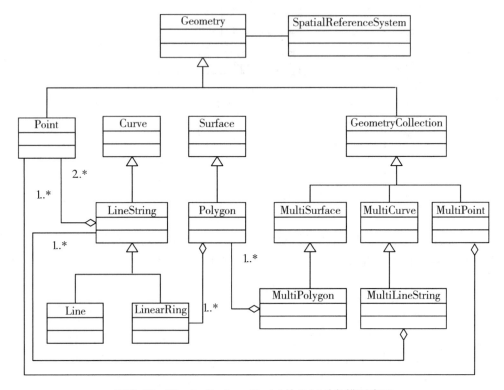

图 7.18　Simple Feature Model 的几何对象模型类图

7.3.5　时序图

时序图又名顺序图，是一种 UML 交互图。它通过描述对象之间发送消息的时间顺序显示多个对象之间的动态协作。它可以表示用例的行为顺序，当执行一个用例行为时，其中的每条消息对应一个类操作或状态机中引起转换的触发事件。

时序图描述对象之间动态行为的交互关系，着重体现对象之间消息传递的时间顺序。时序图比较适合交互规模较小的可视化图示，若对象很多、交互频繁，则时序图将变得很复杂。时序图包括类角色、生命线、激活期和消息等模型元素。①类角色。类角色代表时序图中的对象在交互中所扮演的角色。②生命线。生命线代表时序图中的对象在一段时期内的存在。③激活期。激活期代表时序图中的对象执行一项操作的时期。④消息。消息是定义交互和协作中交换信息的类，用于对实体间的通信内容的建模。信息用于在实体间传递信息。

时序图系统建模的一般步骤：①设置交互语境；②识别对象在语境中扮演的角色；③设置每个对象的生命线；④从引发某个交互信息开始，在生命线之间按从上向下的顺序画出随后的消息；⑤设置对象的激活区。如图 7.19 所示是一张关于客户与 ATM 机交互的示例时序图：

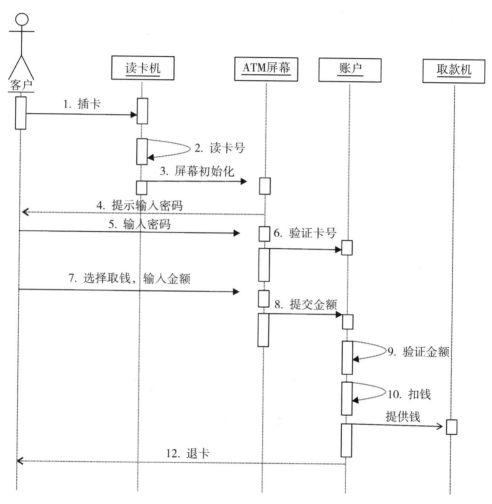

图 7.19　时序图示例

7.3.6　协作图

协作图用于描述相互合作对象之间的交互关系，它描述的交互关系是对象间的消息连接关系，但是更侧重于说明哪些对象之间有消息传递，而不像时序图那样侧重于某种特定情况下对象之间传递消息的时序上。

协作图强调参加交互的各对象的组织。协作图只对相互间的交互作用的对象和这些对象间的关系建模，而忽略其他对象和关联，协作图被视为对象图的扩展。如果按组织对控制流建模，应该选择使用协作图。协作图强调交互中实例间的结构关系以及所传达的消息。协作图对复杂的迭代和分支的可视化以及对多并发控制流的可视化效果比时序图要好。

协作图包括以下模型元素：

（1）类角色（Class Role）。类角色代表协作图中对象在交互中所扮演的角色。

（2）关联角色（Association Role）。关联角色代表协作图中连接在交互中所扮演的角色，即连线。

（3）消息流（Message Flow）。消息流代表协作图中对象间通过链接发送的消息。消息流上标有消息的序列号和消息名。

协作图示例如图 7.20 所示：

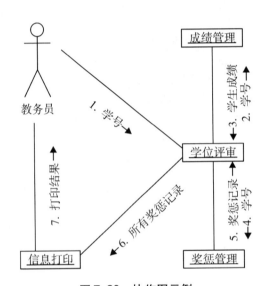

图 7.20　协作图示例

7.3.7　状态图

状态图是 UML 中对系统动态方面建模的图之一。状态图是通过类对象的生命周期建立模型来描述对象随时间变化的状态行为。状态图显示了一个状态机，通过一个状态图可以了解到一个对象所能到达的所有状态以及事件对对象状态的影响等。

状态机由状态组成，各状态由转移链接在一起。状态是对象执行某项活动或等待某个事件时的条件。转移是两个状态之间的关系，它由某个事件触发，然后执行特定的操作或评估并导致特定的结束状态。

UML 状态图主要由五种元素组成，分别是状态、转移、事件、条件和动作。

（1）状态。状态表示对象的生命周期中的一种条件/情况，有初态、终态、中间状态和复合状态等。初态是状态的起点，状态图只有一个起点，起点用实心圆点表示；终态是状态图的终点，状态图可以有多个终点，终点用圆中加实心圆点表示；中间状态是通常状态,分为两个区域的圆角框来表示,上部区域标注状态名,下部区域内标注状态域。

(2)转移。转移表示两种状态间的关系,它描述了对象从一种状态进入另一种状态的情况,并包含了执行的动作。转移的图形表示两个状态之间带箭头的连线,箭头指向要进入的状态,在连线上标注转移的事件、条件、依附的动作等。

(3)事件。事件是引起状态的输入事件。当状态中的活动完成后,并且当相应的输入事件发生时,转移才会产生。

(4)条件。条件是一个非真即假的逻辑判断,仅当条件的计算结果为真时才导致状态的转移。

(5)动作。动作是指状态转移时要执行的动作。

如图 7.21 所示是一个模拟"电梯"运行的状态图示例:

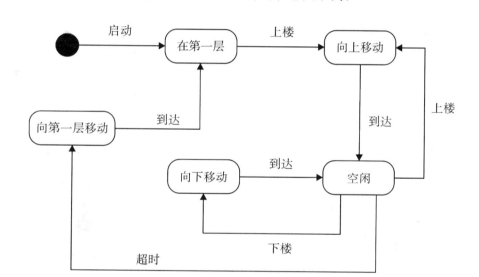

图 7.21 模拟"电梯"运行的状态图示例

7.3.8 活动图

活动图是一种用于描述系统行为的模型视图,应用非常广泛。它可用来描述动作和动作导致对象状态改变的结果,而不用考虑引发状态改变的事件,它主要描述活动的顺序,展示从一个活动到另一个活动的控制流,是内部驱动的流程。活动图的作用主要体现在以下五个方面:

(1)描述一个操作执行过程中所完成的工作,说明角色、工作流、组织和对象是如何工作的。

(2)活动图可建模用例的工作流,显示用例内部和用例之间的路径。它可以说明用例的实例如何执行动作以及如何改变对象状态。

(3)显示如何执行一组相关的动作,以及这些动作如何影响它们周围的对象。

（4）活动图对理解业务处理过程十分有用。活动图可以画出工作流用以描述业务，有利于与领域专家进行交流。通过活动图可以明确业务处理操作是如何进行的，以及可能产生的变化。

（5）描述复杂过程的算法，在这种情况下使用的活动图和传统的程序流程图的功能是差不多的。

活动图由以下模型元素组成：

（1）活动状态。活动状态是指原子的，不可中断的活动，在此活动完成后，转向另一个活动，由平滑的圆角矩形表示。初始状态用实心圆圈表示，结束状态用带外环的实心圆圈表示。

（2）活动流。表示活动之间的转换，活动流用带箭头的直线表示，箭头的方向指向转入的方向。

（3）分支与合并。表示判断，由一种状态进入多种状态时，进行判断，用菱形表示。

（4）分叉与汇合。表示由一种状态可以同时进入多种状态，用直线表示，可以分水平和垂直方向。

如图 7.22 所示是活动图示例：

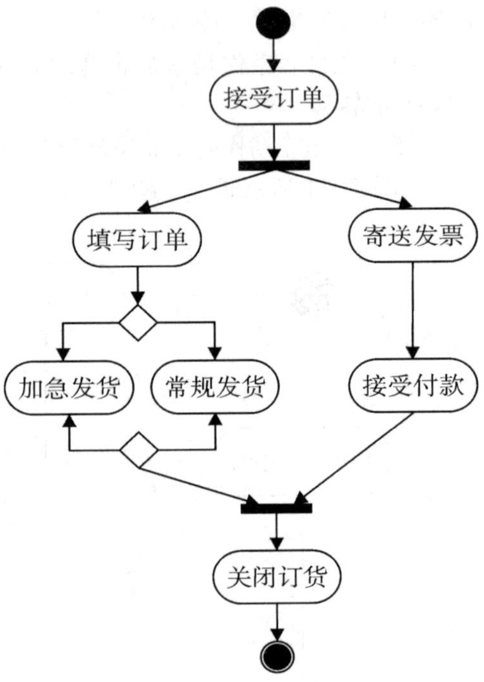

图 7.22 活动图示例

7.3.9 组件图

组件图描述软件组件以及组件之间的关系，组件本身是代码的物理模块，组件图显示了代码的结构。

组件是物理上可替换的，实现了一个或多个接口的系统元素。在实际系统中一般存在以下三种类型的组件：①配置组件。配置组件是形成可执行文件的基础。例如，动态链接库（DLL）、ActiveX 组件和 JavaBeans 等。②工作产品组件。如数据文件和程序源代码。③执行组件。执行组件是最终可运行系统产生的运行结果。

1）组件图的组成。组件图是由组件、接口、依赖关系模型元素组成的。①组件。一个组件由一个矩形框以及在左边线框上串上两个小矩形来表示，在矩形中间标上组件的名称。②接口。组件实现的关键接口，用一个小圆圈和一条连线将组件与圆圈连起来，在圆圈下面标注接口的名字。③依赖关系。组件之间的依赖关系是组件之间在编译、链接或执行时的依赖关系，依赖关系用带箭头的虚线表示。

如图 7.23 所示是组件图示例。

第 7 章　面向对象设计和分析方法

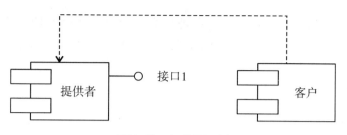

图 7.23　组件图示例

2）组件图的用途。组件图的用途如下：
（1）组件图能帮助客户理解最终的系统结构。
（2）组件图使开发者工作有一个明确的目标。
（3）组件图有利于帮助工作组的其他人员理解系统。
（4）组件图有利于软件系统的组件重用。

7.3.10　配置图

配置图显示了运行软件系统的物理硬件，以及如何将软件部署到硬件上。它描述了执行处理过程的系统资源元素的配置情况以及软件到这些资源元素的映射。配置图可以显示计算节点的拓扑结构和通信路径、节点上执行的组件、组件实现的接口等。特别是对于分布式系统，配置图可以清楚地描述系统中硬件设备的配置、通信以及在各种硬件设备上各种软件组件和对象的配置。

配置图由以下模型元素组成：
（1）节点。节点是定义运行时的物理对象的类，它一般用于对执行的处理或计算的资源建模。节点分为两种类型：①处理器，即有计算能力的节点；②设备，没有计算能力的节点。节点用一个立方体来表达，在立方体中标注节点的名称。
（2）组件。配置图中可以包含组件，可将组件包含在节点符号中，表示在这个节点上执行。如图 7.24 所示是节点中包含组件示例。

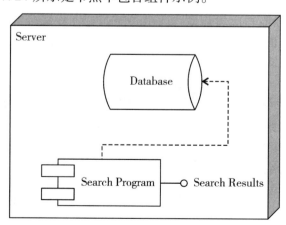

图 7.24　节点中包含组件示例

（3）关系。配置图各节点之间存在进行交互的通信路径连接，被称为关系，用一条直线来表达这种连接关系。一般要在连线上标注通信类型，表示连接通信路径使用的通信协议或网络类型。

如图7.25所示是配置图示例。

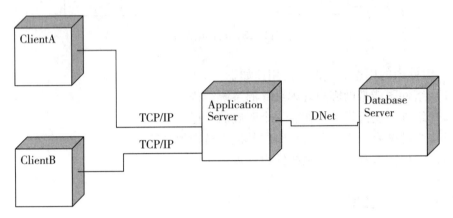

图7.25　配置图示例

第8章 软件工程的设计模式

8.1 设计模式概述

面向对象（Object-Oriented，OO）方法的出发点和基本原则，是尽可能模拟人类习惯的思维方式，使开发软件的方法与过程尽可能接近人类认识世界解决问题的方法与过程，也就是使描述问题的问题空间（也称为问题域）与实现解法的解空间（也称为求解域）在结构上尽可能一致。面向对象程序设计是当前程序设计领域的主流方式，应用越来越广泛。但是，随着软件系统的日益庞大，面向对象设计的复杂性也开始体现出来。

面向对象设计最困难的部分是将系统分解成对象集合。因为要考虑许多因素：封装、粒度、依赖关系、灵活性、性能、演化、复用等，它们都影响着系统的分解，并且这些因素通常还是互相冲突的。设计的许多对象来源于现实世界的分析模型。但是，设计结果所得到的类通常在现实世界中并不存在。严格反映当前现实世界的模型并不能产生也能反映将来世界的系统。设计中的抽象对于产生灵活的设计是至关重要的。

设计模式由 Erich Gamma、Richard Helm、Ralph Johnson 和 John Vlissides 四人提出，又被称为 GOF 设计模式（Gang of Four，四人组），该模式第一次将设计模式提升到理论高度，并将之规范化。

设计模式是面向对象设计中前人最有价值的经验总结，以便重用优秀、简单的、经过验证的问题解决方案。设计模式实际上讨论的是在解决面向对象设计的某类问题时，应该设计哪些类，这些类之间应该如何通信。

设计模式使人们可以更加简单方便地复用成功的设计和体系结构。将已证实的技术表述成设计模式也会使新系统开发者更加容易理解其设计思路。设计模式帮助做出有利于系统复用的选择，避免设计损害了系统复用性。简而言之，设计模式可以帮助设计者更快更好地完成系统设计。

现实中，不是解决任何问题都要从头做起。人们更愿意复用以前使用过的解决方案，并在此基础上找到一个好的解决方案，所以，会在许多面向对象系统中看到类和相互通信的对象的重复模式。这些模式解决特定的设计问题，使面向对象设计更灵活、优雅，最终复用性更好。它们帮助设计者将新的设计建立在以往工作的基础上，复用以往成功的设计方案。

设计模式的提出是为了解决面向对象设计过程中遇到的一些关键问题，能够指导设计者按照一定的"套路"进行面向对象程序设计：

（1）设计模式帮助决定对象的粒度。对象在大小和数目上变化极大。它们能表示下自硬件或上自整个应用的任何事物。那么我们怎样决定一个对象应该是什么呢？设计模式很好地讲述了这个问题。

（2）设计模式帮助指定对象接口。设计模式通过确定接口的主要组成成分及经接口发送的数据类型，来帮助定义接口。设计模式也许还会告诉接口中不应包括哪些东西。设计模式也指定了接口之间的关系。

（3）设计模式要求针对接口编程，而不是针对实现编程。不将变量声明为某个特定的具体类的实例对象，而是让它遵从抽象类所定义的接口。当不得不在系统的某个地方实例化具体的类（即指定一个特定的实现）时，创建型模式可以提供帮助，通过抽象对象的创建过程，这些模式提供不同方式以在实例化时建立接口和实现透明连接。创建型模式确保的系统是采用针对接口的方式书写的，而不是针对实现而书写的。

（4）设计模式要求优先使用对象组合，而不是类继承。对象组合是类继承之外的另一种复用选择。新的更复杂的功能可以通过组装或组合对象来获得。对象组合要求被组合的对象具有良好定义的接口。这种复用风格被称为黑箱复用（black-box re-use），因为对象的内部细节是不可见的。继承机制既有优点，又有缺点。

优点：类继承是在编译时刻静态定义的，且可直接使用，因为程序设计语言直接支持类继承。类继承可以较方便地改变被复用的实现。当一个子类重定义一些而不是全部操作时，它也能影响它所继承的操作，只要在这些操作中调用了被重定义的操作。

缺点：因为继承在编译时刻就定义了，所以无法在运行时改变从父类继承的实现。继承常被认为"破坏了封装性"。子类中的实现与它的父类有如此紧密的依赖关系，以至于父类实现中的任何变化必然会导致子类发生变化。如果继承下来的实现不适合解决新的问题，则父类必须重写或被其他更适合的类替换。这种依赖关系限制了灵活性并最终限制了复用性。一个可用的解决方法就是只继承抽象类，因为抽象类通常提供较少的实现。

对象组合是通过获得对其他对象的引用而在运行时刻动态定义的。组合要求对象遵守彼此的接口约定，进而要求更仔细地定义接口，而这些接口并不妨碍将一个对象和其他对象一起使用。这还会产生良好的结果：因为对象只能通过接口访问，所以我们并不破坏封装性，只要类型一致，运行时刻还可以用一个对象来替代另一个对象。更进一步，因为对象的实现是基于接口写的，所以实现上存在较少的依赖关系。对象组合对系统设计还有另一个作用，即优先使用对象组合有助于保持每个类被封装，并被集中在单个任务上。这样类和类继承层次会保持较小规模，并且不太可能增长为不可控制的庞然大物。另外，基于对象组合的设计会有更多的对象（而有较少的类），且系统的行为将依赖于对象间的关系而不是被定义在某个类中。

GOF 设计模式总结了六个设计原则及 23 个基本的设计模式，为面向对象程序设计提供了基本的参考基准。

8.2 设计模式的基本设计原则

8.2.1 开放-封闭原则

开放封闭原则（Open Closed Principle，OCP）是所有面向对象原则的核心。软件设计本身所追求的目标就是封装变化、降低耦合，而开放封闭原则正是对这一目标的最直接体现。

开放-封闭原则，即软件实体（类、模块、函数等）应该可以扩展，但是不可修改。无论模块是多么的"封闭"，都会存在一些无法应对封闭的变化。既然不可能完全封闭，设计人员必须对于他设计的模块应该对哪种变化封闭做出选择。他必须先猜测出最有可能发生的变化种类，然后构造抽象来隔离那些变化，即面对变化，对程序的改动是通过增加新代码进行的，而不是修改现有的代码。开放-封闭原则是面向对象设计的核心所在。遵循这个原则可以带来面向对象技术所声称的巨大好处，也就是可维护、可扩展、可复用、灵活性好。开发人员应该仅对程序中呈现出频繁变化的那些部分做出抽象，然而对于应用程序中每个部分都刻意地进行抽象同样不是一个好主意。拒绝不成熟的抽象和抽象本身一样重要。

因此，开放封闭原则主要体现在两个方面：一方面，对扩展开放，意味着有新的需求或变化时，可以对现有代码进行扩展，以适应新的情况。另一方面，对修改封闭，意味着类一旦设计完成，就可以独立完成其工作，而不要对类进行任何修改。

关于开放封闭原则，其核心的思想是：软件实体应该是可扩展而不可修改的。也就是说，对扩展是开放的，而对修改是封闭的。实现开放封闭的核心思想就是对抽象编程，而不对具体编程，因为抽象相对稳定。让类依赖于固定的抽象，所以对修改就是封闭的；而通过面向对象的继承和对多态机制，可以实现对抽象体的继承，通过覆写其方法来改变固有行为，实现新的扩展方法，所以对于扩展就是开放的。这是实施开放封闭原则的基本思路。对于违反这一原则的类，必须进行重构来改善。而封装变化，是实现这一原则的重要手段，将经常发生变化的状态封装为一个类。

8.2.2 单一职责原则

单一职责原则（Single Responsibility Principle，SRP）又称"单一功能原则"，面向对象五个基本原则之一。它规定一个类应该只有一个发生变化的原因。所谓职责是指类变化的原因。如果一个类有多于一个的动机被改变，那么这个类就具有多于一个的职责。而单一职责原则就是指一个类或者模块应该有且只有一个改变的原因。

就一个类而言，应该仅有一个引起它变化的原因。如果一个类承担的职责过多，就等于把这些职责耦合在一起，一个职责的变化可能会削弱或者抑制这个类完成其他职责的能力。这种耦合会导向脆弱的设计，当变化发生时，设计会遭到意想不到的破

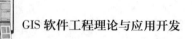

坏。软件设计真正要做的许多内容,就是发现职责并把那些职责相互分离。

如果一个类承担的职责过多,就等于把这些职责耦合在一起了。一个职责的变化可能会削弱或者抑制这个类完成其他职责的能力。这种耦合会导致脆弱的设计,当发生变化时,设计会遭受到意想不到的破坏。而如果想要避免这种现象的发生,就要尽可能地遵守单一职责原则。此原则的核心就是解耦和增强内聚性。

所谓"职责",就是对象能够承担的责任,并以某种行为方式来执行。对象的职责总是要提供给其他对象调用,从而形成对象与对象的协作,由此产生对象之间的依赖关系。对象的职责越少,则对象之间的依赖关系就越少,耦合度减弱,受其他对象的约束与牵制就越少,从而保证了系统的可扩展性。

单一职责原则并不是极端地要求我们只能为对象定义一个职责,而是利用极端的表述方式重点强调,在定义对象职责时,必须考虑职责与对象之间的所属关系。职责必须恰如其分地表现对象的行为,而不至于破坏和谐与平衡的美感,甚至格格不入。换言之,该原则描述的单一职责指的是公开在外的与该对象紧密相关的一组职责。

例如,在媒体播放器中,可以在 MediaPlayer 类中定义一组与媒体播放相关的方法,如 Open( )、Play( )、Stop( ) 等。这些方法从职责的角度来讲,是内聚的,完全符合单一职责原则中"专注于做一件事"的要求。如果需求发生扩充,需要我们提供上传、下载媒体文件的功能。那么在设计时,就应该定义一个新类如 MediaTransfer,由它来承担这一职责;而不是为了方便,草率地将其添加到 MediaPlayer 类中。

单一职责的好处是:

(1) 降低类的复杂度,一个类只负责一个职责。这样写出来的代码逻辑肯定要比负责多项职责简单得多。

(2) 提高类的可读性,提高系统的可维护性。

(3) 降低变更引起的风险。变更是必然的,如果单一职责原则遵守得好,当修改一个功能时可以显著降低对其他功能的影响。

8.2.3 接口分离原则

接口分离原则(Interface Segregation Principle,ISP)指在设计时采用多个与特定客户类有关的接口比采用一个通用的接口要好。即一个类要给多个客户使用,那么可以为每个客户创建一个接口,然后这个类实现所有的接口;而不要只创建一个接口,其中包含所有客户类需要的方法,然后这个类实现这个接口。

接口分离原则用于解决胖接口。一个接口很大很丰富,就要进行解耦切分,把一个接口切分为多个接口,把一个大的职责切分为小职责以及这些职责之间的协作交互,切分时必须依据高凝聚原则,针对单一职责进行切分。

当客户类被强迫依赖那些它们不需要的接口时,则这些客户类不得不受制于这些接口。这无意间就导致了所有客户类之间的耦合。换句话说,如果一个客户类依赖了一个类,这个类包含了客户类不需要的接口,但这些接口是其他客户类所需要的,那么当其他客户类要求修改这个类时,这个修改也将影响这个客户类。通常应该尽可能

第 8 章 软件工程的设计模式

地避免这种耦合,所以需要尽量地分离这些接口。

8.2.4 依赖倒置原则

依赖倒置原则(Dependency Inversion Principle,DIP)是指程序要依赖于抽象接口,不要依赖于具体实现。简单地说就是要求对抽象进行编程,不要对实现进行编程,这样就降低了客户与实现模块间的耦合。依赖倒置其实可以说是面向对象设计的标志,用哪种语言来编写程序不重要,如果编写时考虑的都是如何针对抽象编程而不是针对细节编程,即程序中所有的依赖关系都是终止于抽象类或者接口,那就是面向对象的设计,反之就是过程化的设计了。

依赖倒置原则的特点如下:

(1) 高层模块不应该依赖底层模块,二者应该依赖其抽象(依赖接口或抽象类,不要依赖具体的子类)。

(2) 抽象不应该依赖细节,细节应该依赖抽象。

(3) 依赖倒置的中心思想是面向接口编程。

(4) 使用接口或抽象类的目的是制定好规范,而不涉及任何具体的操作,把展现细节的任务交给他们的实现类去完成。

(5) 依赖倒置原则是基于这样的设计理念:相对于细节的多变性,抽象的东西要稳定得多。以抽象为基础搭建的架构比以细节为基础搭建的架构要稳定得多。在 Java 中,抽象多指的是接口或抽象类,细节指的就是具体的实现类。

依赖倒置原则的主要作用如下:

(1) 依赖倒置原则可以降低类间的耦合性。

(2) 依赖倒置原则可以提高系统的稳定性。

(3) 依赖倒置原则可以减少并行开发引起的风险。

(4) 依赖倒置原则可以提高代码的可读性和可维护性。

8.2.5 里氏替换原则

里氏替换原则(Liskov Substitution Principle,LSP)主要阐述了有关继承的一些原则,也就是什么时候应该使用继承,什么时候不应该使用继承,以及其中蕴含的原理。里氏替换原是继承复用的基础,它反映了基类与子类之间的关系,是对开闭原则的补充,是对实现抽象化的具体步骤的规范。对里氏替换原则的定义可以总结如下。

(1) 子类可以实现父类的抽象方法,但不能覆盖父类的非抽象方法。

(2) 子类中可以增加自己特有的方法。

(3) 当子类的方法重载父类的方法时,方法的前置条件(即方法的输入参数)要比父类的方法更宽松。

(4) 当子类的方法实现父类的方法时(重写/重载或实现抽象方法),方法的后置条件(即方法的输出/返回值)要比父类的方法更严格或相等。

通过重写父类的方法来完成新的功能写起来虽然简单，但是整个继承体系的可复用性会比较差，特别是运用多态比较频繁时，程序运行出错的概率会非常大。如果程序违背了里氏替换原则，则继承类的对象在基类出现的地方会出现运行错误。这时其修正方法是：取消原来的继承关系，重新设计它们之间的关系。关于里氏替换原则的例子，最有名的是"正方形不是长方形"。

里氏替换原则的主要作用如下：

（1）里氏替换原则是实现开闭原则的重要方式之一。

（2）它克服了继承中重写父类造成的可复用性变差的缺点。

（3）它是动作正确性的保证。即类的扩展不会给已有的系统引入新的错误，降低了代码出错的可能性。

（4）加强程序的健壮性，同时变更时可以做到非常好的兼容性，提高程序的维护性、可扩展性，降低需求变更时引入的风险。

8.2.6 迪米特原则

迪米特原则（Law of Demeter）又叫作最少知识原则（The Least Knowledge Principle，LKP），一个类对于其他类知道的越少越好，就是说一个对象应当对其他对象有尽可能少的了解。迪米特原则可以简单说成：talk only to your immediate friends。

迪米特原则的初衷在于降低类之间的耦合。由于每个类尽量减少对其他类的依赖，因此，很容易使得系统的功能模块功能独立，相互之间不存在（或很少有）依赖关系。

迪米特原则不希望类之间建立直接的联系。如果真的有需要建立联系，也希望能通过它的友元类来转达。因此，应用迪米特原则有可能造成的一个后果就是：系统中存在大量的中介类，这些类之所以存在完全是为了传递类之间的相互调用关系——这在一定程度上增加了系统的复杂度。

广义的迪米特原则在类的设计上的体现：①优先考虑将一个类设置成不变类；②尽量降低一个类的访问权限；③谨慎使用系列化（Serializable）；④尽量降低成员的访问权限。

8.3 设计模式介绍

设计模式是由四人组（Gang of Four），即 Erich Gamma、Richard Helm、Ralph Johnson、John Vlissides 四人共同完成。该模式第一次将设计模式提升到理论高度，并规范化，共提出了 23 种基本的设计模式。总体来说设计模式分为三大类：①创建型模式。包括工厂方法模式、抽象工厂模式、单例模式、建造者模式、原型模式。②结构型模式。包括适配器模式、装饰器模式、代理模式、外观模式、桥接模式、组合模式、享元模式。③行为型模式。包括策略模式、模板方法模式、观察者模式、迭代器模式、责任链模式、命令模式、备忘录模式、状态模式、访问者模式、中介者模式、解释器模式。具体如下：

（1）工厂方法模式（Factory Method）。定义一个用于创建对象的接口，让子类决定将那个类实例化。工厂方法模式使得一个类的实例化延迟到其子类。

（2）抽象工厂模式（Abstract Factory）。提供一个创建一系列相关或相互依赖对象的接口，而无须指定他们具体的类。

（3）建造者模式（Builder）。将一个复杂对象的构建与它的表示分离，使得同样的构建过程可以创建不同的表示。

（4）原型模式（Prototype）。用原型实例制定创建对象的种类，并且通过拷贝这个原型来创建新的对象。

（5）单例模式（Singleton）。保证一个类仅有一个实例并提供一个访问它的全局访问点。

（6）适配器模式（Adapter）。将一个类的接口转换成客户希望的另外一个接口。适配器模式使得原本由于不兼容而不能一起工作的那些类可以一起工作。

（7）桥接模式（Bridge）。将抽象部分与它的实现部分分离，使它们都可以独立地变化。

（8）组合模式（Composite）。动态地给一个对象添加一些额外的职责。

（9）装饰者模式（Decorator）。动态给一个对象添加一些额外的职责，就像在墙上刷油漆。使用装饰者模式相比用生成子类方式达到功能的扩充显得更为灵活。

（10）外观模式（Façade）。为子系统中的一组接口提供一个一致的界面，外观模式定义了一个高层接口，这个接口使得这一子系统更加容易实现。

（11）代理模式（Proxy）。为其他对象提供一个代理以控制对这个对象的访问。

（12）责任链模式（Chain of Responsibility）。为解除请求的发送者和接收者之间耦合而使多个对象都有机会处理这个请求。将这些对象连成一个链并沿着这条链传递该请求，直到一个对象处理它。

（13）命令模式（Command）。将一个请求封装为一个对象，从而使可用不同的请求对客户进行参数化，对请求排队或者记录请求日志以及支持可取消的操作。

（14）迭代器模式（Iterator）。提供一种方法顺序访问一个聚合对象中的各元素，而又不需暴露该对象的内部表示。

（15）中介者模式（Mediator）。用一个中介对象来封装一系列的对象交互。中介者使各对象不需要显式地相互引用，从而使其耦合松散，而且可以独立地改变他们之间的交互。

（16）备忘录模式（Memonto）。在不破坏封装性的前提下，捕获一个对象的内部状态，并在该对象之外保存这个状态。这样以后就可将该对象恢复到保存的状态。

（17）观察者模式（Observer）。定义对象间的一种一对多的依赖关系，以便当一个对象的状态发生改变时，所有依赖于它的对象都得到通知并自动刷新。

（18）状态模式（State）。允许一个对象在其内部状态改变时改变它的行为。对象看起来似乎修改了它所属的类。

（19）享元模式（Flyweight）。运用共享技术有效地支持大量细粒度的对象。

（20）策略模式（Strategy）。定义一系列算法，把它们一个个封装起来，并且使它们可相互替换。本模式使得算法的变化独立于使用它们的客户。

（21）访问者模式（Visitor）。表示一个作用于某对象结构中的数个元素的操作，它使可以在不改变数个元素的类的前提下定义作用于这些元素的新操作。

（22）解释器模式（Interpreter）。解释器模式是给定一个语言，定义它的文法的一种表示，并定义一个解释器，这个解释器使用该表示来解释语言中的句子。

（23）模板方法模式（Template Method）。模板方法模式定义一个操作中算法的骨架，而将一些步骤延迟到子类中。

8.3.1 工厂方法模式

工厂方法模式（Factory Method）是最常用的模式，类似于创建实例对象"new"。定义一个用于创建对象的接口，让子类决定将那个类实例化。工厂方法使得一个类的实例化延迟到其子类。

工厂方法（Factory Method）模式的意义是定义一个创建产品对象的工厂接口，将实际创建工作推迟到子类当中。核心工厂类不再负责产品的创建，这样核心类成为一个抽象工厂角色，仅负责具体工厂子类必须实现的接口，这样进一步抽象化的好处是使得工厂方法模式可以使系统在不修改具体工厂角色的情况下引进新的产品。

工厂方法模式有一个抽象的 Factory 类（可以是抽象类和接口），这个类将不再负责具体的产品生产，而是只制定一些规范，具体的生产工作由其子类去完成。在这个模式中，工厂类和产品类往往可以依次对应，即一个抽象工厂对应一个抽象产品，一个具体工厂对应一个具体产品，这个具体的工厂就负责生产对应的产品。

工厂方法模式结构如图 8.1 所示：

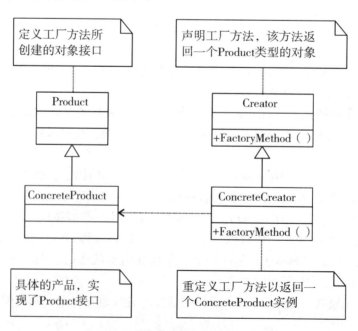

图 8.1 工厂方法模式结构

(1) 抽象工厂（Creator）角色。它是工厂方法模式的核心，与应用程序无关。任何在模式中创建的对象的工厂类必须实现这个接口。

(2) 具体工厂（Concrete Creator）角色。这是实现抽象工厂接口的具体工厂类，包含与应用程序密切相关的逻辑，并且受到应用程序调用以创建产品对象。

(3) 抽象产品（Product）角色。工厂方法模式所创建的对象的超类型，也就是产品对象的共同父类或共同拥有的接口。

(4) 具体产品（Concrete Product）角色。这个角色实现了抽象产品角色所定义的接口。某具体产品由专门的具体工厂创建，它们之间往往一一对应。

工厂方法经常用在以下两种情况中：第一种情况是对于某个产品，调用者清楚地知道应该使用哪个具体工厂服务，实例化该具体工厂，生产出具体的产品来。第二种情况，只是需要一种产品，而不想知道也不需要知道究竟是为哪个工厂生产的，即最终选用哪个具体工厂的决定权在生产者一方，它们根据当前系统的情况来实例化一个具体的工厂返回给使用者，而这个决策过程对于使用者来说是透明的。

8.3.2 抽象工厂模式

抽象工厂模式（Abstract Factory）是指当有多个抽象角色时，使用的一种工厂模式。抽象工厂模式可以向客户端提供一个接口，使客户端在不必指定产品的具体情况下，创建多个产品族中的产品对象。通过引进抽象工厂模式，可以处理具有相同（或者相似）等级结构的多个产品族中的产品对象的创建问题。由于每个具体工厂角色都需要负责两个不同等级结构的产品对象的创建，因此每个工厂角色都需要提供两个工厂方法，分别用于创建两个等级结构的产品。既然每个具体工厂角色都需要实现这两个工厂方法，所以具有一般性，不妨抽象出来，移动到抽象工厂角色中加以声明。

抽象工厂模式结构如图 8.2 所示：

抽象工厂模式具有的优势：

(1) 分离了具体的类。抽象工厂模式帮助控制一个应用创建的对象的类，因为一个工厂封装创建产品对象的责任和过程。它将客户和类实现分离，客户通过他们的抽象接口操纵实例，产品的类名也在具体工厂的实现中被分离，它们不出现在客户代码中。

(2) 使产品系列容易交换，只要更换相应的具体工厂即可（经常用工厂方法来实现）。

(3) 有利于产品的一致性，由抽象工厂创建的产品必须符合相同的接口，任何在子类中的特殊功能都不能体现在统一的接口中。

抽象工厂模式适用于以下四种情况：

(1) 一个系统不应当依赖于产品类实例如何被创建、组合和表达的细节，这对于所有形态的工厂模式都是重要的。

(2) 这个系统有多于一个的产品组合，而系统只需要使用其中某一产品组合。

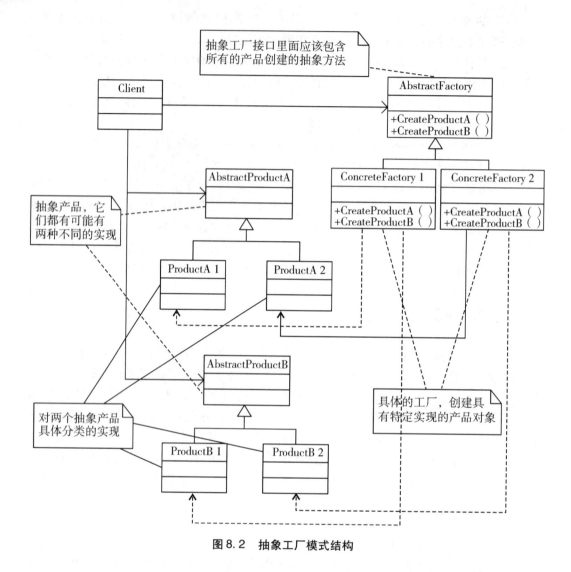

图 8.2 抽象工厂模式结构

（3）同属于同一个产品组合的产品是在一起使用的，这一约束必须在系统的设计中体现出来。

（4）系统提供一个产品类的库，所有的产品以同样的接口出现，从而使客户端不依赖于具体实现。

8.3.3 建造者模式

建造者模式（Builder）将一个复杂对象的构建与它的表示分离，使得同样的构建过程可以创建不同的表示。建造者模式可以将一个产品的内部表象与产品的生成过程分割开来，从而可以使一个建造过程生成具有不同的内部表象的产品对象。

有些情况下，一个对象的一些性质必须按照某个顺序赋值才有意义。在某个性质没有赋值之前,另一个性质则无法赋值。这些情况使得性质本身的建造涉及复杂的商业逻辑。

这时候,此对象相当于一个有待建造的产品,而对象的这些性质相当于产品的零件,建造产品的过程就是组合零件的过程。由于组合零件的过程很复杂,因此,这些"零件"的组合过程往往被"外部化"到一个称作建造者的对象里,建造者返还给客户端的是一个全部零件都建造完毕的产品对象。建造者模式的结构如图 8.3 所示:

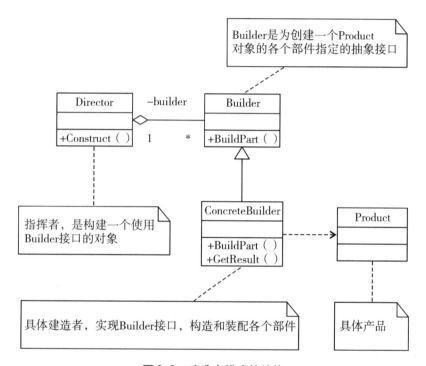

图 8.3 建造者模式的结构

Builder:为创建 Product 对象的各个部件指定抽象接口。

ConcreteBuilder:实现 Builder 的接口以构造和装配该产品的各个部件,定义并明确它所创建的表示,并提供一个检索产品的接口。

Director:构造一个使用 Builder 接口的对象。

Product:表示被构造的复杂对象。ConcreteBuilder 创建该产品的内部表示并定义它的装配过程,包含定义组成部件的类,以及将这些部件装配成最终产品的接口。

建造者模式适用于以下三种情况:

(1) 需要生成的产品对象有复杂的内部结构。

(2) 需要生成的产品对象的属性相互依赖,建造者模式可以强迫生成顺序。

(3) 在对象创建过程中会使用到系统中的一些其他对象,这些对象在产品对象的创建过程中不易得到。

8.3.4 原型模式

原型模式（Prototype）是一种创建型设计模式，原型模式允许一个对象再创建另外一个可定制的对象，根本无须知道任何如何创建的细节，工作原理是：将一个原型对象传给那个要发动创建的对象，这个要发动创建的对象通过请求原型对象拷贝它们自己来实施创建。如图 8.4 所示：

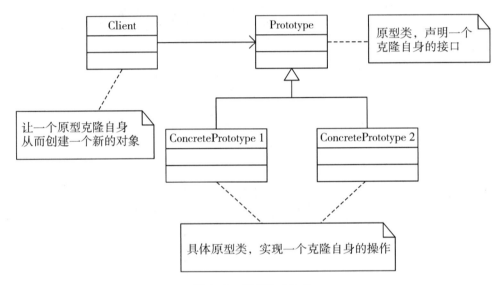

图 8.4　原型模式结构

在 C#语言中，提供了 IColoneable 接口，其中有唯一的方法 Clone()，只要实现这个接口就可以完成原型模式。

8.3.5 单例模式

单例模式（Singleton）确保某一个类只有一个实例，而且自行实例化并向整个系统提供这个实例。这个类称为单例类。单例模式的要点有三个：一是某个类只能有一个实例；二是它必须自行创建这个实例；三是它必须自行向整个系统提供这个实例。

单例模式结构如图 8.5 所示：

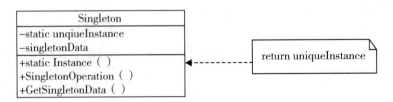

图 8.5　单例模式结构

单例模式在具体实现时，要考虑线程安全、懒加载、调用效率等问题。具体实习的方式有：饿汉方式、懒汉方式、双重检测方式、静态内部类方式、枚举方式等。

8.3.6 装饰模式

装饰模式（Decorator）是在不必改变原类文件和使用继承的情况下，动态地扩展一个对象的功能。它是通过创建一个包装对象，也就是装饰来包裹真实的对象。就增加功能来说，装饰模式比生成子类更为灵活。如图 8.6 所示：

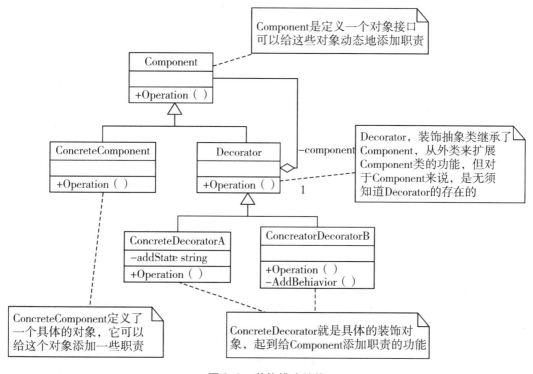

图 8.6　装饰模式结构

装饰模式以一种对客服端透明的方式动态地对对象增加功能，是继承的一种很好的替代方案。继承是一种面向对象语言特有的而且也是一种非常容易被滥用的复用和扩展的手段。继承关系必须首先符合分类学意义上的基类和子类的关系，其次继承的子类必须针对基类进行属性或者行为的扩展。继承使得修改或者扩展基类比较容易，但是继承也有很多不足，首先继承破坏了封装，因为继承将基类的实现细节暴露给了子类。其次，如果基类的实现发生了变化，那么子类也就会跟着变化，这时候我们就不得不改变子类的行为来适应基类的改变。最后从基类继承而来的实现都是静态的，不可能在运行期（runtime）发生改变，这就使得相应的系统缺乏足够的灵活性。

因此，一般尽量不使用继承来给对象增加功能，此时，装饰模式就是一种更好的选择了，这是因为：首先，装饰模式对客户端而言是透明的，客户端根本感觉不到是原始对象还是被装饰过的对象；其次，装饰者和被装饰对象拥有共同一致的接口，而且装饰者采用对被装饰类的引用的方式使用被装饰对象，这就使得装饰对象可以无限制的动态地装饰被装饰对象；最后，装饰对象并不知道被装饰对象是否被装饰过，这就使得面对任何被装饰的对象，装饰者都可以采用一致的方式去处理。

8.3.7 适配器模式

适配器（Adapter）模式是将一个类的接口转换成客户希望的另外一个接口。适配器模式使得原本由于接口不兼容而不能一起工作的那些类可以一起工作。适配器分为两种：类适配器与对象适配器，类适配器需要用到多重继承，所以使用较少，适配器模式结构如图 8.7 所示：

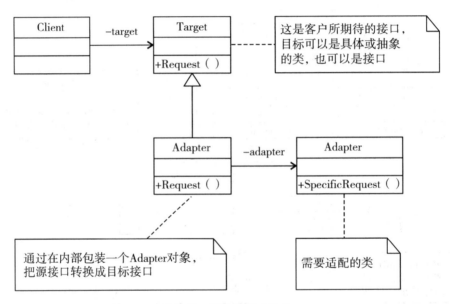

图 8.7 适配器模式结构

Client：客户端，调用自己需要的领域接口 Target。

Target：定义客户端需要的跟特定领域相关的接口。

Adapter：已经存在的接口，通常能满足客户端的功能需求，但是接口和客户端要求的特定领域接口不一致，需要被适配。

Adapter：适配器，把 Adapter 适配为 Client 需要的 Target。

8.3.8 桥接模式

桥接模式（Bridge）将抽象部分与它的实现部分分离，使它们都可以独立地变化。将两个角色之间的继承关系改为聚合关系，就是将它们之间的强关联改换成为弱关联。因此，桥梁模式中的所谓脱耦，就是指在一个软件系统的抽象化和实现化之间使用组合/聚合关系而不是继承关系，从而使两者可以相对独立地变化。这就是桥梁模式的用意。如图 8.8 所示：

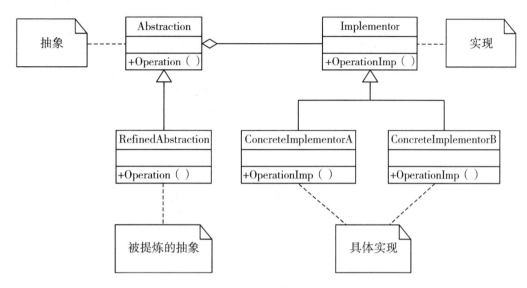

图 8.8　桥接模式结构

桥接模式使用"对象间的组合关系"解耦了抽象和实现之间固有的绑定关系，使得抽象和实现可以沿着各自的维度来变化。所谓抽象和实现沿着各自维度的变化，即"子类化"它们，得到各个子类之后，便可以任意它们，从而获得不同路上的不同功能。桥接模式有时候类似于多继承方案，但是多继承方案往往违背了类的单一职责原则（即一个类只有一个变化的原因），复用性比较差。桥接模式是比多继承方案更好的解决方法。桥接模式的应用一般在"两个非常强的变化维度"，有时候即使有两个变化的维度，但是某个方向的变化维度并不剧烈——换言之，两个变化不会导致纵横交错的结果，并不一定要使用桥接模式。

在以下情况下应当使用桥接模式：

（1）如果一个系统需要在构件的抽象化角色和具体化角色之间增加更多的灵活性，避免在两个层次之间建立静态的联系。

（2）设计要求实现化角色的任何改变不应当影响客户端，或者说实现化角色的改变对客户端是完全透明的。

（3）一个构件有多于一个的抽象化角色和实现化角色，系统需要它们之间进行动态耦合。

（4）虽然在系统中使用继承是没有问题的，但是由于抽象化角色和具体化角色需要独立变化，设计要求需要独立管理这两者。

8.3.9 组合模式

组合模式（Composite）将对象组合成树形结构以表示"部分整体"的层次结构。组合模式使得用户对单个对象和使用具有一致性。组合模式可以优化处理递归或分级数据结构。有许多关于分级数据结构的例子，使得组合模式非常有用武之地。关于分级数据结构的一个普遍性的例子是每次使用电脑时所遇到的：文件系统。文件系统由目录和文件组成，每个目录都可以装内容。目录的内容可以是文件，也可以是目录。按照这种方式，计算机的文件系统就是以递归结构来组织的。如果想要描述这样的数据结构，那么可以使用组合模式。

组合模式结构如图 8.9 所示：

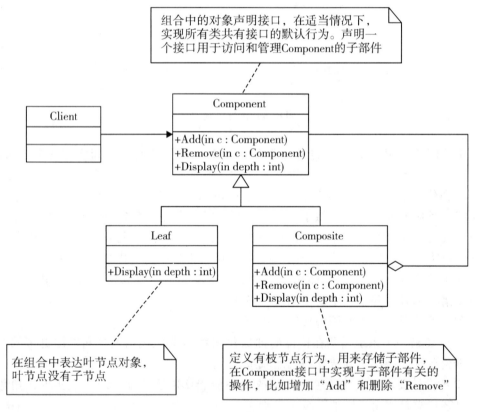

图 8.9 组合模式结构

如果想要创建层次结构，并可以在其中以相同的方式对待所有元素，那么组合模式就是最理想的选择。

8.3.10 外观模式

外观模式（Facade）为子系统中的各类（或结构与方法）提供一个简明一致的界面，它隐藏子系统的复杂性，使子系统更加容易使用。它能够为子系统中的一组接口提供一个一致的界面。

外观模式结构如图 8.10 所示：

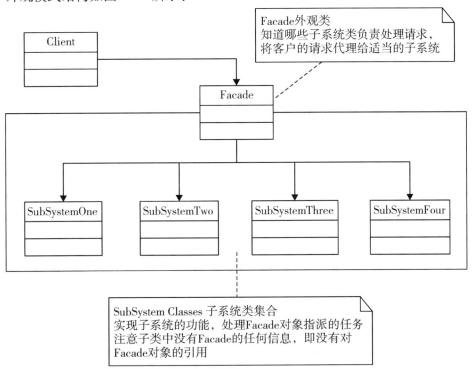

图 8.10 外观模式结构

在以下情况使用外观模式：

（1）当要为一个复杂子系统提供一个简单接口时。子系统往往因为不断演化而变得越来越复杂。大多数模式使用时都会产生更多更小的类。这使得子系统更具可重用性，也更容易对子系统进行定制，但这也给那些不需要定制子系统的用户带来一些使用上的困难。外观模式可以提供一个简单的缺省视图，这一视图对大多数用户来说已经足够，而那些需要更多的可定制性的用户可以越过 Facade 层。

（2）客户程序与抽象类的实现部分之间存在着很大的依赖性。引入外观模式将这个子系统与客户以及其他的子系统分离，可以提高子系统的独立性和可移植性。

（3）当需要构建一个层次结构的子系统时，使用外观模式定义子系统中每层的入口点，如果子系统之间是相互依赖的，可以让它们仅通过 Facade 进行通信，从而简化了它们之间的依赖关系。

外观模式有下面一些优点：

（1）它对客户屏蔽子系统组件，因而减少了客户处理的对象的数目并使得子系统使用起来更加方便。

（2）它实现了子系统与客户之间的松耦合关系，而子系统内部的功能组件往往是紧耦合的。松耦合关系使得子系统的组件变化不会影响它的客户。外观模式有助于建立层次结构系统，也有助于对对象之间的依赖关系分层。外观模式可以消除复杂的循环依赖关系。这一点在客户程序与子系统分别实现的时候尤为重要。在大型软件系统中降低编译依赖性至关重要。在子系统类改变时，希望尽量减少重编译工作以节省时间。用外观模式可以降低编译依赖性，限制重要系统中较小的变化所需的重编译工作。外观模式同样也有利于简化系统在不同平台之间的移植过程，因为编译一个子系统一般不需要编译所有其他的子系统。

（3）如果应用需要，它并不限制它们使用子系统类。因此，可以在系统易用性和通用性之间加以选择。

8.3.11 享元模式

享元模式（Flyweight）运用共享的技术有效地支持大量细粒度的对象。它适用于当大量物件由于重复而导致无法令人接受的占用大量内存的情景。通常物件中的部分状态是可以分享的。享元模式结构如图 8.11 所示：

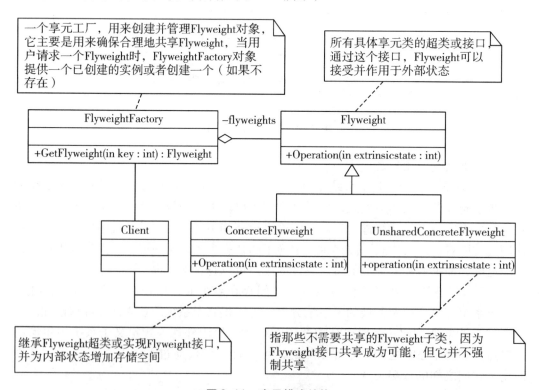

图 8.11　享元模式结构

（1）抽象享元角色（Flyweight）。此角色是所有的具体享元类的超类，为这些类规定出需要实现的公共接口或抽象类。那些需要外部状态（External State）的操作可以通过方法的参数传入。抽象享元的接口使得享元变得可能，但是并不强制子类实行共享，因此并非所有的享元对象都是可以共享的。

（2）具体享元（ConcreteFlyweight）角色。实现抽象享元角色所规定的接口。如果有内部状态，必须负责为内部状态提供存储空间。享元对象的内部状态必须与对象所处的周围环境无关，从而使得享元对象可以在系统内共享。有时候具体享元角色又叫作单纯具体享元角色，因为复合享元角色是由单纯具体享元角色通过复合而成的。

（3）复合享元（UnsharableFlyweight）角色。复合享元角色所代表的对象是不可以共享的，但是一个复合享元对象可以分解成为多个本身是单纯享元对象的组合。复合享元角色又称作不可共享的享元对象。这个角色一般很少使用。

（4）享元工厂（FlyweightFactory）角色。本角色负责创建和管理享元角色。本角色必须保证享元对象可以被系统适当地共享。当一个客户端对象请求一个享元对象的时候，享元工厂角色需要检查系统中是否已经有一个符合要求的享元对象，如果已经有了，享元工厂角色就应当提供这个已有的享元对象；如果系统中没有一个适当的享元对象，享元工厂角色就应当创建一个新的合适的享元对象。

在以下情况下可以考虑使用享元模式：

（1）如果一个应用使用了大量的对象，而大量的这些对象造成很大的存储开销时。

（2）对象的大多数状态可以是外部状态，如果删除对象的外部状态，那么可以用相对较少的共享对象取代很多组对象。

8.3.12 代理模式

代理模式（Proxy）的主要作用是为其他对象提供一种代理以控制对这个对象的访问。在某些情况下，一个对象不想或者不能直接引用另一个对象，而代理对象可以在客户端和目标对象之间起到中介的作用。代理模式的思想是为了提供额外的处理或者不同的操作而在实际对象与调用者之间插入一个代理对象。这些额外的操作通常需要与实际对象进行通信。

一般来说，代理可以分为四种：

（1）远程（Remote）代理。为一个位于不同的地址空间的对象提供一个局域代表对象。这个不同的地址空间可以是在本机器中，也可是在另一台机器中。远程代理又叫作大使（Ambassador）。远程代理的好处是系统可以将网络的细节隐藏起来，使得客户端不必考虑网络的存在。客户完全可以认为被代理的对象是局域的而不是远程的，而代理对象承担了大部分的网络通信工作。由于客户可能没有意识到会启动一个耗费时间的远程调用，因此客户没有必要的思想准备。

（2）虚拟（Virtual）代理。根据需要创建一个资源消耗较大的对象，使得此对象只在需要时才会被真正创建。使用虚拟代理模式的好处就是代理对象可以在必要的时候才将被代理的对象加载，代理可以对加载的过程加以必要的优化。在一个模块的加载十分耗费资源的情况下，虚拟代理的好处就非常明显。

（3）安全代理。用来控制真实对象访问时的权限。

（4）智能指引。智能指引是指当调用真实对象时，代理处理另外一些事。比如，将对此对象调用的次数记录下来等。

代理模式结构如图 8.12 所示：

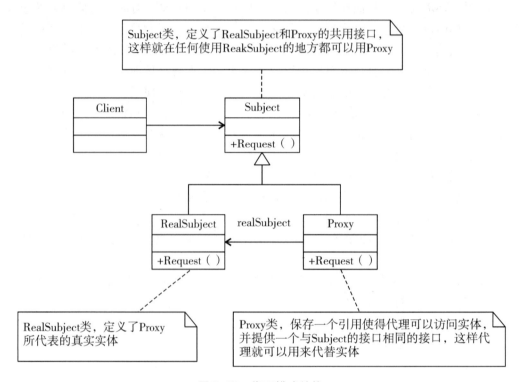

图 8.12　代理模式结构

8.3.13　解释器模式

解释器模式（Interpreter）是给定一个语言，定义它的文法的一种表示，并定义一个解释器，这个解释器使用该表示来解释语言中的句子。解释器模式需要解决的是，如果一种特定类型的问题发生的频率足够高，那么可能就值得将该问题的各个实例表述为一个简单语言中的例子，这样就可以构建一个解释器，该解释器通过解释这些句子来解决该问题。

解释器模式结构如图 8.13 所示：

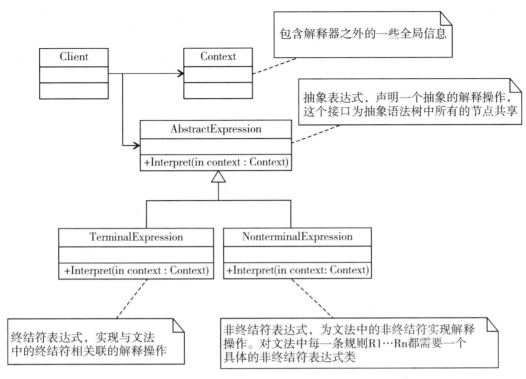

图 8.13 解释器模式结构

使用解释器模式可以很容易地改变和扩展文法，因为该模式使用类来表达文法规则，可以使用继承来改变或扩展文法。解释器模式也比较容易实现文法，因为定义抽象语法树中各个节点的类的实现大体类似，这些类都易于直接编写。

8.3.14 责任链模式

责任链模式（Chain of Responsibility）是一种对象的行为模式。在责任链模式里，很多对象由每一个对象对其下家的引用而连接起来形成一条链。请求在这个链上传递，直到链上的某一个对象决定处理此请求。发出这个请求的客户端并不知道链上的哪一个对象最终处理这个请求，这使得系统可以在不影响客户端的情况下动态地重新组织链和分配责任。

责任链模式结构如图 8.14 所示：

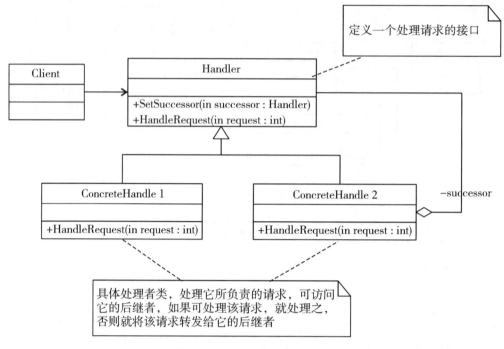

图 8.14 责任链模式结构

在下面的情况下使用责任链模式：

（1）当有多于一个的处理者对象会处理一个请求，而且在事先并不知道到底由哪一个处理者对象处理一个请求。这个处理者对象是动态确定的。

（2）当系统想发出一个请求给多个处理者对象中的某一个，但是不明显指定是哪一个处理者对象会处理此请求。

（3）当处理一个请求的处理者对象集合需要动态地指定时。

责任链模式减低了发出命令的对象和处理命令的对象之间的耦合，它允许多与一个的处理者对象根据自己的逻辑来决定哪一个处理者最终处理这个命令。换言之，发出命令的对象只是把命令传给链结构的起始者，而不需要知道到底是链上的哪一个节点处理了这个命令。这意味着在处理命令上，允许系统有更多的灵活性。哪一个对象最终处理一个命令可以因为由那些对象参加责任链，以及这些对象在责任链上的位置不同而有所不同。

8.3.15 命令模式

命令模式（Command）将一个请求封装为一个对象，从而使可用不同的请求对客户进行参数化；此外，它还可以对请求排队或记录请求日志，以及支持可撤销的操作。在软件系统中，行为请求者与行为实现者之间通常呈现一种紧耦合的关系。但在某些场合，比如要对行为进行记录撤销重做事务等处理，这种无法抵御变化的紧耦合是不合适的。这种情况下，使用命令模式将行为请求者与行为实现者进行解耦。命令模式结构如图 8.15 所示：

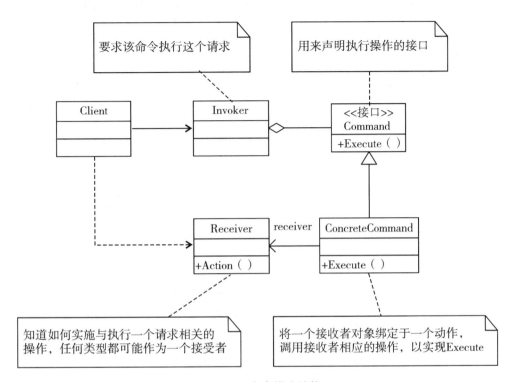

图 8.15　命令模式结构

命令模式的优点是：
(1) 它能较容易地设计一个命令队列。
(2) 在需要的情况下，可以较容易地将命令记入日志。
(3) 允许接收的一方决定是否要否决请求。
(4) 可以容易地实现对请求的撤销与重做。
(5) 由于加进新的具体命令类不影响其他的类，因此增加新的具体命令类很容易。
(6) 把请求一个操作的对象与知道怎么执行一个操作的对象分割开。

8.3.16　迭代器模式

迭代器模式（Iterator）提供一种方法访问一个容器（container）对象中各个元素，而又不需暴露该对象的内部细节。迭代器模式结构如图 8.16 所示：

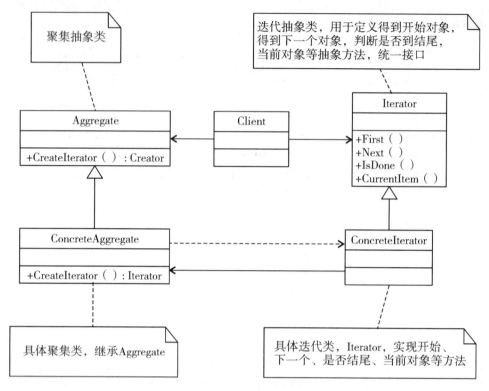

图 8.16 迭代器模式结构图

迭代器模式由以下角色组成：

（1）迭代器角色（Iterator）。迭代器角色负责定义访问和遍历元素的接口。

（2）具体迭代器角色（Concrete Iterator）。具体迭代器角色要实现迭代器接口，并要记录遍历中的当前位置。

（3）容器角色（Container）：容器角色负责提供创建具体迭代器角色的接口。

（4）具体容器角色（Concrete Container）。具体容器角色实现创建具体迭代器角色的接口——这个具体迭代器角色与该容器的结构相关。

当需要访问一个聚集对象，而且不管这些对象是什么都需要遍历时，就应该考虑迭代器模式。.NET 中 IEnumerable 接口是为迭代器模式而准备的。

8.3.17 中介者模式

中介者模式（Mediator）定义一个中介对象来封装系列对象之间的交互。中介者使各个对象不需要显示地相互引用，从而使其耦合性松散，而且可以独立地改变他们之间的交互。中介者模式结构如图 8.17 所示：

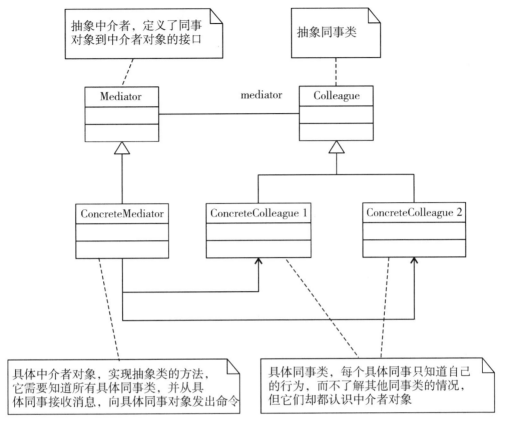

图 8.17 中介者模式结构

中介者模式适用场下面情况：

（1）一组对象以定义良好但是复杂的方式进行通信，产生的相互依赖关系结构混乱且难以理解。

（2）一个对象引用其他很多对象并且直接与这些对象通信，导致难以复用该对象。

（3）想定制一个分布在多个类中的行为，而又不想生成太多的子类。

8.3.18 备忘录模式

备忘录模式（Memento）在不破坏封闭的前提下，捕获一个对象的内部状态，并在该对象之外保存这个状态。这样以后就可将该对象恢复到原先保存的状态。备忘录模式结构如图 8.18 所示：

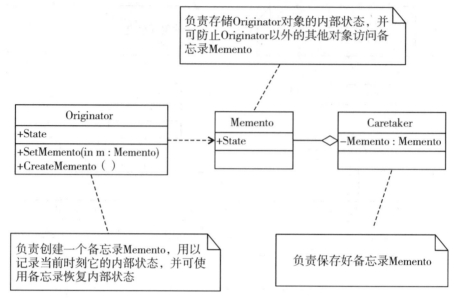

图 8.18　备忘录模式结构

备忘录模式的优点：

（1）有时一些发起人对象的内部信息必须保存在发起人对象以外的地方，但是必须要由发起人对象自己读取，这时使用备忘录模式可以把复杂的发起人内部信息对其他的对象屏蔽起来，从而可以恰当地保持封装的边界。

（2）本模式简化了发起人。发起人不再需要管理和保存其内部状态的一个个版本，客户端可以自行管理他们所需要的这些状态的版本。

（3）当发起人角色的状态改变时，有可能这个状态无效，这时候就可以使用暂时存储起来的备忘录将状态复原。

备忘录模式的缺点：

（1）如果发起人角色的状态需要完整地存储到备忘录对象中，那么在资源消耗上面备忘录对象会很昂贵。

（2）当负责人角色将一个备忘录存储起来的时候，负责人可能并不知道这个状态会占用多大的存储空间，从而无法提醒用户一个操作是否很昂贵。

（3）当发起人角色的状态改变时，有可能这个协议无效。如果状态改变的成功率不高，则不如采取"假如"协议模式。

8.3.19　观察者模式

观察者模式（Observer）又叫发布-订阅（Publish/Subscribe）模式。该模式定义了一种多对多的依赖关系，让多个观察者对象同时监听一个主题对象。这个主题对象在状态发生变化时，会通知所有观察者对象，使它们能够自动更新自己。观察者模式结构如图 8.19 所示：

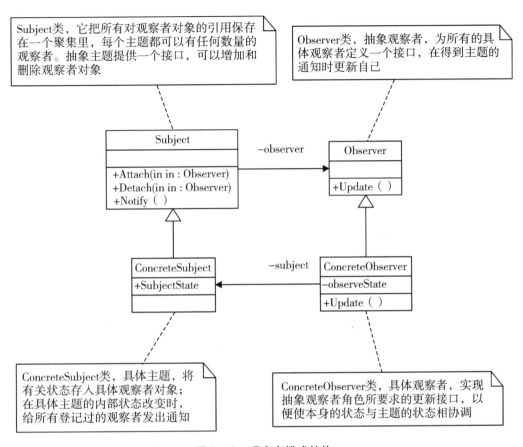

图 8.19 观察者模式结构

下面情况适用于实现观察者模式：

（1）当抽象个体有两个互相依赖的层面时，封装这些层面在单独的物件内将可允许程式设计师单独地去变更与重复使用这些物件，而不会产生两者之间交互的问题。

（2）当其中一个物件的变更会影响其他物件，却又不知道多少物件必须被同时变更时。

（3）当物件有能力通知其他物件，又不应该知道其他物件的实做细节时。

8.3.20 状态模式

状态模式（State）是当一个对象的内在状态改变时允许改变其行为，这个对象看起来像是改变了其类。状态模式主要解决的是当控制一个对象状态转换的条件表达式过于复杂的情况，把状态的判断逻辑转移到不同状态的一系列类当中。状态模式结构如图 8.20 所示：

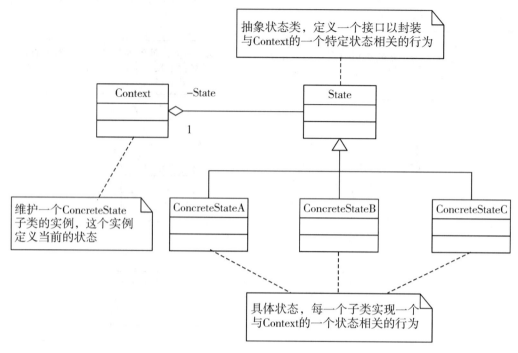

图 8.20 状态模式结构

状态模式适用于下列情况：

（1）一个对象的行为取决于它的状态，并且它必须在运行时刻根据状态改变它的行为。

（2）一个操作中含有庞大的多分支结构，并且这些分支决定于对象的状态。

8.3.21 策略模式

策略模式（Strategy）定义了一系列的算法，并将每一个算法封装起来，而且使它们还可以相互替换。策略模式让算法独立于使用它的客户而独立变化。策略模式结构如图 8.21 所示：

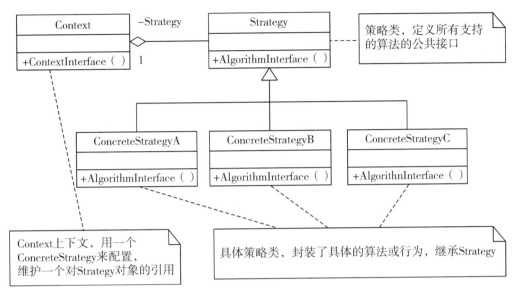

图8.21 策略模式结构

策略模式应用于下列情况：

（1）多个类只区别于表现行为不同，可以使用 Strategy 模式，在运行时动态选择具体要执行的行为。

（2）需要在不同情况下使用不同的策略（算法），或者策略还可能在未来用其他方式来实现。

（3）对客户（Duck）隐藏具体策略（算法）的实现细节，彼此完全独立。

策略模式的优点：

（1）提供了一种替代继承的方法，而且既保持了继承的优点（代码重用）还比继承更灵活（算法独立，可以任意扩展）。

（2）避免程序中使用多重条件转移语句，使系统更灵活，并易于扩展。

（3）遵守大部分 GRASP 原则和常用设计原则，高内聚、低偶合。

策略模式的缺点：

因为每个具体策略类都会产生一个新类，所以会增加系统需要维护的类的数量。

8.3.22 访问者模式

访问者模式（Visitor）表示一个作用于某对象结构中的各元素的操作。它可以在不改变各元素类的前提下定义作用于这些元素的新操作。从定义可以看出结构对象是使用访问者模式的必备条件，而且这个结构对象必须存在遍历自身各个对象的方法。这便类似于 C#语言当中的 collection 概念。访问者模式结构如图 8.22 所示：

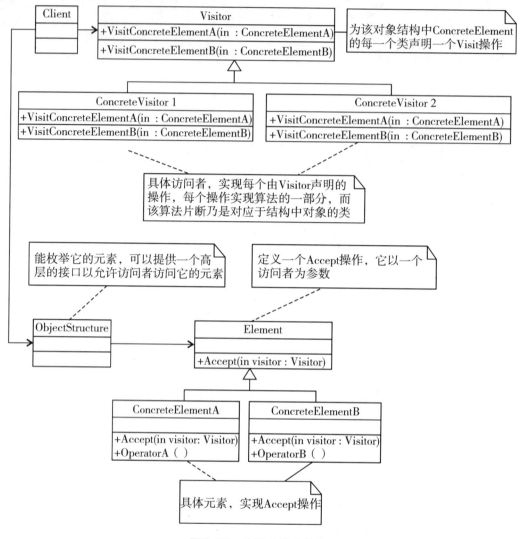

图 8.22 访问者模式结构

访问者模式把数据结构和作用于结构上的操作解耦合，使得操作集合可相对自由地演化。访问者模式适用于数据结构相对稳定，而算法又易变化的系统，这是因为访问者模式使得算法操作增加变得容易。若系统数据结构对象易于变化，经常有新的数据对象增加进来，则不适合使用访问者模式。

访问者模式的优点是增加操作很容易，因为增加操作意味着增加新的访问者。访问者模式将有关行为集中到一个访问者对象中，其改变不影响系统数据结构。其缺点就是增加新的数据结构很困难。

访问者模式适用于下列情况：

（1）一个对象结构包含很多类对象，它们有不同的接口，而想对这些对象实施一些依赖于其具体类的操作。

（2）需要对一个对象结构中的对象进行很多不同的并且不相关的操作，而想避免让这些操作"污染"这些对象的类。Visitor 模式使得可以将相关的操作集中起来并定义在一个类中。

（3）当该对象结构被很多应用共享时，用 Visitor 模式让每个应用仅包含需要用到的操作。

（4）定义对象结构的类很少改变，但经常需要在此结构上定义新的操作。改变对象结构类需要重定义对所有访问者的接口，这可能需要很大的代价。如果对象结构类经常改变，那么可能还是在这些类中定义这些操作较好。

8.3.23 模板方法模式

模板方法模式（Template Method）定义一个操作中算法的骨架，而将一些步骤延迟到子类中。模板方法使得子类可以不改变一个算法的结构即可重定义该算法的某些特定步骤。模板方式模式结构如图 8.23 所示：

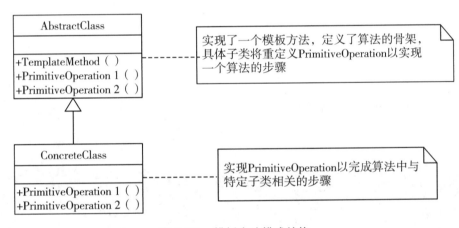

图 8.23　模板方法模式结构

模板方法模式是一种非常基础性的设计模式，在面向对象系统中有着大量的应用。它用最简洁的机制（虚函数的多态性）为很多应用程序框架提供了灵活的扩展点，是代码复用方面的基本实现结构。

除了可以灵活应对子步骤的变化外，"不要调用我，让我来调用你"的反向控制结构是模板方法模式的典型应用。在具体实现方面，被模板方法模式调用的虚方法可以有具体实现，也可以没有任何实现（抽象方法、纯虚方法），但一般推荐将它们设置为 protected 方法。

8.3 一个设计模式的实例

8.4.1 实例概述图

采用 C#语言，利用设计模式的基本方法，实现多种类型的几何对象的绘制及存储，主要功能有：

（1）定义 Point、Polyline、Polygon、Circle 等几何对象，以及由这些几何对象组合而成的 Composite 对象，利用对象组合原则。设计出相关的类，类中包括必要的属性和方法以及方法的实现。

（2）实现这些类的"永久化"保存，要求能保存到 Access、Oracle、SQLServer 不同类型的数据库中。

打开 Visual Studio 2017，选择"新建"功能，在项目类型选择的对话框中选择"控制台应用（.NET Framework）"，创建一个 Example 工程项目，如图 8.24 所示：

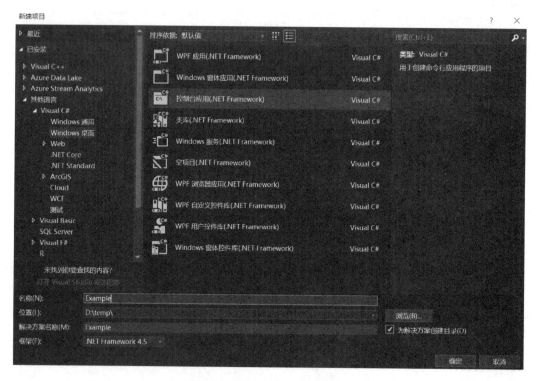

图 8.24 创建一个 C#实例项目

8.4.2 定义几何对象

根据对象组合的原则，定义 Point、Polyline、Polygon、Circle、Composite 等几何对象，设计的类图如图 8.25 所示：

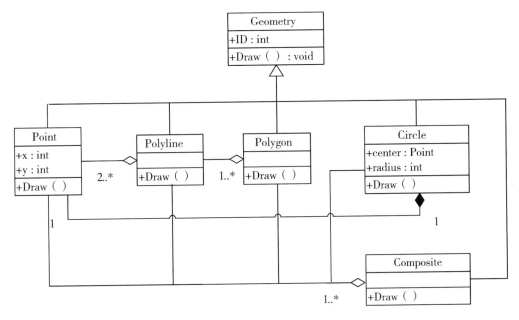

图 8.25　几何对象的类图

（1）定义 Geometry 基类对象，该类是一个抽象性类，由一个名为 ID 的属性和一个 Draw 的虚方法构成。

（2）定义 Point 对象，继承自 Geometry，该类有 x、y 两个属性，重写了 Draw 方法。

（3）定义 Polyline 对象，继承自 Geometry，重写了 Draw 方法，该对象由多个 Point（至少 2 个）对象聚合而成。

（4）定义 Polygon 对象，继承自 Geometry，重写了 Draw 方法，该对象由多个 Polyline（至少 1 个）对象聚合而成。

（5）定义 Circle 对象，继承自 Geometry，重写了 Draw 方法，该对象有 center 和 radius 两个属性，其中 center 的是 Point 类型，与 Point 类是组合关系。

（6）定义 Composite 对象，继承自 Geometry，重写了 Draw 方法，该对象由 Point、Polyline、Polygon、Circle 等对象聚合而成（至少 1 个）。

在 Example 项目中，新建一个名为 Geometry.cs 文件，实现图 8.25 的代码如表 8.1 所示：

表8.1 实现图8.25的代码

```csharp
using System;
using System.Collections.Generic;
using System.Linq;
using System.Text;
using System.Threading.Tasks;

namespace Example
{
    /// <summary>
    /// Abstract geometry object.
    /// </summary>
    abstract class Geometry
    {
        private int m_id;
        public int ID
        {
            get
            {
                return m_id;
            }
            set
            {
                m_id = value;
            }
        }
        public virtual void Draw()
        {
            Console.WriteLine("Do not draw anything.");
        }
    }

    /// <summary>
    /// Point object
    /// </summary>
    class Point: Geometry
    {
        public int x;
        public int y;
```

续上表

```
        public override void Draw ()
        {
            Console. WriteLine ("Draw a point:" + ID);
        }
    }

    /// <summary>
    /// Polyline object
    /// </summary>
    class Polyline: Geometry
    {
        public IList<Point> pointCollection = new List<Point> ();

        public override void Draw ()
        {
            Console. WriteLine ("Draw a polyline:" + ID);
        }

        public void AddPoint (Point point)
        {
            pointCollection. Add (point);
        }

        public void RemovePoint (Point point)
        {
            pointCollection. Remove (point);
        }
    }

    /// <summary>
    /// Polygon object
    /// </summary>
    class Polygon: Geometry
    {
        public IList<Polyline> polylineCollection = new List<Polyline> ();

        public override void Draw ()
        {
            Console. WriteLine ("Draw a polygon:" + ID);
        }
```

续上表

```
            public void AddPolyline (Polyline polyline)
            {
                polylineCollection. Add (polyline);
            }

            public void RemovePolyline (Polyline polyline)
            {
                polylineCollection. Remove (polyline);
            }
        }

        /// <summary>
        /// Circle object
        /// </summary>
        class Circle: Geometry
         {
            public Point center;
            public int radius;

            public override void Draw ()
             {
                Console. WriteLine ("Draw a circle:" + ID);
             }
         }

        /// <summary>
        /// Composite object
        /// </summary>
        class Composite: Geometry
         {
            public IList < Geometry > composite = new List < Geometry > ();

            public override void Draw ()
             {
                Console. WriteLine ("Draw a composite:" + ID);
                Console. WriteLine (" [");
                foreach (Geometry geometry in composite)
                  {
                      geometry. Draw ();
                  }
```

续上表

```
            Console. WriteLine ( " ] " );
        }

    public void AddGeometry ( Geometry geometry )
        {
            composite. Add ( geometry );
        }

    public void RemoveGeometry ( Geometry geometry )
        {
            composite. Remove ( geometry );
        }
    }
}
```

8.4.3 几何对象的"永久化"

实现这些类的"永久化"保存，要求能保存到 Access、Oracle、SQLServer 不同类型的数据库中。这里采用工厂方法实现这个功能，设计的类图如图 8.26 所示：

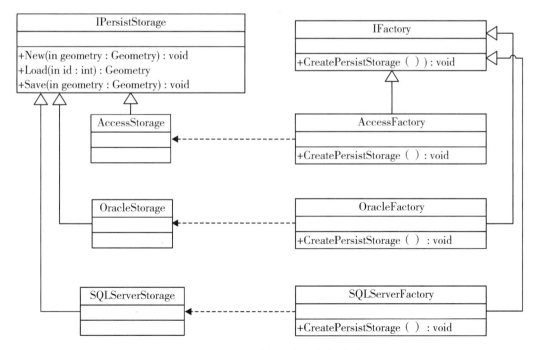

图 8.26 几何对象"永久化"类图

1）定义了工厂方法模式的产品基类 IPersistStorage，该类有 New、Load 和 Save 等几种方法。

2）定义了工厂方法模式的工厂基类 IFactory，该类有一个工厂方法 CreatePersistStorage。

3）定义了 AccessPersistStorage、OraclePersistStorage、SQLServerPersistStorage 等几个具体的产品类，分别用于"永久化"保存 Geometry 对象到 Access、Oracle、SQLServer 数据库中。

4）定义了 AccessFactory、OracleFactory、SQLServerFactory 等具体工厂类。

（1）在 Example 项目中，新建一个名为 IPersist.cs 文件，编写 IPersistStorage 和 IFactory 的实现代码如表 8.2 所示：

表 8.2　IPersistStorage 和 IFactory 的实现代码

```
using System;
using System. Collections. Generic;
using System. Linq;
using System. Text;
using System. Threading. Tasks;

namespace Example
{
    /// <summary>
    /// 定义 IPersistStorage 接口
    /// </summary>
    interface IPersistStorage
     {
        void New（Geometry geometry）;
        Geometry Load（int id）;
        void Save（Geometry geometry）;
    }

    /// <summary>
    /// 定义 IFactory 接口
    /// </summary>
    interface IFactory
     {
        IPersistStorage CreatePersistStorage（）;
    }
}
```

（2）在 Example 项目中，新建一个名为 AccessFactory.cs 文件，分别实现 AccessStorage 和 AccessFactory 类，代码如下：

```csharp
using System;
using System.Collections.Generic;
using System.Linq;
using System.Text;
using System.Threading.Tasks;

namespace Example
{
    /// <summary>
    /// 实现 Access 类型的 IPersistStorage 接口
    /// </summary>
    class AccessStorage：IPersistStorage
    {
        public void New（Geometry geometry）
        {
            Console.WriteLine（"Insert a new geometry object into Access："+ geometry.GetType（）+ "：" + geometry.ID）;
        }

        public Geometry Load（int id）
        {
            Console.WriteLine（"Load a geometry object from Access：" + id）;
            return null;
        }

        public void Save（Geometry geometry）
        {
            Console.WriteLine（"Save a geometry object into Access：" + geometry.GetType（）+ "：" + geometry.ID）;
            return;
        }
    }

    /// <summary>
    /// 实现 Access 类型的 Factory 对象
    /// </summary>
    class AccessFactory：IFactory
    {
        public IPersistStorage CreatePersistStorage（）
```

续上表

```
        }
        IPersistStorage persistStorage = new AccessStorage();
        return persistStorage;
      }
    }
}
```

（3）在 Example 项目中，新建一个名为 OracleFactory.cs 文件，分别实现 OracleStorage 和 OracleFactory 类，代码如表 8.3 所示：

表 8.3　OracleStorage 和 OracleFactory 类的实现代码

```
using System;
using System.Collections.Generic;
using System.Linq;
using System.Text;
using System.Threading.Tasks;

namespace Example
{
    /// <summary>
    /// 实现 Oracle 类型的 IPersistStorage 接口
    /// </summary>
    class OracleStorage: IPersistStorage
    {
      public void New(Geometry geometry)
      {
        Console.WriteLine("Insert a new geometry object into Oracle:" + geometry.GetType() + ":" + geometry.ID);
      }

      public Geometry Load(int id)
      {
        Console.WriteLine("Load a geometry object from Oracle:" + id);
        return null;
      }

      public void Save(Geometry geometry)
      {
        Console.WriteLine("Save a geometry object into Oracle:" + geometry.GetType() + ":" + geometry.ID);
```

续上表

```
            return;
        }
    }

    /// <summary>
    /// 实现 Oracle 类型的 Factory 对象
    /// </summary>
    class OracleFactory：IFactory
    {
        public IPersistStorage CreatePersistStorage（）
        {
            IPersistStorage persistStorage = new OracleStorage（）；
            return persistStorage；
        }
    }
}
```

（4）在 Example 项目中，新建一个名为 SQLServerFactory.cs 文件，分别实现 SQLServerStorage 和 SQLServerFactory 类，代码如表 8.4 所示：

表 8.4　SQLServerStorage 和 SQLServerFactory 类的实现代码

```
using System；
using System. Collections. Generic；
using System. Linq；
using System. Text；
using System. Threading. Tasks；

namespace Example
{
    /// <summary>
    /// 实现 SQLServer 类型的 IPersistStorage 接口
    /// </summary>
    class SQLServerStorage：IPersistStorage
    {
        public void New（Geometry geometry）
        {
            Console. WriteLine（"Insert a new geometry object into SQLServer：" + geometry. GetType（） + "：" + geometry. ID）；
        }
```

续上表

```
        public Geometry Load(int id)
        {
            Console.WriteLine("Load a geometry object from SQLServer:" + id);
            return null;
        }

        public void Save(Geometry geometry)
        {
            Console.WriteLine("Save a geometry object into SQLServer:" + geometry.GetType() + ":" + geometry.ID);
            return;
        }
    }

    /// <summary>
    /// 实现 SQLServer 类型的 Factory 对象
    /// </summary>
    class SQLServerFactory: IFactory
    {
        public IPersistStorage CreatePersistStorage()
        {
            IPersistStorage persistStorage = new SQLServerStorage();
            return persistStorage;
        }
    }
}
```

(5)在 Example 项目中,修改 Program.cs 文件,在 Main 函数中添加如表 8.5 所示功能测试代码,代码中新建了多种类型的 Geometry 对象,并且"永久化"存储在不同的数据库中。运行结果如图 8.27 所示:

图 8.5 添加的测试代码

```
using System;
using System.Collections.Generic;
using System.Linq;
using System.Text;
using System.Threading.Tasks;
```

续上表

```
namespace Example
{
    class Program
    {
        static void Main(string[] args)
        {
            // 创建一系列 Point 对象
            Point point = new Point();
            point.ID = 1;

            Point point1 = new Point();
            Point point2 = new Point();
            Point point3 = new Point();
            Point point4 = new Point();

            // 创建一个 Polyline 对象
            Polyline polyline = new Polyline();
            polyline.ID = 2;
            polyline.AddPoint(point1);
            polyline.AddPoint(point2);
            polyline.AddPoint(point3);
            polyline.AddPoint(point4);

            // 创建一个 Polygon 对象
            Polygon polygon = new Polygon();
            polygon.ID = 3;
            polygon.AddPolyline(polyline);

            // 创建一个 Circle 对象
            Circle circle = new Circle();
            circle.ID = 4;

            // 创建一个和组合对象
            Composite composite = new Composite();
            composite.ID = 5;
            composite.AddGeometry(point as Geometry);
            composite.AddGeometry(polyline as Geometry);
            composite.AddGeometry(polygon as Geometry);
            composite.AddGeometry(circle as Geometry);
```

续上表

```
            // 将这些对象存入 List 集合中, 统一绘制出来
            IList < Geometry > geometryCollection = new List < Geometry > ();
            geometryCollection. Add (point);
            geometryCollection. Add (polyline);
            geometryCollection. Add (polygon);
            geometryCollection. Add (circle);
            geometryCollection. Add (composite);

            foreach (Geometry geometry in geometryCollection)
            {
                geometry. Draw ();
            }

            IFactory factory1 = new AccessFactory ();
            IPersistStorage persistStorage1 = factory1. CreatePersistStorage ();
            persistStorage1. New (point as Geometry);
            persistStorage1. Save (point as Geometry);

            IFactory factory2 = new OracleFactory ();
            IPersistStorage persistStorage2 = factory2. CreatePersistStorage ();
            persistStorage2. New (polyline as Geometry);
            persistStorage2. Save (polyline as Geometry);

            IFactory factory3 = new AccessFactory ();
            IPersistStorage persistStorage3 = factory3. CreatePersistStorage ();
            persistStorage3. New (polygon as Geometry);
            persistStorage3. Save (polygon as Geometry);
        }
    }
}
```

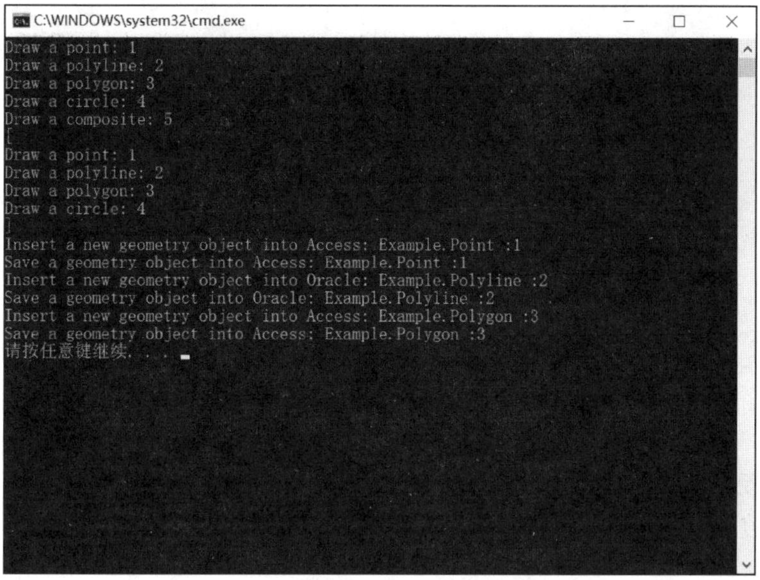

第 8 章 软件工程的设计模式

```
Draw a point: 1
Draw a polyline: 2
Draw a polygon: 3
Draw a circle: 4
Draw a composite: 5
[
Draw a point: 1
Draw a polyline: 2
Draw a polygon: 3
Draw a circle: 4
]
Insert a new geometry object into Access: Example.Point :1
Save a geometry object into Access: Example.Point :1
Insert a new geometry object into Oracle: Example.Polyline :2
Save a geometry object into Oracle: Example.Polyline :2
Insert a new geometry object into Access: Example.Polygon :3
Save a geometry object into Access: Example.Polygon :3
请按任意键继续. . .
```

图 8.27　运行结果

第 9 章 软 件 测 试

9.1 软件测试概述

软件测试是发现软件中错误和缺陷的主要手段,软件开发人员通过软件测试发现产品中存在的问题。软件测试是软件开发过程中的一个重要阶段。在软件产品正式投入使用之前,软件开发人员需要保证软件产品正确满足用户需求,并能达到稳定性、安全性、一致性各方面的要求,通过软件测试对产品的质量加以保证。软件测试过程与整个软件开发过程是同步的,贯穿于整个开发过程。

9.1.1 软件测试的目的

IEEE 对软件测试的定义:使用人工或自动化手段来运行或测试被测试软件的过程,其目的在于检验它是否满足规定的需求,并弄清楚预期结果与实际结果之间的差别。这说明,软件测试的首要目的是确保被测系统满足要求。

G. J. Myers 提出了软件测试的三个要点:
(1) 测试是为了证明程序有错,而不是证明程序无错。
(2) 一个好的测试用例在于它发现至今没有发现的错误。
(3) 一个成功的测试是发现了至今未发现的错误测试。

如果仅仅理解测试是以发现错误为目的,认为查找不出错误的测试就是没有价值的,这样比较片面。测试并不仅仅是为了发现错误,而是通过分析错误产生的原因及错误发生的趋势,帮助管理者发现软件开发中的缺陷,以便及时改进。无论测试用例是否发现错误,对于评定软件质量都是有价值的。

从软件质量保证来看,测试就是验证或证明软件的功能特性和非功能特性是否满足用户需求;从软件测试的经济成本角度看,测试就是需要尽可能早的发现更多软件缺陷,而软件测试的工作就是在时间、质量、成本这三者之间取得平衡,对于不同的软件产品,制定相应的可发布的质量标准,以评估软件是否可发布。

软件测试的目的是发现错误和缺陷,软件测试不可能找出所有错误,但却是可以减少潜在的错误或缺陷,基于不同的立场,存在着两种完全不同的测试目的。从用户的角度出发,普遍希望通过软件测试暴露软件中隐藏的错误和缺陷,以考虑是否可接受该产品。从软件开发者的角度出发,则希望测试成为表明软件产品中不存在错误的过程,验证该软件已正确地实现了用户的要求,确立人们对软件质量的信心。

9.1.2 软件测试的原则

通过长期的经验总结，软件测试的原则如下：

（1）完全测试是不能的，测试无法找出所有的错误。由于时间、人员、资金或设备等限制，不可能对软件产品进行完全的测试。在测试中，测试工作需要在时间、成本和质量三者之间达到平衡。

（2）尽早地开展测试工作，使测试工作贯穿于整个软件开发的过程中。软件开发的各个阶段都可能出现软件错误，软件早期出现的错误如果不能及时被改正，其影响力会随着项目的进行而不断扩散，越到后期，纠正错误所付出的代价就越大。因此，应尽早进行测试工作，而且测试工作应该贯穿在软件开发的各个阶段。

（3）让不同的测试人员参与到测试工作中，程序员应避免测试自己的程序。测试工作需要严格的作风、客观的态度。自己测试自己的软件不容易发现错误，并且程序员对软件规格说明的理解错误更难以发现。如果由别人来测试程序员编写的程序，可能更客观、更有效，并更容易获得成功。程序测试与程序调试不同，调式是程序员自己来做的。让开发小组和测试小组分立，开发工作和测试工作不能由同一部分人来完成。如果开发人员对程序的功能理解错了，就很容易按照错误的思路来设计测试用例，测试工作就很难取得成功。

（4）在设计测试用例时，应包括输入数据和预期的输出结果两部分。输入的数据不仅包含合法的输入，还应该包括非法的输入。测试用例必须由两部分组成：对程序输入的描述和由这些输入数据产生的程序的正确结果的精确描述。这样在测试过程中，测试人员就可以通过对实际的测试结果与测试用例的输出结果进行对照，方便地检验程序运行的正确与否。

（5）要充分注意测试中的集群现象。软件产品中潜在的错误数与已发现的错误成正比。通常情况下，软件产品中发现的错误越多，潜在的错误就越多。如果在一个阶段内，软件产品发现的错误越多，说明还有更多的错误和缺陷有待去发现和改正。

（6）严格执行测试计划，排除测试的随意性。测试计划包括：所测试的功能，输入、输出，测试内容，各项测试的进度安排、测试资料、测试工具、测试用例的选择，测试的控制方式和过程，系统的组装方式、跟踪规程、调式规程，以及回归测试的规定以及评价标准。要分析测试产生的原因，除了检查程序是否做了它应做的工作外，还应该检查程序是否做了它不该做的工作。

9.2 软件测试的过程

软件测试按照测试阶段大致可划分为：单元测试、集成测试、确认测试、系统测试等阶段。软件测试的过程如图 9.1 所示：

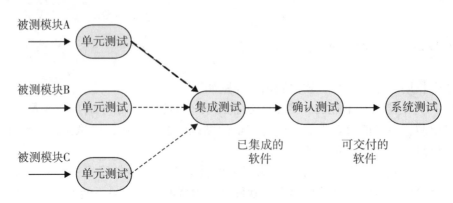

图 9.1 软件测试的过程

软件产品在交付前,首先要对每一个程序模块进行单元测试,消除程序模块内部在逻辑上和功能上的错误和缺陷。再对照软件设计进行集成测试,检测和排除子系统结构上的错误。随后再对照需求,进行确认测试。最后,从系统全体出发,运行系统,看是否满足需求。

9.2.1 单元测试

单元测试是指对源程序中每一个单元进行测试,检查各个模块是否正确实现功能,从而发现模块在编码中或算法中的错误。

1) 单元测试的环境。单元测试是对软件设计的最小单元进行测试,例如 Java、C++这类面向对象语言,被测的基本单元可以是类,也可以是方法。对于一个模块或者一种方法来说,它们并不是独立存在的,因此再测试时需要考虑到外界与它的联系,需要用到一些辅助模块来模拟被测模块与其他模块之间的联系。辅助模块有以下两种:①驱动模块:用于模拟被测试的上级模块;②桩模块,用于模拟被测试模块再工作过程中所需要调用的模块。

2) 单元测试的内容。单元测试主要针对五个方面进行测试:

(1) 单元接口。单元接口主要是对被测试单元的数据流进行测试,检查输入、输出的数据是否正确,这也是最容易被忽略的地方。具体内容如下:①被测试单元的输入、输出的参数、个数、属性、顺序上与设计是否一致。②调用其他单元时形式参数、个数、属性、顺序上与设计是否一致。③约束条件的变化是否导致单元间的耦合增大。

(2) 局部数据结构。局部数据结构是最常见的错误来源。在单元测试中,必须测试单元内部的数据能否保持完整性,包含内部数据的内容,形式以及相互关系不发生错误。对于局部数据结构,在单元测试中主要包含以下三类错误:①不正确或不一致的数据类型说明;②错误的初始值或默认值;③未辅助或未初始化的变量以及变量名的拼写错误。

(3) 独立路径。在单元测试中最重要的就是对独立路径进行测试,其中对基本执行路径和循环进行测试，往往可以发现大量路径错误。设计测试用例以查找由于错误的计算、不正确的比较或不正常的控制流而导致的错误。常见的错误有：①运算的优先次序不正确或误解了运算的优先次序以及运算方式的错误；②关系表达式中不正确的变量和比较符；③不适当地修改循环变量和不可能的或错误的循环终止条件。

（4）异常处理。比较完善的单元设计要求能预见异常出现的条件，并设置适当的异常处理，以便在程序运行出现异常时，能对异常进行处理，保证其逻辑上的正确性。常见的错误有：①对出现的异常描述与实际捕获难以理解；②对出现异常的描述信息不足，以至于无法找到出现异常的原因；③在对异常处理之前，出现异常的条件已经引起系统的干预。

（5）边界条件。在边界上出现的错误是最多的。经验表明，大多数错误聚焦在边界上。注意一些与边界有关的数据类型：如数值、字符、数量等，要注意边界的首个、最后一个、最大值、最小值的特征。边界上常见的错误有：①循环中的最小值，最大值是否有错误；②运算或判断中取最小值、最大值时是否有错误；③数据流、控制流中的刚好小于、等于、大于确定的比较值时出现错误的可能性。

目前几个主要的单元测试工具包括：NUnit、TestDriven.Net、NUnitForms、NUnitAsp、JUnit 等。

9.2.2 集成测试

集成测试是将已测试过的模块组合成子系统，其目的在于检测单元之间的接口有关问题，逐步集成为符合概要设计要求的系统。集成测试的方法可以大致划分为非渐进式集成测试和渐进式集成测试。

非渐进式集成测试是先分别测试各个模块，再将所有软件模块按设计要求放在一起组合成所需的程序，集成后进行整体测试。

渐进式集成测试就是从一个模块开始测试，然后把所需要测试的模块组合到已经测试好的模块中，直到所有的模块都组合在一起，完成测试。渐进式测试有自顶向下集成、自底向上集成和三明治集成三种。

（1）自顶向下集成。自顶向下集成是从主控模块开始，以深度优先或者广度优先的策略，从上到下组合的模块。在测试过程中，需要设计桩模块来模拟下层模块。在如图 9.2 所示的程序模块设计示意图中，深度优先的测试顺序是：M1 – M2 – M5 – M3 – M4 – M6 – M7。广度优先的测试顺序是：M1 – M2 – M3 – M4 – M5 – M6 – M7。

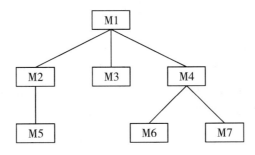

图 9.2 程序模块设计示意

自顶向下集成测试方法要求首先测试控制模块,可以较早地验证控制点和判断点,也有助于减少对驱动模块的需求,但需要编写桩模块。

(2) 自底向上集成。自底向上集成是从程序的最底层功能模块开始组装测试逐步完成整个系统。这种集成方式可以较早地发现底层的错误。而且不需要编写桩模块,但是需要编写驱动模块。以图9.2为例,底层模块为M5、M3、M6、M7先作为测试对象,分别建立好驱动模块D1、D2、D3,并进行集成。自底向上集成测试过程如图9.3所示。

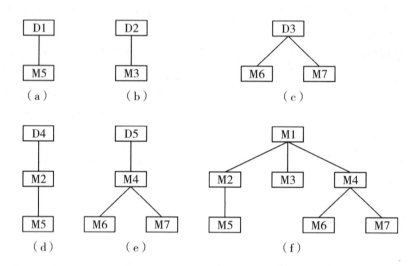

图9.3 自底向上集成测试过程

(3) 三明治测试。三明治集成也称为混合法,是将自顶向下和自底向上两种集成方式组合起来进行测试,即对软件结构的居上层部分使用自顶向下集成方式,对软件结构居下的部分使用自底向上的集成方式,将两者相结合的方式完成测试。三明治集成兼有自顶向下和自底向上两种方式的优缺点,适合关键模块较多的被测试软件。

集成测试工具关注接口的测试,目前几个主要的接口测试工具包括:PostMan、HttpRequest等。

9.2.3 确认测试

确认测试是根据需求规格说明书来进一步验证软件是否满足需求。经过确认测试,可以对软件做出结论性评价,如软件各个方面满足需求规格说明书的规定。软件经过测试发现了哪些偏离了需求规格说明书的规定,应列出缺陷清单并与开发部门利用商户协商解决。确认测试的目标是验证软件的有效性。

确认测试一般包括有效性测试和软件配置审查。

(1) 有效性测试。有效性测试是在模拟的环境下,运用黑盒测试方法,验证被测试软件是否满足需求规格说明书列出的需求。经过确认测试,对该软件给出以下结论性的评价。

测试内容包括：①功能测试。检查是否能实现设计要求的全部功能，是否有未实现的功能，以便于补充。②性能测试。检查和评估系统执行的响应时间、处理速度、网络承载能力、操作方便灵活程度、运行可靠程度等。③安全测试。检查系统在容错功能、恢复功能、并发控制、安全保密等方面是否达到设计要求。

经过确认测试后，可能有两种情况：①功能、性能符合需求规格说明书，软件是可以接受的，被认为是合格的软件。②功能、性能与需求规格说明书有偏离，要求得到一个缺陷清单。此时需要与用户协商，确定解决问题和缺陷的办法。

（2）软件配置审查。配置审查工作的任务是检查软件所有文档资料的完整性、正确性。如发现遗漏和错误，应补充和改正。同时要编排好目录，为以后的软件维护工作奠定基础。

软件系统只是计算机系统中的一个组成部分，软件经过确认后，最终还要与系统中的其他部分（如计算机硬件、外部设备、支持软件、数据及人员）结合在一起，在实际运行环境下运行，测试其能否协调工作。

9.2.4 系统测试

系统测试是将通过集成测试的软件系统，与计算机硬件、外设、数据库、网络等元素结合在一起，在实际运行环境中，进行一系列的测试工作。其主要目的是验证系统是否满足需求规格，找出与需求规格不符或与之矛盾的地方，提出改善的方案。系统测试一般由独立的测试团队来完成，依据的是需求规格说明书，主要内容包括：

（1）功能测试。功能测试是系统测试最基本的测试，它不管你软件内部的实现逻辑，主要根据需求规格说明书和测试需求的列表，来验证产品的功能实现是否符合产品需求规格，检测被测对象是否存在以下五种错误：①是否有不正确、遗漏的或多余的功能；②功能实现是否满足用户的需求和系统设计的隐藏需求；③对于输入是否有正确的响应，对输出结果是否做了正确的显示；④对系统的流程设计是否正确合理；⑤所有的路径是否达到全覆盖。

功能测试还需要注意：站在用户角度，考虑用户处于什么情况，如何使用该功能，要考虑用户对多个功能的组合运用以及前后台的交互，对 Web 端软件，还要考虑多用户使用时，是否会导致功能失效。

（2）性能测试。性能测试是在一定软件、硬件及网络环境下，对系统的各项性能指标进行测试，主要检测其性能特性能够满足特定的性能需求。常用的性能指标包括并发数、响应时间、每秒处理的事务数、吞吐量、点击率、访问量以及硬件资源等。性能测试需要从两个方面考虑：①验证系统实现的性能是否与性能需求完全一致；②检测系统实现的具体性能到底如何。

（3）压力测试。压力测试也称为强度测试，也是性能测试的一种，是指在极限状态下，长时间或超大负荷地连续运行的测试，主要检测被测系统的性能、可靠性、稳定性等。

压力测试的目的是检查系统在资源超负荷的情况下的抗压能力。压力测试的一个变种是一种被称为敏感测试的技术。在有些情况下,在有效数据界限之内的一个很小范围的数据变动可能引起极端的甚至错误的运行,或者引起性能的急剧下降。敏感测试用于发现可能会引发不稳定或者错误处理的数据组合。

压力测试应当在开发过程中尽早进行,因为它通常发现的主要是设计上的缺陷。压力测试的基本步骤如下:①进行简单的多任务测试;②在简单压力缺陷被修正后,增加系统的压力直到系统中断;③在每个版本循环中,重复进行压力测试。

(4)容量测试。容量测试是指检查当系统在大量数据,甚至最大或更多的数据测试环境下运行,系统是否会出问题。"容量"可以看作系统性能中一个特定环境下的一个特定性能指标,即设定的界限或极限值。容量测试是面向数据的,并且它的目的是显示系统可以处理目标内确定的数据容量。进行容量测试一般可以通过以下五个步骤来完成:①首先分析系统的外部数据,并对数据进行分类;②对每类数据源分析可能的容量限制,对数据类型分析记录的长度和数量限制;③对每类数据,构造大容量数据对系统进行测试;④分析测试结果,与期望值进行比较,最后确定系统的容量瓶颈;⑤对系统进行优化并反复上面的步骤,直到系统达到期望的容量处理能力。

(5)安全性测试。安全性测试是用来验证系统内的保护机制是否能够在实际应用中保护系统不受到非法的侵入。该测试用来保护系统本身数据的完整性和保密性。随着互联网的发展,安全测试尤为重要,特别是一些金融类的产品,往往把安全放到首位。安全测试常用的方法有:①静态代码检测主要验证功能的安全隐患;②可以借助安全测试工具,如 AppScan 进行漏洞扫描;③模拟攻击来验证软件系统的安全防护能力;④利用 Wireshark 等工具对网络数据包进行截取分析。

(6)兼容性测试。兼容性测试是指检查软件在一定的软硬件、数据库、网络、操作系统环境下是否可以正确地进行交互和共享信息。兼容性测试的策略有向下兼容、向上兼容、交叉兼容。兼容性测试一般考虑以下五点:①软件本身能否向前或者向后兼容,即不同版本之间的兼容;②软件能否与其他相关软件兼容;③软件在不同操作系统上兼容;④数据的兼容性,主要是指数据能否共享;⑤硬件上的兼容性。

(7)用户界面测试。用户界面是计算机与用户进行交互的主要方式,其可以让软件更好地服务于用户,用户界面测试也是一个非常重要的测试。

用户界面测试一方面是界面实现与界面设计的符合情况,另一方面是确认界面处理的正确性。为了更好地进行界面测试,提倡界面与功能的设计进行分离。而且界面测试也要尽早进行。对于界面层可以从以下三点进行考虑:①对于界面元素的外观需要考虑,界面元素的大小、形状、色彩、明亮度、对比度以及文字的属性(大小、字体、排列方式)等。②对于界面的布局需要考虑,各界面元素的位置、对齐方式、元素间的间隔、色彩的搭配以及 Tab 顺序等。软件本身能否向前或者向后兼容,即不同版本之间的兼容。③对于界面元素的行为需要考虑,输入和输出的限制、提醒、回显功能、功能键或快捷键以及行为回退等。

(8)可靠性测试。可靠性测试是软件质量中的一个重要标志,是指为了评估产品在规定的寿命期间内,在预期的使用、运输或存储的所有条件下,保持功能可靠性而进行的测试活动。也就是说在特定环境下，在给定的时间内无故障地运行的概率。软件的可靠性测试要评估软件在运行时的功能、性能、可安装、可维护等多方面特性。

系统可靠性是设计出来的，而不是测试出来的。通过可靠性测试出来的数据，有助于进一步优化系统积累经验，设计和测试是一个互为反馈的过程，可靠性测试的一些常用指标有：平均无故障时间（Mean Time To Failure，简称 MTTF）、平均恢复的时间（Mean Time To Restoration，简称 MTTR）、平均故障间隔时间（Mean Time Between Failure，MTBF）、故障发生前平均工作时间（Mean Time To First Failure，简称 MTTFF）等。

（9）配置性测试。配置测试主要是指测试系统各种软、硬件配置、不同的参数配置下系统具有的功能和性能。配置测试并不是一个完全独立的测试类型，需要和其他测试类型相组合，如功能测试、性能测试、兼容性测试、界面测试等。通常配置测试可以分为服务器和客户端配置测试。①服务器端的配置需要考虑服务器的硬件、Web 服务器、数据库服务器等；②客户端的配置需要考虑操作系统、浏览器、分辨率、颜色质量等。

（10）异常性测试。异常测试是指通过人工干预手段使系统产生软、硬件异常，通过验证系统异常前后的功能和运行状态，检测系统的容错、排错和恢复的能力。它是系统可靠性评价的重要手段，通常异常测试的要点如下：①强行关闭软件的数据库服务器或者用其他方式导致数据库死机；②非法删除或修改数据库的表或表数据；③断开网络或者认为增加网络流量；④强行重启软件的 Web 服务器或中间件服务器，测试系统的恢复能力；⑤通过人为手段，增加 CPU、内存、硬盘等负载进行测试；⑥对部分相关软件测试机器进行断电测试。

（11）安装测试。安装测试是在确保该软件在正常情况和异常情况不同条件下，都能进行安装。安装系统是开发人员的最后一个活动，通常在开发期间不太受关注。它是用户使用系统的第一个操作，如果因为安装问题导致用户拒绝使用是不利的。简单、清晰的安装方式是系统的一个重要指标。安装测试要注意以下三点：①安装前测试。检查安装包文件以及安装手册是否齐全，是否有安装权限，要考虑杀毒软件和防火墙的影响。②安装中测试。主要是检查安装文件、注册表、数据库的变动。③安装后测试。主要检查安装好的软件能否正常运行，基本功能是否可以使用。

另外，还要进行卸载和升级测试。卸载测试主要注意能否恢复到软件安装前的状态，包括文件夹、文件、注册表等，能否把安装时所做的修改除掉。升级测试只要注意升级对已有数据的影响。

（12）网络测试。网络测试是在网络环境下和其他设备对接，进行系统功能、性能与指标方面的测试，保证设备对接正常。网络测试考查系统的处理能力、兼容性、稳定性、可靠性以及用户使用等方面。网络测试的要点如下：①功能方面需要考虑的是协议测试和软件内的网络传输与架构；②性能方面需要考虑网络吞吐率和网络 I/O 的占有率；③安全方面则考虑网络传输加密，常用的加密方式有 MD5 和 RSA 加密；④网络技术上对网络数据收集、分析、常用网络监控工具的使用等。

（13）文档测试。文档测试的目的是验证用户是否正确，并且保证操作手册能正确指导操作过程。文档测试有助于发现系统中的不足并且使得系统更可用，因此，文档的编制必须保证一定的质量，通常考虑以下五点：①针对性。分清读者对象，按不同类型、层次的读者，决定怎样适应他们的需要。②精确性。文档的行文应当十分精确，不能出现多义性的描述。③清晰性。文档编写应力求简明，可以适当配图表以增强其清晰性。④完整性。任何一个文档都应当是完整的、独立的、自成体系的。⑤灵活性。各个不同软件项目，其规模和复杂程度有着许多实际差别，文档测试应具有一定的灵活性。

9.2.5 验收测试

验收测试是部署软件应用之前的最后一个测试操作。验收测试是以用户为主的测试，软件开发人员和软件质量保证人员都应参加。验收测试由用户参与测试用例设计，通过用户界面输入测试数据，分析测试的输出结果，一般使用生产实践中的数据继续测试。在测试过程中，除了考虑功能和性能外，还应对软件的兼容性、可移植性、可维护性、可恢复性以及法律法规、行业标准继续测试。

验收测试分为正式验收和非正式验收。正式验收就是用户验收测试（UAT），非正式验收包括 α 测试和 β 测试。

（1）UAT 测试。UAT（User Acceptance Test），也就是用户验收测试或用户可接受测试。它是系统开发生命周期方法论的一个阶段，相关的用户或独立测试人员根据测试计划和结果对系统进行测试和接受。它让系统用户决定是否接受系统。它是一项确定产品是否能够满足合同或用户所规定需求的测试。

因为测试人员并不了解用户用什么样的手段和思维模式进行测试，所以 UAT 主要是要求用户参与测试流程，并得到用户对软件的认可，鼓励用户自己进行测试设计和进行破坏性测试，充分暴露系统的设计和功能问题，显然，用户的认可和破坏性测试是难点。

（2）α 测试。α（Alpha）测试是由一个用户在开发环境下进行的测试，也可以是公司内部的用户在模拟实际操作环境下进行的测试。α 测试是在受控的环境下进行的测试，即软件在一个自然设置状态下使用，开发者坐在用户旁，随时记下错误情况和使用中的问题，该测试的主要目的是评价产品的功能、性能、可用性、可靠性等，尤其注重产品的界面和特色。α 测试人员是除产品研发人员之外最早见到产品的人，他们提出的功能和修改建议很有价值。

α 测试可以从软件产品编码结束之时开始，或在模块（子系统）测试完成之后开始，也可以在确认测试过程中产品达到一定的稳定和可靠程度之后再开始。

（3）β 测试。β（Beta）测试是由软件的多个用户在一个或多个用户的实际使用环境下进行的测试。与 α 测试不同的是，β 测试时开发者通常不在现场，因此，β 测试时在开发者无法控制的环境下进行软件现场应用。在 β 测试过程中，由用户记录下遇到的所有问题，包括客观的和主观认定的，定期向开发者报告，开发者在综合用户报告后做出修改,再将软件产品交给全体用户使用。

9.3 软件测试的方法

软件测试方法一般分为静态测试和动态测试。静态测试采用人工检测和计算机辅助静态分析的方法对程序进行检测。动态测试根据测试用例的设计方法不同,可分为黑盒测试、白盒测试和灰盒测试等。

9.3.1 黑盒测试

黑盒测试就是把测试对象看作一个黑盒子,测试人员完全不考虑程序内部的逻辑结构和内部特性,只依据程序的需求规格说明书,检查程序的功能是否符合它的功能说明。黑盒测试又叫作功能测试或数据驱动测试。

黑盒测试的方法是在程序接口上进行测试,主要是为了发现以下错误:①是否有不正确或遗漏了的功能;②在接口上,输入能否正确地接受,能否输出正确的结果;③是否有数据结构错误或外部信息(例如,数据文件)访问错误;④性能上是否能够满足要求;⑤是否有初始化或终止性错误。

用黑盒测试时,必须在所有可能的输入条件和输出条件中确定测试数据,来检查程序是否都能产生正确的输出,但事实上是不可能完全实现的,所以黑盒测试采用一些策略性的方法来开展。

(1)等价类划分。等价类划分是一种典型的黑盒测试方法,使用这一方法时,完全不考虑程序的内部结构,只依据程序的规格说明来设计测试用例。

等价类划分方法把所有可能的输入数据,即程序的输入域划分成若干部分,然后从每一部分中选取少数有代表性的数据作为测试用例。使用这一方法设计测试用例要经历划分等价类(列出等价类表)和选取测试用例两步。

等价类是指某个输入域的子集合。在该子集合中,各个输入数据对于揭露程序中的错误都是等效的。测试某等价类的代表值就等价于对这一类其他值的测试。

等价类的划分有两种不同的情况:①有效等价类,是指对于程序的规格说明来说是合理的、有意义的输入数据构成的集合。②无效等价类,是指对于程序的规格说明来说是不合理的、无意义的输入数据构成的集合。

在设计测试用例时,要同时考虑有效等价类和无效等价类的设计。

划分有效等价类和无效等价类的原则如下:①如果输入条件规定了取值范围或值的个数,则可以确立一个有效等价类和两个无效等价类。例如,在程序的规格说明中,对输入条件有:"……项数可以从1到999……"则有效等价类是"1≤项数≤999",两个无效等价类是"项数<1"或"项数>999"。②如果输入条件规定了输入值的集合,或者是规定了"必须如何"的条件,这时可确立一个有效等价类和一个无效等价类。例如,在C语言中对变量标识符规定为"以字母打头的……串"。那么所有以字母打头的构成有效等价类,而不在此集合内(不以字母打头)的归于无效等价类。③如果输入条件是一个布尔量,则可以确定一个有效等价类和一个无效等价类。④如果规定了输入数据的一组值,而且程序要对每个输入值分别进行处理。这时可为每一个输入值确立一个有效等价类,此外,针对这组值确立一个无效等价类,它是所有不允许的输入值的集合。⑤如果规定了输入数据必须遵守的规则,则可以确立一个有效等价类(符合规则)和若干个无效等价类(从不同角度违反规则)。

例如,Java语言规定"一个语句必须以分号';'结束"。这时,可以确定一个有效等价类"以';'结束",若干个无效等价类"以':'结束""以','结束""以' '结束""以LF结束"等。

确立测试用例:①为每一个等价类规定一个唯一编号;②设计一个新的测试用例,使其尽可能多地覆盖尚未被覆盖的有效等价类,重复这一步,直到所有的有效等价类都被覆盖为止;③设计一个新的测试用例,使其仅覆盖一个尚未被覆盖的无效等价类,重复这一步,直到所有的无效等价类都被覆盖为止。

(2)边界值分析法。边界值分析也是一种黑盒测试方法,是对等价类划分方法的补充。人们从长期的测试工作经验得知,大量的错误是发生在输入或输出范围的边界上,而不是在输入范围的内部。因此,针对各种边界情况设计测试用例,可以查出更多的错误。

选取边界值一般遵循以下五条原则:①如果输入条件规定了值的范围,则应取刚达到这个范围的边界的值,以及刚刚超越这个范围边界的值作为测试输入数据;②如果输入条件规定了值的个数,则用最大个数、最小个数,比最小个数少一,比最大个数多一作为测试数据;③如果程序的规格说明给出的输入域或输出域是有序集合,则应选取集合的第一元素和最后一个元素作为测试数据;④如果程序中使用了一个内部数据结构,则应当选择这个内部数据结构的边界上的值作为测试数据;⑤分析规格说明书,找出其他可能的边界条件。

(3)判定表分析法。在等价类划分法中,没有考虑输入域的组合问题,可能导致设计的用例无法覆盖输入域之间存在关联的地方。为了弥补等价类设计的不足,可以采用判定表分析法。

与软件工程详细设计中采用的判定表类似,由四个部分组成:①条件桩。列出被测对象的所有输入,并列出输入条件,与次序无关。②动作桩。列出输入条件可能采取的操作,这些操作的排列顺序没有约束。③条件项。列出输入条件的其他取值,在所有可能情况下的真值。④动作项。列出在条件项的各种取值情况下应采取的动作。

将条件项和动作项组合在一起,即在条件项的各种取值情况下采取的动作。在判定表中贯穿条件项和动作项的每一列构成一条规则,即测试用例。可以针对每个合法的输入组合的规则设计测试用例继续测试。

根据判定表设计好的测试用例,可能存在相似的规则,即条件桩的取值对动作桩无影响的情况下,可以将规则进行合并。合并的规则是动作桩相同的情况下,并且条件项中存在相似的关系,则可以合并规则,如图9.4所示:

图 9.4　判定表合并规则

判定表分析法的设计用例的步骤：①找出条件桩和动作桩；②分析条件项，并计算规则个数，然后构成判定表；③根据条件项各种取值将动作项填入判定表中；④简化判定表，合并相似的规则；⑤根据每条规则生成对应的测试用例。

判定表是以牺牲输入条件的组合为代价。一般情况下，测试用例较少时不建议合并，如果测试用例多需要合并时，最多只进行一次合并。

（4）错误推测法。人们也可以靠经验和直觉推测程序中可能存在的各种错误，从而有针对性地编写检查这些错误的例子。这就是错误推测法。

错误推测法的基本想法是：列举出程序中所有可能有的错误和容易发生错误的特殊情况，根据它们选择测试用例。

在实际测试过程中，随着对产品了解的加深和测试经验的丰富，针对系统可能存在的薄弱环节，使得错误推测法设计的测试用例往往非常有效，可以作为测试设计的一种补充手段。

（5）因果图分析法。如果在测试时必须考虑输入条件的各种组合，可使用一种适合于描述对于多种条件的组合，相应产生多个动作的形式来设计测试用例，这就需要利用因果图。

因果图方法最终生成的就是判定表。它适合于检查程序输入条件的各种组合情况。

9.3.2　白盒测试

把测试对象看作一个透明的盒子，它允许测试人员利用程序内部的逻辑结构及有关信息，设计或选择测试用例，对程序所有逻辑路径进行测试。通过在不同点检查程序的状态，确定实际的状态是否与预期的状态一致。因此，白盒测试又称为结构测试或逻辑驱动测试。

在白盒测试中，逻辑覆盖度是一个重要的测试度量指标。覆盖条件主要有语句覆盖、判定覆盖、条件覆盖、判定条件覆盖、条件组合覆盖和路径覆盖。以图 9.5 为例，讲解这几种覆盖条件的基本原理。

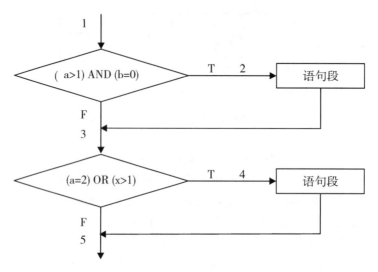

图 9.5 被测试程序流程图示例

（1）语句覆盖。语句覆盖是设计足够的测试用例，使被测试程序中的每个语句至少执行一次。以图 9.5 为例，如果能测试路径 1－2－4，就保证每个语句至少执行一次，对此，选择测试数据为 a＝2，b＝0，x＝2，输入此组数据，就能达到语句覆盖标准。

语句覆盖测试方法仅对程序中的语句进行覆盖，对隐藏的条件无法测试，在上例中，如果开发人员误将第一个逻辑运算符"AND"写成"OR"，利用上述测试数据无法发现程序中逻辑运算符误写的错误。

（2）判定覆盖。判定覆盖指设计足够的测试用例，使得被测程序中每个判定表达式至少获得一次"真"值和"假"值，从而使程序的每一个分支至少都通过一次。

只要通过路径 124，135 或 125，134 就能达到判定覆盖标准。

选择两组数据：

a＝3，b＝0，x＝1（通过路径 125）；

a＝2，b＝1，x＝2（通过路径 134）。

判断覆盖较语句覆盖严格，但只覆盖全部路径的一半，如果将第二个表达式中的"x＞1"错写成"x＜1"，仍查不出错误。

（3）条件覆盖。条件覆盖是指设计足够的测试用例，使得判定表达式中每个条件的各种可能的值至少出现一次。

如图 9.5，程序中有 4 个条件：

a＞1，b＝0，a＝2，x＞1

要选择足够的数据，使得第一个判定表达式出现结果：

a＞1，b＝0

a＜＝1，b！＝0

使得第二个判定表达式出现结果：

a＝2，x＞1

a!=2,x<=1

为满足上述条件，可选择以下两种数据：

a=2,b=0,x=3（满足a>1,b=0,a=2,x>1，通过路径124）

a=1,b=1,x=1（满足a<=1,b!=0,a!=2,x<=1，通过路径135）

满足了条件覆盖的要求。

但若选择另两组测试数据：

a=1,b=0,x=3（满足a<=1,b=0,a!=2,x>1）

a=2,b=1,x=1（满足a>1,b!=0,a=2,x<=1）

覆盖了所有条件结果，但只覆盖了第一个表达式取假分支和第二个表达式取真分支。所以说，满足条件覆盖不一定满足判断覆盖。

（4）判定/条件覆盖。判定/条件覆盖指设计足够的测试用例，使得判定表达式中的每个条件的所有可能取值至少出现一次，并使每个判定表达式所有可能的结果也至少出现一次。

如前例，下面两组测试用例满足判定/条件覆盖：

a=2,b=0,x=3

a=1,b=1,x=1

从表面看，判定/条件覆盖测试了所有条件的取值，但实际上条件组合中的某些条件会抑制其他条件。例如在含有"与"运算的判定表达式中，第一个条件为"假"，则表达式中后面几个条件均不起作用；在含有"或"运算的表达式中，第一个条件为"真"，后面条件也不起作用，因此，后面其他条件若写错就测不出来。

（5）条件组合覆盖。条件组合覆盖是比较强的覆盖标准，它是指设计足够的测试用例，使得每个判定表达式中条件的各种可能值的组合都至少出现一次。

如图9.5所示，两个判定表达式共有4个条件，因此有8种组合：① a>1,b=0；② a>1,b!=0；③ a<=1,b=0；④ a<=1,b!=0；⑤ a=2,x>1；⑥ a=2,x<=1；⑦ a!=2,x>1；⑧ a!=2,x<=1。

下面四组用例可以满足条件组合覆盖标准：①a=2,b=0,x=2 覆盖条件组合1,5。通过路径124。②a=2,b=1,x=1 覆盖条件组合2,6。通过路径134。③a=1,b=0,x=2 覆盖条件组合3,7。通过路径134。④a=1,b=1,x=1 覆盖条件组合4,8。通过路径135。

满足条件组合覆盖测试一定满足"判定覆盖""条件覆盖"和"判定/条件覆盖"，因为每个判定表达式、每个条件都不止一次取到过"真""假"值，但该例没有覆盖路径：125。

（6）路径覆盖。路径覆盖是指设计足够的测试用例，覆盖被测试程序中所有可能的路径。如图9.5所示，设计以下测试用例，覆盖程序中的4条路径：①a=2,b=0,x=2 覆盖路径124,覆盖条件组合①和⑤；②a=2,b=1,x=1 覆盖路径134,覆盖条件组合②和⑥；③a=1,b=1,x=1 覆盖路径135,覆盖条件组合④和⑧；④a=3,b=0,x=1 覆盖路径125,覆盖条件组合①和⑧。

可见，满足路径覆盖不一定满足条件组合覆盖。

表9.1列出了这6种覆盖标准的对比：

表9.1　6种覆盖标准的比较

发现错误的能力	覆盖标准	要求
弱 ↓ 强	语句覆盖	每条语句至少执行一次
	判定覆盖	每个判断的每个分支至少执行一次
	条件覆盖	每个判断每个条件应取到各种可能的值
	判定/条件覆盖	同时满足判断覆盖和条件覆盖
	条件组合覆盖	每个判断中各条件的每一种组合至少出现一次
	路径覆盖	使程序中每一条可能的路径至少执行一次

前5种测试覆盖都是针对单个判定或判定的各个条件值，其中条件组合覆盖发现错误的能力最强，凡满足其标准的测试用例，也满足前4种覆盖标准。路径覆盖则根据各判定表达式取值的组合，使程序沿着不同的路径执行，查错能力强。但由于它是从各判定的整体组合发出测试用例的，可能使测试用例达不到条件组合的要求。在实际的逻辑覆盖测试中，一般以条件组合覆盖为主设计测试用例，然后补充部分用例，以达到路径覆盖测试标准。

（7）循环覆盖。除了选择结构外，循环也是程序的主要逻辑结构，但是，要覆盖含有循环结构的所有路径是不可能的。但可通过限制循环次数来测试，一般用以下方法：

设 n 为可允许执行循环的最大次数，可设计以下测试用例：一是单循环，①跳过循环；②只执行一次循环；③执行循环 m 次，其中 $m<n$；④执行循环第 $n-1$ 次、n 次、$n+1$ 次。二是嵌套循环，①将外循环固定，对内层进行单循环测试；②由内向外，进行下一层的循环测试。

9.3.3　灰盒测试

灰盒测试是一种综合测试法，是介于白盒测试与黑盒测试之间的一种测试，它不仅关注输出、输入的正确性，同时也关注程序内部的情况。灰盒测试以程序的主要功能和主要性能为测试依据，测试方法主要根据程序流程图、需求说明书以及测试者的实践经验来设计。这些方法和工具来自应用程序的内部知识和与之交互的环境，能够用于黑盒测试以增强测试效率、错误发现和错误分析的效率。

灰盒测试关注输出对于输入的准确性，同时也关注内部表现，但这种关注不像白盒测试那样详细、完整，只是通过一些表征性的现象、事件、标志来判断内部的运行状态。灰盒测试结合了白盒测试和黑盒测试的要素。它考虑了用户端、特定的系统知识和操作环境，它在系统组件的协同性环境中评价应用软件的设计。要求测试人员清楚系统内部是由哪些模块构成，模块之间是如何运作的。因此，测试人员需要熟悉接口测试工具的使用方法，还可以与自动化测试相结合，从而提升测试的效率，进一步提升软件的质量。

9.3.4 GIS 项目测试的要点

GIS 项目的测试要考虑到计算机硬件、网络、GIS 二次开发软件平台、空间数据库等多种因素，主要进行系统的功能测试和性能测试。

1）GIS 项目的软、硬件环境。GIS 项目的空间基础数据量大，需要大量的计算，对计算环境的计算能力、运算速度、存储容量、图形处理能力等有较高要求。根据 GIS 项目数据采集、数据处理、数据存储及图形显示等要求，需要选择不同类型的硬件设备承载 GIS 不同功能需求。

GIS 项目的软件环境包括操作系统、数据库管理系统、空间数据管理引擎、二次开发平台。比如 ArcGIS、SuperMap 等。

2）GIS 项目的测试数据。GIS 项目中，空间数据是非常重要的。空间数据包括矢量数据、栅格数据、属性数据、地理编码元数据等。要将空间数据和属性数据进行统一管理，并且为提高数据访问的效率和可靠性，采用分布式的管理模式，使得大量复杂的数据能分散在不同节点分别处理。

3）GIS 项目的功能测试。GIS 项目的功能测试主要从空间数据的采集、编辑、存储、管理、查询检索、分析与处理、输出显示、数据共享、网络数据交换等方面进行。

（1）空间数据的采集。包括几何位置的采集、属性数据的输入方式、数据的查错、编辑与拓扑正确性检查等。

（2）空间数据的管理。包括事务提交、用户使用权限管理、数据安全性与一致性管理、数据容错与恢复、数据库更新方式、空间数据与属性数据的互查、数据格式的转换、投影变换、坐标变换等。

（3）空间数据的统计分析：①几何分析，包括多边形叠置分析、矢量与栅格数据转换分析、缓冲分析、多边形合并、面积和长度的量算、栅格数据的逻辑代数分析等；②网络分析，包括路径选择分析、网络流量模拟分析、时间和距离计算；③地形分析，包括空间内插分析、坡度和坡向分析、专题因子计算、专题要素与三维地形的叠加和显示；④地统分析，包括聚类分析、主成分分析、因子分析、趋势面分析、回归分析、空间自相关分析等。

（4）栅格图像处理。包括图像输入、图像滤波、图像增强、图像变换、图像辐射纠正、图像几何纠正、图像几何配准、图像专题信息提取、图像分类、图像镶嵌等。

（5）空间数据可视化。包括图形用户界面、地图的缩放、窗口漫游、符号、注记、色彩设计和管理、地图整修饰、要素设计与安排、专题图的生成、统计图标制作、地图输出质量控制、多媒体数据表达。

（6）网络功能。包括 GIS 项目支持的网络类型；数据共享、软件共享和硬件共享；数据安全与保密。GIS 系统应具备数据即时备份功能，并能根据运行记录做好日志。当故障发生时，系统可以恢复到离系统发生故障前最近的工作状态，减少所造成的损失。而且不同的网络用户对数据应具有相应的权限，以避免非法用户删改系统数据。

4）GIS 项目的性能测试。GIS 项目的性能测试包括负载测试、强度测试和容量测试。

（1）负载测试。主要是测试 GIS 项目是否达到需求文档设计的目的，通过负载测试确定在各种工作工作负载下系统的性能，目标是测试当负载逐渐增加时，系统各项性能指标的变化情况。例如，在 WebGIS 系统中，GIS 应用服务器能支持多少用户并发数，相应的效率如何等。

（2）强度测试。主要是为了测试硬件系统能否达到需求文档设计的性能指标，压力测试是通过确定一个系统瓶颈或者不能接受的性能点，来获得系统能提供的最大服务级别的测试。例如，在一定时期内，系统的 CPU 利用率、内存使用率、磁盘的 I/O 吞吐率、网络的吞吐量。

（3）容量测试。确定系统最大承受量，如系统最大用户数、最大存储量、最多处理的数据流量等。

9.4 测试分析报告的编写

测试分析报告是在经过用例设计和用例测试后，编写的分析报告，下面给出一个测试分析报告的样本，如表 9.1 所示。

表 9.1 测试分析报告样本

1 引言
1.1 编写的目的
说明编写这份测试分析报告书的目的，指出预期的读者。
1.2 背景
待开发的系统的名称；
本项目的任务提出者、开发者、用户；
该系统同其他系统或其他机构的基本的相互来往关系。
1.3 定义
列出本文件中用到的专门术语的定义和外文首字母组词的原词组。
1.4 参考资料
列出参考资料。
1.5 版本更新信息
2 目标系统功能需求
需求规格说明书中对功能需求的描述。
3 目标系统性能需求
需求规格说明书中对性能需求的描述。

续上表

4　目标系统接口需求 　　需求规格说明书中对接口需求的描述。 5　功能测试报告 　　搭建功能测试平台，使测试平台与运行平台一致。按照功能需求内容，设计测试用例（输入、输出）、进行现场测试，记录测试数据，评定测试结果。 6　性能测试报告 　　搭建性能测试平台，使测试平台与运行平台一致。按照性能需求内容，设计测试用例（输入、输出）、进行现场测试，记录测试数据，评定测试结果。 7　接口测试报告 　　搭建接口测试平台，使测试平台与运行平台一致。按照接口列表内容，设计测试用例（输入、输出）、进行现场测试，记录测试数据，评定测试结果。 8　不符合项列表 　　将测试中的不符合项整理后，分别记录到功能测试不符合项列表、性能测试不符合项列表、接口测试不符合项列表。 9　测试结论 　　测试完成之后，测试小组对本次测试做出结论，内容包括：测试日期、测试地点、测试环境、参与测试的人员、系统的强项、系统的弱项、不符合项的统计结果、测试组长签字、测试组组员签字等。

第 10 章　GIS 软件项目管理

10.1　软件项目管理概述

软件项目管理涉及社会、精神、人的因素，比单纯的技术问题要复杂很多，仅靠技术、工程或科研项目的效率、质量、成本和进度分析，很难较好地解软件工程项目管理中的问题。软件项目具有这些特点：①智力密集，可见性差；②单件生产，无法批量完成；③劳动密集，自动化程度低；④过程涉及人的因素较多。

软件开发项目是复杂的工作，需要仔细地计划、执行和监视以确保成功。软件项目管理方法是一组指导软件项目的规划、执行和控制的实践、技术和框架。这些方法旨在确保软件开发项目在预算范围内按时完成，并满足利益相关者的质量要求。这些方法为软件开发提供了从计划到部署的系统方法，以确保软件项目在预算范围内按时完成并达到质量标准。

软件项目管理的目的是让软件项目尤其是大型项目的整个软件生命周期（从分析、设计、编码到测试、维护全过程）都能在管理者的控制下，以预定成本预期、保证质量完成软件开发并交付用户使用。软件项目主要包括五大过程：

（1）启动过程：确定项目或从某个阶段可以开始。
（2）计划过程：确定项目的事项目标，制订有效可控的开发计划。
（3）执行过程：协调人力和其他资源，并执行计划。
（4）控制过程：通过监督和检查，确保项目的目标的实现，及时采取纠正措施。
（5）结束过程：取得项目或阶段的正式认可，并且有序地结束该项目。

软件项目管理涉及多个专业知识领域：包括整体管理、范围管理、时间管理、成本管理、质量管理、人力资源管理、沟通管理、风险管理和采购管理。

10.2　软件项目组织管理

10.2.1　软件项目组织的建立

建立软件项目组织，是开发软件项目能够顺利进行的必要条件之一，人的因素是不容忽视的，要能做到尽早落实责任，减少不必要的通信接口，责权均衡。通常有以下三种组织模式：

1）按课题划分模式。把软件人员按软件项目中的课题组分成小组，小组成员自始至终参加所承担课题的各项任务，包括完成软件产品的定义、设计、实现、测试、复查、文档编制，甚至包括维护在内的全过程。

2）按职能划分的模式。软件开发的周期是按阶段来划分的，在每个阶段都有不同的特点，对人员的技术和经验也有不同的要求。按职能划分的模式就是把参见开发项目的软件人员按任务的工作阶段划分成若干专业小组。例如，分别建立计划组、需求分析组、设计组、实现组、系统测试组、质量保证组、维护组。各种文档资料按软件开发的阶段在各组之间传递。这种模式的缺点是各小组之间的通信接口较多，不便于软件人员熟悉小组的工作，进而变成这方面的专家。

3）矩阵形模式。结合前两种模式优点，就形成了矩阵模式。一方面，按工作性质，成立专门组，如开发组、业务组；另一方面，每个项目又由它的经理负责管理。每个软件人员属于某一个专门组，又参加某一项目的工作。例如，属于测试组的成员，参加某一项目的研制工作，因此他要接受双重领导（一是测试组，二是该软件项目的负责人）。图 10.1 是软件开发组织的矩阵模式。

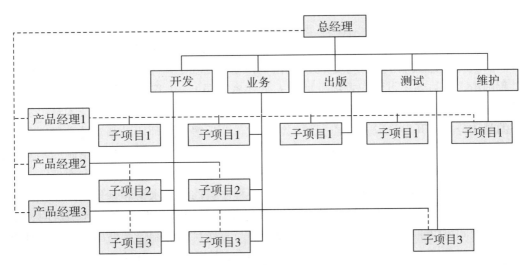

图 10.1　软件开发组织的矩阵模式

矩阵形结构组织的优点：专门的成员可在组内交流的各项目中取得经验，这更有利于发挥专业人员的作用，而且各个项目有专人负责，有利于软件项目的完成。

程序设计组是完成软件项目的关键，有典型的三种组织模式，如图 10.2 所示：

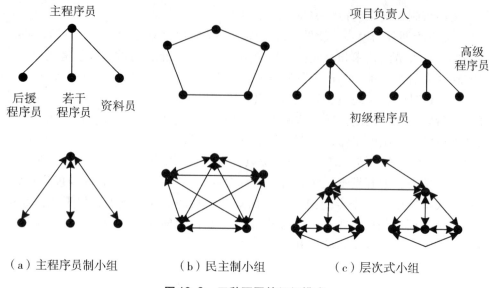

（a）主程序员制小组　　　　（b）民主制小组　　　　（c）层次式小组

图 10.2　三种不同的组织模式

（1）主程序员制小组。小组的核心由一位主程序员、2～3 位技术员、一位后援工程师组成，另外还可以配置部分辅助人员（资料员）。主程序员负责小组全部技术活动的计划、协调与审查工作，还负责设计和实现项目中的关键部分。技术员负责项目的具体分析与开发，以及文档资料的编写工作。后援工程师协助和支持主程序员的工作，为主程序员提供咨询，也做部分分析、设计和实现工作。主程序员制的开发小组强调主程序员与其他技术人员的直接联系，简化了技术人员之间的横向通信，这种组织方式的工作效率的高低很大程度取决于主程序员的技术水平和管理才能。

（2）民主制小组。在民主制小组中也设置了一位组长，但是当遇到困难时，组内成员之间可以平等地交换意见。全体成员参与工作目标的制定及做出决定。这种组织形式强调发挥小组每个成员的积极性、主动性和协作精神。其缺点是会削弱个人责任心和必要的权威作用。这种组织形式适合于研制时间长、开发难度大的项目。

（3）层次式小组。在层次小组中，组内人员分为三级：组长（项目负责人）负责全组工作，他直接领导 2～3 名高级程序员，每位高级程序员通过基层小组管理若干名程序员。这种组织结构特点比较适合的项目就是层次结构状项目，可以按组织形式划分项目，然后把子项目分配给基层小组，由基层小组完成。对于大型项目，可以通过层次划分，将项目划分成若干层，大型软件项目的开发比较适合这种组织方式。

10.2.2　GIS 软件项目人员配置

GIS 软件项目的人员配置除了遵循一般软件项目人员配置方式外，还有自身的一些特殊要求，GIS 软件项目人员包括以下配置：

（1）GIS 项目经理。主要职责包括：GIS 项目和应用实施规划、GIS 产品规划、软硬件选择、与用户讨论、协商、沟通交流；资金的预算与筹措启动过程、项目的进展情况汇报等。

（2）GIS 数据经理。主要职责包括：空间数据库设计、数据库维护与更新、数据产品与地图产品规划、GIS 数据数据质量控制、GIS 数据采集方案制订等。

（3）GIS 数据采集人员。主要职责包括：源地图编译、地图数字化、属性数据输入、野外摄影测量和遥感数据获取、数字化地图设计、数字化地图产品、专题图制作、数据入库等。

（4）GIS 应用分析员。主要职责包括：需求调查、系统功能分析、分析现有系统功能、功能规划设计、用户平台设计。

（5）系统维护员。硬件、软件和其他外设的运行、网络通信维护和网络安全管理、物资管理、程序和数据文件备份、用户权限管理。

（6）程序设计员。系统功能的实现、编写各类数据转换程序、编写与其他系统的接口程序等。

10.3 软件项目过程管理

10.3.1 软件工程项目计划

软件工程项目计划包括以下内容：

（1）项目范围，包括：①项目目标，说明项目的目标与要求。②主要功能，描述项目的主要功能。③性能限制，描述总的性能特征及其他约束条件。④系统接口，描述与此项目有关的其他系统成分及其关系。⑤特殊要求，指对可靠性、实时性等方面的特殊要求。⑥开发概述，说明软件开始过程各阶段的工作，重点集中在需求定义、设计和维护。

（2）项目资源，包括：①人员资源，要求的人员数量，包括系统分析员、高级程序员、程序员、操作员、数据录入员、资料员、测试员等。②硬件资源，软件项目开发所需的硬件支持和测试设备。③软件资源，软件项目开发所需的支持软件和应用软件，如各种开发和测试的软件。④工具包，指操作系统和数据库软件，以及 GIS 平台软件和二次开发包。

（3）进度安排。进度安排决定整个项目是否按期完成，制订软件进度计划的主要方法有：①工程网络图；②甘特图；③任务资源表。

（4）成本估算。估算软件的开发成本，相对来说其方法不算成熟，更多需要借鉴已有项目和实践经验。

（5）培训计划。为各类、各级人员制订培训计划。

10.3.2 软件开发成本估算

软件开发成本是指软件开发过程中所花费的工作量及相应的代价，主要是指人的劳动消耗。它的开发成本是以一次性开发过程所花费的代价来计算的。软件开发成本的估算，应考虑软件计划、需求分析、设计、编码、单元测试、组装测试及确认测试，是以整个软件开发全过程所花费的人工代价作为依据的。

软件成本的估算不是一件简单的事，很难准确估算成本，目前主要靠分解和类推的方法进行，基本的估算方法有如下四种：

（1）自顶向下估算方法。自顶向下估算的方法是从项目的整体出发，进行类推。估算人员根据以前已完成项目所耗费的总成本（或总工作量），推算将要开发的软件的总成本（即总工作量），然后按比例将它分配到各开发任务中，再检验它是否能满足要求。这种方法的优点是估算工作量小，速度快；缺点是对项目中的特殊困难估计不足，估算出来的成本盲目性大。

（2）自底向上的估算法。这种方法的思想是把待开发的软件细分，直到每一个子任务都已明确所需要的开发工作量，然后把它们加起来，得到软件开发的总工作量。这是一种比较常见的估算方法，它的优点是估算各个部分的准确度高，缺点是缺少估算各项子任务之间的相互联系所需要的工作量，还缺少估算许多与软件开发有关的系统级工作量（配置管理、质量管理、项目管理）。所以往往估算值偏低，必须用其他方法进行检验和校正。

（3）差别估算法。这种方法综合了上述两种方法的优点，其思想是把待开发的软件项目与过去已完成的软件项目进行类比，从其开发的各个子任务中区分出来类似的部分和不同的部分。类似的部分按实际进行计算，不同的部分则采用相应的方法进行估算。这种方法的优点是可以提高估算的准确度，缺点是不容易明确"类似"的界限。

（4）经验模型估算法。开发成本经验模型估算法通常采用经验公式来预测软件项目计划所需要的成本、工作量和进度。这些经验数据是从有限的一些项目样本中得到的。目前还没有一种估算模型能够适用于所有的软件类型和开发环境，每一种模型得到的数据都不一定准确，要慎重使用。这些经验模型主要有 IBM 模型、Putnam 模型、COCOMO 模型等。

10.3.3 软件项目版本管理

软件项目版本管理主要是识别、控制、追踪软件开发过程中产生的各个软件产品版本。

1）版本命名规则。软件版本号由四部分组成，第一部分为主版本号，第二部分为子版本号，第三部分为阶段版本号，第四部分为日期版本号加希腊字母版本号，希腊字母版本号共有五种，分别为 Base、Alpha、Beta、RC、Release。例如，1.1.1.20230131_ beta。

2）版本号修改规则，包括以下方面：

（1）主版本号。当功能模块有较大的变动，比如增加多个模块或者整体架构发生变化。此版本号由产品经理决定是否修改。

（2）子版本号。相对于主版本号而言，子版本号升级对应的是软件功能有一定的增加或变化，比如增加了对权限控制、增加自定义视图等功能。此版本号由产品经理决定是否修改。

（3）阶段版本号。一般是 Bug 修复或是一些小的变动，要经常发布修订版，时间间隔不限，修复一个严重的 Bug 即可发布一个修订版。此版本号由产品经理决定是否修改。

（4）日期版本号（20230131）。用于记录修改项目的当前日期，每天对项目的修改都需要更改日期版本号。此版本号由开发人员决定是否修改。

（5）希腊字母版本号（Beta）。此版本号用于标注当前版本的软件处于哪个开发阶段，当软件进入另一个阶段时需要修改此版本号。此版本号由项目经理决定是否修改。

3）软件版本阶段说明，包括以下六个方面。

（1）Base：开发周期版本。开发阶段版本，主要是在开发过程中还没有完善功能的情况下的版本，用于开发内部记录版本使用。

（2）α（Alpha）版：开发自测版本。软件的初级版本，表示该软件在此阶段以实现软件功能为主，通常只在软件开发者内部交流，或者专业测试人员测试用，一般而言，该版本软件的 Bug 较多，需要继续修改，是测试版本。测试人员提交 Bug 经开发人员修改确认之后，发布到测试服务让测试人员进行单元测试，此时可将软件版本标注为 Alpha 版。

（3）β（Beta）版：交付测试版本。该版本相对于 α 版已有了很大的改进，消除了严重的错误，但还是存在着一些缺陷，需要经过多次测试来进一步消除，此版本主要的修改对象是软件的 UI，提供给测试人员做全功能测试验证。

（4）RC 版：预生产版本。RC 版是 Release Candidate 的缩写，意思是发布倒计时，候选版本，该版本已经相当成熟了，完成全部功能并清除大部分的 Bug，基本上不存在导致错误的 Bug，与即将发行的正式版相差无几。

（5）Release 版：生产版本。该版本意味"最终版本"，在前面版本的一系列测试版之后，终归会有一个正式版本，是最终交付用户使用的一个版本。该版本有时也称为标准版。一般情况下，Release 不会以单词的形式出现在软件封面上，取而代之的是符号（R）。

（6）Stable 版：稳定版。在开源软件中，都有 Stable 版，这个就是开源软件的最终发行版，用户可以放心大胆地用了。

在纯商业软件中，还有以下四种版本说明：① RTM 版。全称为 Release to Manufacture，工厂版。该版程序已经固定，就差工厂包装、光盘印图案等工作了。② OEM 版。厂商定制版。③ EVAL 版。评估版。指有 30 天或者 60 天等使用期限的版本。④ RTL 版。Retail 版（零售版），这个版本就是真正发售的版本，包装精美，含光盘、说明书等，价格高昂。

10.3.4　Git 软件项目版本管理工具

软件项目的版本管理需要有相应的管理工具才能更好地完成。早期的 Visual SoureSafe、Subvision、VisualSVN 都是常见的软件项目版本管理工具。近年来，基于 Git（分布式版本控制系统）的软件项目管理工具成为主流。

Git 是一个开源的分布式版本控制系统，可以有效、高速地处理从很小到非常大的项目版本管理。Git 起初是为了帮助管理 Linux 内核开发而开发的一个开放源码的版本控制软件。Git 是目前世界上最先进、最流行的版本控制系统，可以快速高效地处理从很小到非常大的项目版本管理。其特点为：项目越大越复杂，协同开发者越多，越能体现出 Git 的高性能和高可用性。Git 是免费的，在 MacOS、Windows 和 Linux/Unix 等主流操作系统下，可以任意下载和安装 Git。安装包和安装方法详见：https://git-scm.com/downloads。Git 由以下部分组成，如表 10.1 所示：

表 10.1　Git 的组成

成分	说明
WorkSpace	工作区间，即创建的工程文件
Index	又称暂存区，提交代码、解决冲突的中转站
LocalRepository	本地仓库，连接本地代码和远程代码
RemoteRepository	远程仓库，即保存代码的服务器

从底层原理来看，Git 实际上是一个键值对（key-value）文件数据库，存储文件时将返回一个哈希值（文件 + 头部信息进行 SHA – 1 校验得到的校验和，取前 40 位）作为键值（key），通过该键值可检索到相应的文件内容，也就是值（value）。

Git 对象的存储方式如以下公式所示：

$$Key = sha1(file\_header + file\_content)$$
$$Value = zlib(file\_content)$$

Git 的工作原理如图 10.3 所示：

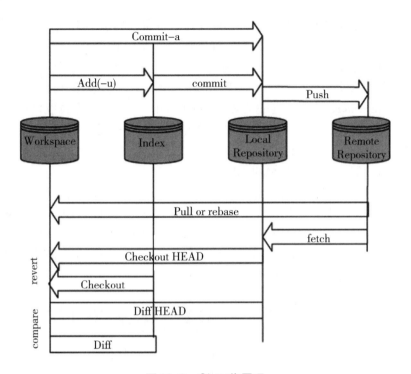

图 10.3　Git 工作原理

如图 10.3 所示的增加（add）、提交（commit）、推送（push）等操作展示了 Git 仓库的建立过程，实现了代码整合。同时，Git 支持用户从远程历史仓库中拉取本地仓库的最新版本，克隆（clone）到本地，实现任何代码目标或代码仓库的任意阶段状态的"回滚"。

从一般开发者的角度来看，Git 有以下功能：

（1）从服务器上克隆完整的 Git 仓库（包括代码和版本信息）到单机上。

（2）在自己的机器上根据不同的开发目的，创建分支，修改代码。

（3）在单机上自己创建的分支上提交代码。

（4）在单机上合并分支。

（5）把服务器上最新版的代码提取（fetch）下来，然后跟自己的主分支合并。

（6）生成补丁（patch），把补丁发送给主开发者。

（7）看主开发者的反馈，如果主开发者发现两个一般开发者之间有冲突（他们之间可以合作解决的冲突），就会要求他们先解决冲突，然后再由其中一个人提交。如果主开发者可以自己解决，或者没有冲突，就通过。

（8）一般开发者之间解决冲突的方法，开发者之间可以使用 pull 命令解决冲突，解决完冲突之后再向主开发者提交补丁。

从主开发者的角度（假设主开发者不用开发代码）看，Git 有以下功能：

（1）查看邮件或者通过其他方式查看一般开发者的提交状态。

（2）打上补丁，解决冲突（可以自己解决，也可以要求开发者之间解决以后再重新提交，如果是开源项目，还要决定哪些补丁有用，哪些不用）。

（3）向公共服务器提交结果，然后通知所有开发人员。

Git 的常见操作包括：

（1）代码的提交和代码同步，如图 10.4 所示。①同步远程仓库代码：git pull。使用 git add/git command 代码之前需要使用 git pull，先从远程库拉取代码，防止覆盖别人代码。git pull 执行后，代表本地代码已经更新。②查看当前状态：git status。使用 git status 查看当前代码修改状态，红色字体显示的就是有修改的文件。③提交代码到本地 git 缓存区：git add. 或者 git add ×××。输入"git add."或者"git add ×××"，git add 直接把修改的内容全部添加到本地 git 缓存区中，而 git add ××× 可以通过 ××× 参数指定提交某些文件。④推送代码到本地 git 库：git commit-m "提交代码备注"。git commit-m "提交代码备注" 推送修改到本地 git 库中。⑤提交本地代码到远程仓库：git push。Git push〈远程主机名〉〈远程分支名〉把当前提交到 git 本地仓库的代码推送到远程主机的某个远程分支上。命令：git push，代码提交合并成功。

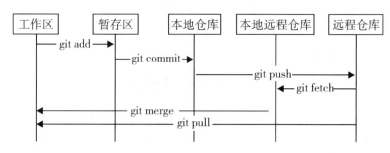

图 10.4　Git 代码提交

（2）代码的撤销和撤销同步，如图 10.5 所示。① git check out：git checkout 命令可找回本次修改之前的文件。先找暂存区，如果该文件有暂存的版本，则恢复该版本，否则恢复上一次提交的版本。② git reset：git reset [last good SHA] 让最新提交的指针回到以前某个时点，该时点之后的提交都从历史中消失。默认情况下，git reset 不改变工作区的文件（但会改变暂存区），－－hard 参数可以让工作区里面的文件也回到以前的状态。③ git clean：git clean 命令用来从工作目录中删除所有没有被 Git 跟踪过的文件。git clean 经常和 git reset－－hard 一起结合使用。reset 只影响被 Git 跟踪的文件，所以需要 clean 来删除没有跟踪过的文件。结合使用这两个命令能让工作目录完全回到一个指定的 <commit> 的状态。

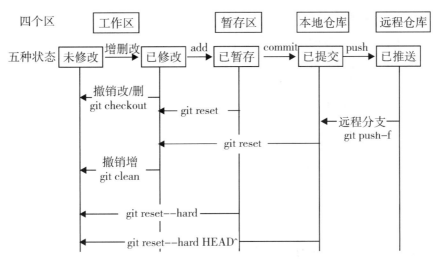

图 10.5　Git 代码撤销与同步

基于 Git 标准，比较著名的代码托管平台有 Gitee。

Gitee 又叫码云，是由开源中国社区在 2013 年推出的基于 Git 的代码免费托管服务。该服务基于 GitLab，且又在其基础上做了大量的改进和定制开发，而与 GitHub 比起来则拥有更快的访问速度，于 2016 年推出企业版，提供企业级代码托管服务，成为开发领域领先的 SaaS 服务提供商，也是目前国内最大的代码托管系统。Gitee 除了提供最基础的代码托管之外，还提供代码在线查看、历史版本查看、Fork、Pull、Request、打包下载任意版本、Issue、Wiki、保护分支、代码质量检测、PaaS 项目演示等方便管理、开发、协作、共享的功能。对于一个开发者来说，一个代码托管平台必不可少，在使用 Git 进行团队协作项目的版本管理时，也需要和团队其他成员共同使用 Gitee 来对项目的仓库进行管理。

10.4　软件项目的风险管理

10.4.1　软件开发的风险

软件开发具有一定的风险性，从宏观上看，可将风险分为项目风险、技术风险和商业风险。项目风险包括潜在的预算、进度、个人（包括人员和组织）、资源用户和需求方面的问题，以及它们对软件项目的影响。技术风险包括潜在的设计、实现、接口、检验和维护方面的问题。此外，规格说明的多义性、技术上的不确定性、技术是否陈旧、最新技术是否成熟也是风险因素。而商业风险主要有以下六种：

（1）软件与市场需求不匹配。

（2）软件不适用于整个软件产品战略。

（3）销售部门不清楚如何推销这种软件。

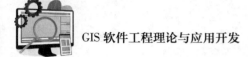

（4）失去上级管理部门的支持。
（5）失去预算或人员的承诺（预算风险）。
（6）最终用户的水平达不到软件使用的要求。

10.4.2 软件项目风险管理

风险管理就是预测在项目中可能出现的最严重的问题，并采取必要的措施来处理，风险管理不是项目成功的充分条件，但没有风险管理却可能导致项目失败。项目风险管理有如下好处：

（1）通过风险分析，可以加深对项目和风险的认识和理解，澄清各方案的利弊，了解风险对项目的影响，以便减少或分散风险。

（2）通过检查和考虑所有得到的信息、数据和资料，可明确项目的各有关前提和假设。

（3）通过风险分析不但可以提高项目各种计划的可信度，还有利于改善项目执行组织内部和外部之间的沟通。

（4）编制应急计划时更有针对性。

（5）能够将处理风险后果的各种方式灵活地组合起来，在项目管理中减少被动，增加主动。

（6）为以后设计和开发工作提供反馈，以便在规划和设计阶段就采取措施防止和避免风险损失；风险即使无法避免，也能够明确项目到底应该承受多大损失或损害。

（7）为项目开发、合同形式和制订应急计划提供依据。

（8）通过深入地研究和情况了解，可以使决策更有把握，更符合项目的方针和目标，从总体上使项目减少风险，保证项目目标的实现。

（9）可推动项目执行组织和管理班子积累的有关的资料和数据，以便改进将来的项目管理。

风险管理包括：风险识别、风险分析和风险控制。

风险识别工作内容主要有收集资料，估计项目风险形势；识别风险，风险可能来自计划编制、组织和管理、开发环境、最终用户、客户、外包、需求、产品、外部环境、人员、设计和实现，以及过程等方面。

风险分析工作内容主要有：确定风险关注点、估计损失大小、评估损失概率、计算风险暴露量、避免整个项目的延期、设置整个项目的缓冲。

风险控制的工作内容包括：制订风险管理计划，对每种风险建立一份风险管理计划；找出风险管理者；建立匿名风险反馈通信；风险监控；风险化解等。

10.5 GIS 数据质量管理

10.5.1 GIS 数据质量概述

地理信息是对现实世界的抽象，由于现实世界的复杂性和模糊性以及人类认识和表达能力的限制，这种抽象和表达总是不可能完全达到真实值，只能在一定程度上接近真实值，但真实值往往是不可知或不可测的，因此，误差总是存在的。GIS 数据质量好坏不是一个绝对的概念。

GIS 数据质量主要包括以下七个方面的内容：

（1）数据情况说明。指对数据说明的全面性和准确性。要求对数据的来源、数据内容及其处理过程等做出准确、全面和详尽的说明。

（2）位置精度。或称定位精度，为实体的坐标数据与实体真实位置间的接近程度，常以空间三维坐标数据精度来表示，包括数学基础精度、平面精度、高程精度、接边精度、形状再现精度（形状保真度大小）、像元定位精度（分辨率）等。平面精度和高程精度又可分为相对精度和绝对精度。

（3）属性精度。指实体的属性值与其真值相符的程度，属性精度通常取决于数据的类型，且常常与位置精度有关，包括要素分类与代码的正确性、要素属性值的正确性及名称的正确性等方面。

（4）逻辑一致性。指数据关系上的可靠性，包括数据结构、数据内容、空间属性和专题属性，尤其是拓扑性质上的内在一致性；如多边形的闭合精度、结点匹配精度、拓扑关系的正确性等。

（5）数据完整性。指地理数据在范围、内容及结构等方面覆盖所有要求的方面的完整程度，包括数据范围、数据分层、实体类型、属性数据和名称等方面的完整性。

（6）时间精度。主要指数据的现势性。可以通过数据采集时间、数据更新的时间和频度来表现。

（7）表达形式的合理性。主要指数据抽象、数据表达与真实地理世界的吻合性，包括空间特征、专题特征和时间特征表达的合理性等。

因为地理要素是定义在空间（几何位置）、专题（属性）和时间三个维度之上的，所以用以表达地理要素的地理数据，其质量的各方面内容也必然与这三个维度相对应。时间精度属于数据时间维度方面的内容，位置精度属于数据空间维度方面的内容，属性精度属于数据专题维度方面的内容，而数据的逻辑一致性和完整性以及数据情况说明则涵盖了地理数据三个维度方面的内容。

10.5.2　GIS 数据误差

误差是指观测值与真实值的接近程度。误差反映了数据与真实值或者大家公认的真值之间的差异，是一种常用的衡量数据准确性的表达方式。GIS 数据的误差是一个累积值，从最初采集，经加工最后到存档及使用，每一步都可能引入误差。GIS 数据误差从传播过程来看，误差可分为源误差、处理误差和传播误差。

（1）源误差是指数据采集和录入过程中产生的误差，包括：①遥感数据。摄影平台、传感器的结构及稳定性、分辨率等原因造成的误差。②测量误差。人员误差（对中误差、读数误差等），仪器误差（仪器不完善、缺乏校验、未做改正），环境（气候、信号干扰等）。③属性数据。数据的录入、资料获取等准确性。④ GPS 数据。信号的精度、接收机精度、定位方法、处理算法等。⑤地图。控制点精度、编绘、清绘、制图综合等的精度。⑥地图数字化精度。纸张变形、数字化仪精度、操作员的技能等。

（2）处理误差是指对空间数据进行处理时产生的误差。包括：①几何纠正。几何纠正所用控制点的精度、纠正的数学模型精度是产生这类误差的主要原因。②坐标变换。控制点的布局、精度、转换的数学模型是产生这类误差的主要原因。③几何数据的编辑。在编辑过程中，节点、线的移动，交点的增加删除移动等都会产生编辑误差。④属性数据的编辑。属性取值的合理性是误差产生的主要原因。⑤空间分析，如多边形叠置等。叠加算法的自动取舍、误差容限的给定是主要原因。⑥图形化简，如数据压缩。压缩算法是主要原因。⑦数据格式转换。数据格式转换会丢失数据信息，如拓扑关系信息属性信息等。⑧计算机截断误差。与算法规则有关。⑨空间内插。与内插的算法有关，与数据点的分布有关。⑩矢量栅格数据的相互转换。与算法有关，与二值化和细线化有关。二值化和细线化会影响线的中心位置的确定。栅格分辨率也是影响因素。

（3）传播误差是指对有误差的数据，经过模型处理，GIS 产品存在着误差。误差传播在 GIS 中可归结为三种方式：①代数关系下的误差传播。指对有误差的数据进行代数运算后，所得结果的误差。②逻辑关系下的误差传播。指在 GIS 中对数据进行逻辑交、并等运算所引起的误差传播，如叠置分析时的误差传播。③推理关系下的误差传播。指不精确推理所造成的误差。

10.5.3　GIS 数据质量问题分析

GIS 数据质量问题来自图形数据和属性数据以及 GIS 数据建库和 GIS 数据分析过程等有多个因素，主要包括：

（1）GIS 图形数据的质量问题分析。①测量数据。测量数据主要是指使用大地测量、GPS、工程测量、摄影测量和其他一些测量方法直接量测所得到的测量对象的空间位置信息。这部分数据的质量问题主要是空间数据的位置误差。②地图数据。地图数据是指由现有地图数字化产生的数据。地图数据质量问题中,不仅含有地图的固有误差,还包括图纸变形、图形数字化等。③遥感数据。遥感数据的质量问题,一部分来自遥感观测过程,一部分来自遥感图像处理和解译过程。遥感观测过程中,本身存在精确度和准确度的限制。这一过程产生的主要误差表现为分辨率、几何畸变和辐射误差,这些误差将影响遥感数据的位置和属性精度。遥感图像处理和解译过程中,主要产生空间位置和属性方面的误差。这是由图像处理中的影像或图像校正和匹配及遥感解译判读和分类引入的,其中包括混合像元的解释判读所带来的属性误差。

(2)GIS 属性数据的质量问题。属性数据是 GIS 的重要数据源,一般由调查统计方法得到,其中存在数据质量问题主要包括调查随机误差和统计误差,这种误差通常为属性误差和误分类。

(3)GIS 数据建库过程的质量问题。GIS 数据建库主要是现有纸质图形、图像和文档数据进行数字化和数据录入建库,或者由现有的图形、图像和文档数据直接或通过一定的转换而建立的数据库。这部分误差包含数字化和数据转换所引入的误差。

数字化误差体现在操作人员在目视操作中产生的人工偏移,这可以通过误差计算评价控制在一定的容许范围内。

数据转换包括数据结构转换、数据格式转换、数据计算转换等。①数据结构转换。主要包括栅格向矢量格式转换和矢量向栅格格式转换。栅格向矢量的转换就是数字化过程。适量数据转换为栅格数据,主要产生属性误差和拓扑匹配误差,包括像元属性值错误和边界重复加粗等问题。②数据个数转换。主要是指数据在不同文件格式之间的转换。在转换过程中,各系统内部数据结构不同和功能差异,往往会造成信息的损失,包括数据和精度上的损失。③数据计算变换。指在通过各种计算方法对数据进行处理,包括在数据坐标变换、比例变换、投影变换等变换过程中,可能由于算法模型本身的局限而引入的误差。

(4)GIS 数据分析过程中的质量问题。GIS 数据在建库后,数据库中的多源数据,经过系统各种分析、处理后,派生出新的数据和结果。在这个过程中还会产生新的数据质量问题,包括计算误差、拓扑叠置分析引起的数据质量问题以及 GIS 中的误差传播问题。

10.5.4 GIS 数据质量控制

GIS 数据质量控制是一个复杂的问题,要从数据质量产生和扩散的所有过程和环节入手,尽量减少误差。通常包括以下九个方面:

(1)数据获取。从可靠的来源获取数据,例如政府机构、专业组织或认证机构提供的数据。确保在采集数据时使用最佳的工具和技术,以确保数据的准确性和完整性。

(2)数据检查。对数据进行检查以识别潜在的错误和不一致性。这些错误包括空值、重复值、参数异常等。在此过程中采用审查和测试工具如 ArcGIS Data Reviewer 等。

（3）数据清洗。纠正发现的错误并删除重复或不必要的数据。可以使用 ArcGIS 的编辑工具，如 Feature Layer 和 Attribute Table 等来删除或修改有误的属性值。

（4）数据验证。通过比对数据的来源来验证数据的准确性。例如，可以与地面调查、卫星遥感图像、航空摄影图像等进行比对。

（5）数据校验。通过对数据进行统计分析、空间分析等，以评估其质量是否达到规定标准。

（6）数据标准化。确保所有数据都符合行业标准或公司内部标准。这有助于确保数据的一致性和可比性。

（7）数据更新。定期对数据进行更新，以确保数据的时效性和准确性。这可以通过使用实时监测系统、自动化更新程序和常规地面巡视等方式来实现。

（8）数据安全。处理数据时确保数据的安全性和机密性，如数据备份、访问控制和加密等。

（9）文档记录。记录每个步骤以及所做出更改并为数据创建元数据，以确保其他用户能够理解和使用该数据。

总之，确保 GIS 数据质量和准确性需要采用多种方法和工具。这些方法和工具的使用可以确保 GIS 数据的完整性、一致性、准确性和可信度，从而提高 GIS 数据的可靠性和有效性，最终目标是确保可信的 GIS 数据库。

10.6 软件项目的维护

10.6.1 软件维护概述

软件项目从完成内部开发并交付给用户使用到软件停用期间，即软件运行维护阶段。软件维护是指软件系统交付完成后，为了改正错误或满足新的需要而修改软件的过程。软件维护根据要求进行维护的原因不同，可以分为改正性维护、适应性维护、完善性维护和预防性维护。

（1）改正性维护。改正性维护是一种限制在原需求说明书的范围内，修改软件中的缺陷或者不足的过程。因为软件开发时的测试不彻底、不完全，软件必然会有些隐藏缺陷遗留到运行阶段，而这些隐藏的缺陷在某些特定的环境下会暴露出来。据统计，在软件维护的最初一两年，改正性维护需求量较大，随着软件的稳定，改正性维护量趋于减少，软件进入正常使用期。

（2）适应性维护。计算机技术发展迅速，软、硬件迭代周期短，而应用软件的寿命却很长，远远长于最初开发这个软件时的运行环境的寿命。软件运行环境也在不断升级或更新，比如，软硬件配置的改变、输入数据格式的变化、数据存储介质的变化以及软件产品与其他系统接口的变化等。如果原有的软件产品不能适应新的运行环境，维护人员就需要对软件产品做出修改，适应性维护是不可避免的。

（3）完善性维护。完善性维护是针对用户对软件产品所提出的新需求而进行的维护。随着市场的变化，用户可能要求软件产品能够增加一些新的功能，或者对某方面的功能能够有所改进，这时维护人员就应该对原有的软件产品进行功能上的修改和扩充。完善性维护的过程一般比较复杂，可以看成对原有软件产品的"再开发"。在所有类型的维护工作中，完善性维护所占的比重最大。要进行完善性维护，一般需要更改软件开发过程中形成的相应文档。

（4）预防性维护。采用先进的软件工程方法对已经过时的、很可能需要维护的软件系统的某一部分进行重新设计、编码和测试，以达到结构上的更新，它为以后进一步维护软件打下了良好的基础，预防性维护是为了提高软件的可维护性和可靠性，工作量较小。

10.6.2 软件的可维护性

软件的可维护性是用来衡量对软件产品进行维护的难易程度的标准，它是软件质量的主要特征之一。软件产品的可维护性越高，纠正并修改其错误或缺陷、对其功能进行扩展或完善时消耗的资源越少，工作越容易。开发可维护性高的软件产品是软件开发的一个重要目标。影响软件可维护性的因素很多，如可理解性、可测试性和可修改性。

（1）可理解性是指人们通过阅读软件产品的源代码和文档，来了解软件的系统结构、功能、接口和内部过程的难易程度。可理解性高的软件产品应该具备一致的编码风格，准确、完整的文档，有意义的变量名称和模块名称，以及清晰的源程序语句等。

（2）可测试性是指在定位了软件缺陷后，对程序进行修改的难易程度。一般来说，透彻地理解源程序有益于测试人员设计合理的测试用例，从而有效地对程序进行检测。

（3）可修改性是指在定位了软件缺陷后，对程序进行修改的难易程度。一般来说，具有较好的结构且编码风格好的代码容易修改。

实际上，可理解性、可测试性和可修改性这三者是密切相关的。可理解性好的软件产品，有利于测试人员设计合理的测试用例，从而提高产品的可测试性和可修改性。要想提高软件的可维护性，软件开发人员需要在开发过程和维护过程中都对其非常重视。提高可维护性的措施有以下三种：

（1）建立完整的文档。完整、准确的文档有利于提高软件产品的可理解性。文档包括系统文档和用户文档，它是对软件开发过程的详细说明，是用户及开发人员了解系统的重要依据。完整的产品文档有利于用户及开发人员对系统进行全面的了解。

（2）采用先进的维护工具和技术。先进的维护工具和技术可以直接提高软件产品的可维护性。例如，采用面向对象的软件开发方法，高级程序设计语言工具及自动化的软件维护工具等。

（3）注重可维护性的评审环节。在软件开发过程中，每一阶段的工作完成前，都必须通过严格的评审。由于软件的开发过程中的每一个阶段都与产品的可维护性相关,因此对软件可维护性的评审应该贯穿于每个阶段完成前的评审活动中。在对需求分析阶段的评审中,应重点标识将来可能更改或扩充的部分。在软件设计阶段的评审中,应该注重逻辑结构的清晰性,并且尽量使模块之间的功能独立。在编码阶段的评审中,要考查代码是否遵循了统一的编写标准,是否逻辑清晰、容易理解。严格的评审工作在很大程度上对软件产品的质量进行控制,提高了代码的可维护性。

10.6.3 软件再工程技术

软件维护工作的累积,也会不断加重后期软件维护的工作量和难度,但是完全废弃重新开发不仅可惜而且风险较大。软件再工程技术是解决软件维护问题的一个途径。软件再工程是一类软件工程活动,通过对旧软件实施处理,增进了对软件的理解,同时又提高了软件自身的可维护性、可复用性等。软件再工程可以帮助软件机构降低软件演化的风险,可使软件将来易于进一步变更,有助于推动软件维护自动化的发展。

典型的软件再工程的工程模型包括六类活动:库存目录分析、文档重构、逆向工程、代码重构、数据重构以及正向工程。

(1) 库存目录分析。库存目录分析包含关于每个应用系统的基本信息,如应用系统的名称、构建日期、已进行实质性修改次数、过去 18 个月报告的错误、用户数量、文档质量、预期寿命、在未来 36 个月的预期修改次数、业务重要程度等。库存目录分析阶段,应对每一个现存软件系统采集上述信息并通过局部重要标准对其排序,根据优先级不同选出再工程的候选软件,进而合理分配资源。对于预定将使用多年的程序、当前正在成功使用的程序和在最近的将来可能要做重大修改或增强的程序,可以成为预防性维护的对象。

(2) 文档重构。文档重构是对文档进行重建。软件老化的最大问题是缺乏有效的文档。由于文档重构是一件非常耗时的工作,不可能为所有程序都重新建立文档。因此,在文档重构过程中,针对不同情况,文档重建的处理方法也不相同。如果一个程序是相对文档的,而且可能不会经历什么变化,那么就保持现状,只针对系统中当前正在修改的部分建立完整文档,便于今后维护。如果某应用系统是完成业务工作的关键,而且必须重构全部文档,则应设法把文档工作减少到必需的最小量。

(3) 逆向工程。逆向工程是一种产品设计技术再现过程,即对一个项目目标产品进行逆向分析研究,从而演绎并得出该产品的处理流程、组织结构、功能特性及技术规格等设计要素,以制作功能相近但又不完全一样的产品。逆向工程通常针对自己公司多年前的产品,期望从旧的产品中提取系统设计、需求说明等有价值的信息。逆向工程的关键在于从详细的源代码实现中抽取抽象说明的能力。对于实时系统,由于频繁的性能优化,实现与设计之间的对应关系比较松散,设计信息不易抽取。

逆向工程导出的信息可以分为实现级、结构级、功能级及领域级四个抽象层次。实现级包括程序的抽象语法树、符号表等信息;结构级包括反映程序分量之间相互依赖关系的信息,如调用图、结构图等;功能级包括反映程序段功能及程序段之间关系的信息；领域级包括反映程序分量或程序诸实体与应用领域概念之间对应关系的信息。

逆向工程过程从源代码开始，将无结构的源代码转化为结构化的程序代码。这使得源代码容易阅读，并为后续的逆向工程活动提供了基础。抽取是逆向工程的核心，内容包括处理抽取、界面抽取和数据抽取。处理抽取可在不同层次对代码进行分析，包括语句、语句段、模块、子系统和系统。在进行更细的分析之前应先理解整个系统的整体功能。由于图形用户界面的好处，进行用户界面的图形化已成为常见的再工程活动。界面抽取应先对现存用户界面的结构进行分析和观察。同时，还应从相应的代码中提取有关附加信息。数据抽取包括内部数据结构的抽取、全局数据结构的抽取和数据库结构的抽取等。逆向工程过程所抽取的信息，一方面可以提供给软件工程师，以便再维护活动中使用这些信息；另一方面可以用来重构原来的系统，使新系统更易维护。

（4）代码重构。代码重构是软件再工程最常见的活动，目标是重构代码生成质量更高的程序。通常重构并不修改软件的整个体系结构，仅关注个体模块的内部设计细节和局部数据结构，用新生成的易于理解和维护的代码替代原有的代码。通常，对于具有比较完整、合理的体系结构，但是个体模块的编码比较难于理解、测试、维护的程序，可以重构可疑模块的代码。代码重构活动首先用重构工具分析代码，标注出与结构化程序设计概念相违背的部分；其次重构有问题的代码；最后复审和测试生成的重构代码并更新代码文档。

（5）数据重构。数据重构是对数据结构进行重新设计，以适应新的处理要求。代码的修改往往会涉及数据，并且随着需求的发展，原来的数据可能已经无法满足新的处理要求，因此，需要重新设计数据结构，即对数据进行再工程。数据重构是一种全范围的再工程活动，通常数据重构始于逆向工程活动，分解当前使用的数据体系结构，必要时定义数据模型、标识数据对象和属性，并从软件质量的角度复审现存的数据结构。

（6）正向工程。正向工程是从现存的软件中提取设计信息并用以修改或重建现存系统以提高系统整体质量。当一个正常运行的软件系统需要进行结构化翻新时，就可对其实施正向工程。通常，被再工程的软件不仅重新实现现有系统的功能，而且加入了新功能和提高了整体性能。

软件再工程的方法主要有再分析、再编码和再测试三种：①再分析。再分析主要是对既存系统进行分析调查、包括系统的规模、体系结构、外部功能、内部算法、复杂度等。其主要目的是寻找可重用的对象和重用策略，最终形成再工程设计。②再编码。再编码主要根据再工程设计书，对代码做进一步分析，产生编码设计书。编码设计书类似于详细设计书。③再测试。再测试是通过重用原有的测试用例结果，来降低再工程成本。对于可重用的独立性较强的局部系统，可以免除测试。

10.6.4 地理信息数据更新维护

地理信息数据是 GIS 的"灵魂",其数据要精确地表达现势性地理信息,必须不断更新。GIS 项目完成并开始运行后,地理信息数据更新维护的 GIS 项目运维工作的重心需要建立科学的数据更新的工作机制,利用现代的测绘、遥感等技术手段快速获取变化的地理信息,并且使其都能对历史数据进行追溯。地理信息数据更新维护主要做到以下三点:

1) 建立地理信息数据的更新机制包括以下方面。

(1) 建立更新责任机构。不同用途和来源的地理信息数据,其相应数据更新的责任机构也不同。例如,基础地理数据更新机构主要为测绘主管部门,专题数据更新机构为各专题数据的业务对口部门,城市规划数据更新部门为规划部门,土地利用数据更新机构为国土部门,环境数据更新部门为环保部门。

(2) 确定更新内容和范围。地理数据包括基本地理数据和专题数据两方面的建设内容。基础地理数据更新内容主要有线划地形图数据、正射影响数据、数字高程模型数据等。专题数据包括城市规划数据、土地利用现状数据、土地利用规划数据、道路交通数据、综合管线数据、不动产登记数据、地籍数据、环境资源数据等。

(3) 更新周期和时间。基础地理数据更新采用定期更新的方式,比如,DLG 数据更新周期一般为 3 个月;DEM 数据周期更新周期为半年或 1 年;DOM 卫星影像更新周期一般为 3 个月;航空影像更新周一般为 1 年;专题数据由于具有社会属性等,一般采用按需更新的形式。

(4) 建立版本管理机制,能形成各个历史时期的版本数据。

2) 有针对性地建立持续更新的方法。根据不同的数据类型,必须有针对性地建立数据持续更新的方法。

(1) 数字划线地图(Digital Line Graphic,DLG)。对于需要动态更新的重点区域或热点区域,采用内外业一体化数字测图方法,对地形图数据进行动态更新;对于城市其他地区,将最新影像数据与需要更新的 DLG 数据进行套合,通过人机交互方式采集变化信息,再手工屏幕数字化;利用最新的大比例尺地形图数据与现有数据对比,发现变化要素,通过地图综合,更新小比例尺 DLG 数据。

(2) 数字正射影像(Digital Orthophto Map,DOM)。以待更新影像为基础,对新替换影像进行配准、纠正等处理后,利用相应区域的影像替换待更新影像的云层或阴影遮挡区域;影像融合,将同一区域的多源遥感影像数据在统一的坐标系中,通过空间配准和内容复合,生成一幅新影像。

(3) 数字高程模型(Digital Elevation Model,DEM)。实地测量更新 DEM;利用航空影像、卫星遥感影像、机载雷达遥感数据更新 DEM。

(4) 专题数据。专题数据更新既涉及图形信息的更新,又包括属性业务部门的数据更新。可以利用移动便携式设备对专题数据进行实地采集,利用最新遥感影像数据通过叠置、对比、勾绘,对专题图形数据的变化进行识别处理;利用专题业务部门工作流程中的属性信息和图形信息变化，对专题数据进行更新。

3）建立持续更新模式包括以下方向。

（1）版本式更新。根据不同情况，按照统一技术要求，对地理要素的变化进行修补测或重测，表现地理信息的时态变化，可以采用版本管理模式，一个版本就是地理数据在某个时间的逻辑快照。版本管理的任务就是对地理对象的历史演变过程进行记录和维护，根据实际应用背景选择合适的版本间的拓扑结构。版本管理能够统一、协调管理各版本的数据，有效记录不同版本的演变过程及对不同版本进行有效管理，以尽可能少的数据冗余记录各版本。同时还要保证不同版本在逻辑上的一致性和相对独立性，一个版本的产生和消失不会对其余版本产生影响。

（2）增量更新。增量更新主要针对地理矢量数据更新。地理矢量数据增量是指在进行更新操作时，只更新需要改变的地方，不需要更新或者已经更新过的地方不会重复更新。增量更新与版本更新相对，具有数据操作量小、便于存储、传输和一致性维护等优点。增量更新模式主要通过版本比较、增量提取、增量发布、数据集成来实现客户数据的增量更新。实际上，在对变化信息进行采集的过程中，如果建立增量信息的组织模型，有效地存储增量信息，再将这些增量信息和旧版本数据库快速匹配，即可实现主（客）数据库的自动更新，其关键技术在于如何对增量信息进行组织和更新建模。

第 11 章 GIS 二次开发技术

11.1 二次开发的基本技术

11.1.1 组件技术

组件技术是 20 世纪 90 年代,在面向对象技术的基础上发展起来的一种技术。组件技术重点解决不同厂商、不同语言软件开发中的二进制级别的重用问题。组件的定义是"一个软件组件是仅由契约性说明的接口和明确的上下文相关性组合而成的单元"。一个软件组件可以被独立地部署。组件技术作为一种技术规范,实现多厂商、多程序设计语言、多操作系统和硬件环境的软件问题,其核心需要解决组件的复用问题和组件的互操作性问题。组件复用的实质是部件具有通用的特性,所提供的功能可以为多种系统使用。组件复用重点解决对多种程序设计语言和多操作系统的支持问题,相同功能的组件可以由不同的语言实现,甚至可以运行于不同的操作系统上。组件的互操作性是组件之间能够相互通信和调用,重点解决组件的合作能力问题,及由不同程序设计语言实现的、在不同操作系统下运行的组件可以相互调用。

目前主流的组件技术包括 OMG 组织提出的 CORBA 技术、Microsoft 公司提出的 COM/DCOM 组件技术及 SUN 公司提出的 EJB 技术等。

1) CORBA 组件。最早而且最权威的组件标准是 CORBA(Common Object Request Broker Architecture,公共对象请求代理体系结构),它是由 OMG 所制定的,1991 年 10 月推出 1.0 版,1996 年 8 月推出 2.0 版,2002 年 7 月推出 3.0 版,目前的最新标准为 2004 年 3 月 12 日推出的 CORBA 3.0.3 版。

OMG(Object Management Group,对象管理组)是一个开放型非营利组织,负责制定和维护协同企业应用的计算机工业规范。OMG 是 1989 年 4 月由 3COM、Apple、美国航空、佳能、DG、HP、IBM、Philips、Unisys 和 Sun 等 11 个公司所创建的,后来发展到 800 多个公司、大学和国际组织,包括 Adobe、AT&T、Borland、CA、加州大学、富士通、HP、IBM、MIT、NEC、Oracle、Sun、东芝、东京大学、清华大学、W3C 等(注意,Intel 和 Microsoft 并没有参加)。OMG 制定的其他标准还有:UML(Unified Modeling Language 统一建模语言)和 IDL(Interface Definition Language 接口定义语言)等。

CORBA 是一种独立于语言的分布式对象模型,其核心是 ORB(Object Request Broker 对象请求代理),对象的接口用 IDL 描述,在各个对象之间采用 IIOP(Internet Inter-ORB Protocal 因特网 ORB 交互协议)进行通信。

2）EJB 组件。Sun 公司于 1997 年在 Java 的 JDK 1.1 中引入了 JavaBean 组件技术，后来又于 2000 年随 J2EE（Java 2 Platform，Enterprise Edition，Java 2 平台企业版）引入服务器端的组件技术 EJB（Enterprise JavaBeans 企业爪哇豆）和网页编程工具 JSP（JavaServer Page、Java 服务器网页）。至此，Java 成为一种功能完备的分布式计算环境。如图 11.1 所示：

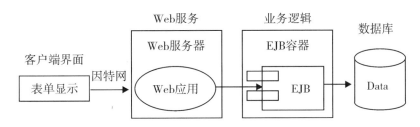

图 11.1　EJB 组件架构

JavaBean 是一种可复用的平台独立的软件组件，开发者可以在软件构造器工具（如网页构造器、可视化应用程序构造器、GUI 设计器、服务器应用程序构造器等）中对其直接进行可视化操作。而 EJB 则是用于开发企业级的服务器端应用程序的 JavaBean 组件，可以分为会话 bean（维护会话）、实体 bean（处理事务）和消息 bean（提供异步消息机制）三种类型。

JavaBean 的接口采用标准的 IDL 定义，在各个 EJB 之间采用 RMI（Remote Method Invocation 远程方法调用）进行通信，而且 J2EE 还为 EJB 与 CORBA 的集成提供了适配器和 RMI 的扩展——RMI-IIOP，可以用于帮助 EJB 与 CORBA 对象之间进行通信。而对数据库的访问，采用的则是 JDBC（Java DataBase Connection，Java 数据库连接）。

3）COM 组件。COM（Component Object Model，组件对象模型）是微软公司于 1993 年提出的一种组件技术，是软件对象组件之间相互通信的一种方式和规范，它是一种平台无关、语言中立、位置透明、支持网络的中间件技术。

COM 是 OLE（Object Linking and Embedding，对象链接和嵌入）的发展产物（而 OLE 又是 DLL［Dynamic Link Libraries，动态链接库］的发展），DCOM（Distributed COM，分布式 COM，1996 年）和 COM+（DCOM+管理，1999 年）则是 COM 的发展产物。ActiveX 控件是 COM 的具体应用（如 VBX 和 DirectX 都是基于 ActiveX 的）。ATL（Active Template Library，活动模板库）是开发 COM 的主要工具，也可以用 MFC 来直接开发 COM，但是开发过程会非常复杂。

作为组件技术的进一步发展，微软公司又于 2002 年推出了.NET 框架，其中的核心技术就是用来代替 COM 组件功能的 CLR（Common Language Runtime，公共语言运行库），可采用各种编程语言，利用托管代码来访问（例如 C#、VB、MC++），使用的是.NET 的框架类库 FCL（Framework Class Library）。微软公司的各种组件技术之间的关系与发展可以参见图 11.2：

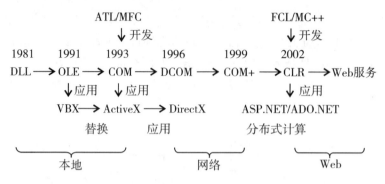

图 11.2　微软组件技术发展示意

（1）COM。COM（Component Object Model，组件对象模型）的核心是一组组件对象间交互的规范，它定义了组件对象如何与其使用者通过二进制接口标准进行交互，COM 的接口是组件之间联系的纽带。

除了规范之外，COM 还是一个称为 COM 库的实现，它包括若干 API 函数，用于 COM 程序的创建。COM 还提供定位服务的实现，可以根据系统注册表，从一个类标识（CLSID）来确定组件的位置。

COM 采用自己的 IDL 来描述组件的接口（interface），支持多接口—解决版本兼容问题。COM 为所有组件定义了一个共同的父接口 IUnknown。GUID 是一个 128 位整数（16 字节），COM 将其用于计算机和网络的唯一标识符。

除了基本规范和系统实现之外，COM 的构成还包括永久存储、绰号（moniker 智能命名/标记）和统一数据转移（UDT = Uniform Data Transfer）三个核心的操作系统部件。

在 COM 模型中，所有将 CLSID 传递给 COM 并获得实例化的对象，都被称为 COM 客户（程序）。最简单的实例化方式，是调用 COM 函数 CoCreateInstance。也可以通过调用 CoGetClassObject 函数来为 CLSID 获得类工厂（Class Factory）对象的接口指针。COM 客户与 COM 组件对象之间的交互如图 11.3 所示：

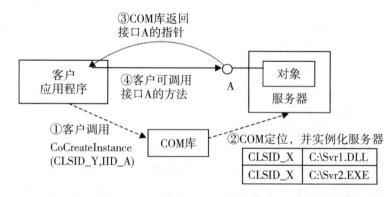

图 11.3　COM 客户与 COM 组件对象之间的交互

（2）DCOM。DCOM（Distributed COM，分布式 COM）是 COM 的网络化。COM 具有进程透明性，组件对象和客户代码不必考虑调用传递的细节，只需按照普通函数方式进行调用即可。而 DCOM 将 COM 的进程透明性扩展为位置透明性，形成分布式的组件对象模型。COM 组件有两种进程模型：进程内组件和进程外组件。由于本地进程外组件与客户运行在不同的进程空间，所以客户程序对组件对象的调用，并不是直接进行的，而是用到了操作系统支持的一些跨进程通信方法，主要有 OSF（Open Software Foundation），开放软件基金会，现在改为 Open Group 开发的 DCE RPC（Distributed Computing Environment，分布式计算环境；Remote Procedure Call，远程过程调用）和 LPC（Local Procedure Calls，本地过程调用）。

为了将组件服务延伸到网络，DCOM 建立在自己的网络协议上，并通过 SCM（Service Control Manager，服务控制管理器）来创建远程对象。DCOM 自动建立连接、传输信息并返回来自远程组件的答复。DCOM 在组件中的作用有如 PC 机间通信的 PCI 和 ISA 总线，负责各种组件之间的信息传递，如果没有 DCOM，则达不到分布计算环境的要求。微软通过纳入事务处理服务、更容易的编程以及对 Unix 和其他平台的支持扩充了 DCOM。

建立 DCOM 时和使用 COM 建立对象的方式是相同的，只需再加入一个机器名称的参数。如果 COM 通过 Windows API 的 CoGetClassObject 建立对象，只需再输入机器名称的参数即可在远程指定的计算机中建立对象，并且取得指定接口的信息。它构造于 RPC 的技术之上，并且使用 TCP/IP 作为网络通信协议。

DCOM 的工作模型如图 11.4 所示：

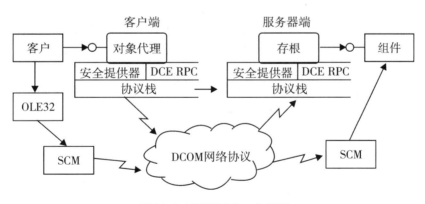

图 11.4　DCOM 的工作模型

（3）COM＋。COM＋是 COM-based services and technologies（基于 COM 的服务与技术）的简称，＋表示将 COM 组件技术和 MTS（Microsoft Transaction Server，微软事务服务器）应用程序主机技术结合在一起。它是一个面向应用的高级 COM 运行环境，在 COM 基础上实现了许多面向企业应用的分布式应用程序所需要的服务。COM＋是 1999 年随 Windows 2000 推出的。

COM＋是 Windows DNA（Distributed interNet Application ［Architecture］，分布式

网间应用程序〔体系结构〕）框架的重要组成部分，如图 11.5 所示。DNA 为 Windows 环境下开发分布式应用程序提供了工具和框架，而 COM+ 则是 DNA 的中间件技术和黏结剂。COM+ 会自动处理不同的编程任务，诸如资源集池、分离应用程序、事件发布、预定和分布式事务。

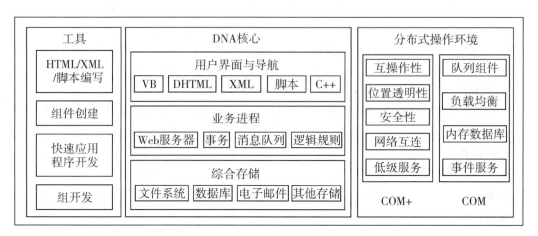

图 11.5　Windows DNA 服务框架

COM+ 不仅继承了 COM 所有的优点，而且还增加了一些服务，比如队列服务、负载平衡、内存数据库、事件服务等，如图 11.6 所示。队列服务对于分布式应用非常有意义，特别是在现在网络速度很慢的情况下，这种机制可以保证应用系统能够可靠地运行。在应用系统包含大量节点但服务器又繁忙的情况下，客户应用程序可以把它们的请求放到队列中，当服务器负载比较轻的时候再处理这些请求。

COM+ 提供了负载平衡服务，它可以实现动态负载平衡，而且 COM+ 应用程序的负载平衡特性并不需要编写代码来支持，客户程序和组件程序都可以按通常的方式实现。获得负载平衡特性并不是用程序设计的方式来实现的，而是通过配置实现分布式应用程序的负载平衡，如队列服务，其实也反映了一种负载平衡。

图 11.6　COM+ 的特性

（4）.NET 组件。.NET Framework 是微软公司推出的完全面向对象的软件开发与运行平台。它具有两个主要组件，分别是公共语言运行库（Common Language Runtime，CLR）和 .NET Framework 类库。

公共语言运行库（CLR）是.NET Framework 的基础，它为多种语言提供了一种统一的运行环境。可以将运行库看作一个在执行时管理代码的代理，代码管理的概念是运行库的基本原则。以运行库为目标的代码称为托管代码，而不以运行库为目标的代码称为非托管代码。它实际上是驻留在内存里的一段代理代码，负责.NET 整个执行期间的代码管理工作，比较典型的有：内存管理、线程管理、远程管理、代码强制安全类型等，这些都可称得上.net framework 的生命线。实际上，CLR 代理了一部分操作系统的管理功能。类似于 Java 中的 JVM（Java 虚拟机），为.net 提供了跨语言编程的平台所有.NET 程序语言编译器的目标格式都为微软中间语言格式（IL，IntermediateLanguage），而非二进制码文件。IL 指执行时通过即时（JustIn Time）编译器转化为本地代码的，与 CPU 独立的一族指令集合。它在.Net 平台中是实现语言互操作的一个核心环节，所有.Net 平台的语言都要先被编译成中间语言（IL）。

NET 组件无须使用 IDL 文件来定义组件接口的信息，取而代之的是元数据（metadata）。元数据包括程序集的一切基本信息，比如版本、类型、命名空间、依赖的其他程序集信息等。一个.dll 文件中的元数据信息可以通过 reflection 获取（包括命名空间、类、属性、方法等）。编译器会自动地把程序中的这些相关信息封装在程序集的元数据中。因此，可以说程序集是一种自描述的组件。元数据的使用也使得程序集无须像 COM 组件，在使用前需要注册。

.NET 组件（assembly）与 COM 组件相比具有自描述、自包含的特点。其在使用时无须注册，在创建时也无须使用 COM 库和类工厂，接口定义和实现也不是分开的。COM 组件的二进制兼容性是通过使用接口指针和虚函数表实现的，而.NET 组件的二进制兼容性是通过使用元数据实现的。NET 组件与 COM 组件很容易采用相关的工具进行相互转化。表 11.1 是 COM 组件与.NET 组件对照表：

表 11.1　COM 组件与.NET 组件对照表

项目	COM 组件（C++）	.Net 组件（C#）
元数据	在 COM 中，组件的所有信息存储在类型库中（也就是我们前面使用的 TLB 文件）。类型库包含了接口、方法、参数以及 UUID 等。这些通过 IDL 语言来进行描述	在.Net 组件中，元数据可以通过定制特性来扩展，所以用户可以不用了解 IDL
内存管理	通过引用计数方法来进行组件内存释放管理。客户程序必须调用 AddRef() 和 Release() 来进行计数管理，但计数为 0 的时候，销毁组件	通过垃圾收集器来自动完成
接口	拥有三种类型的接口，即从 IUnknown 继承的定制接口、分发接口以及双重接口。接口通过 QueryInterface 函数查询，然后使用	通过强制类型转换来使用不同的接口

续上表

项目	COM 组件（C++）	.Net 组件（C#）
方法绑定	COM 一般是早期绑定，采用虚拟表来实现；对于分发接口采用了后期绑定	通过 System.Reflecting 实现后期绑定
数据类型	在定制接口中，所有 C++ 的类型可以用于 COM；但是对于双重接口和分发接口，只能使用 VARIANT，BSTR 等自动兼容的数据类型	采用了 Object 替代 VARIANT，能使用 C#的所有数据类型（用 C#实现）
组件注册	所有的组件必须进行注册。每个接口，组件都具有唯一的 ID，包括 CLSID 和 PROGID	分为私有程序集和共享程序集。私有程序集能在一定程度上解决 DLL 版本冲突、重写等问题。共享程序集类似于 COM
线程模式	使用单元模型，增加了实现难度，必须为不同的操作系统版本增加不同的单元类型	通过 System.Threading 来进行处理，相对于 COM 的线程管理比较简单些
错误处理	COM 中通过实现 HRESULT 和 ISupportErrorInfo 接口，该接口提供了错误消息、帮助文件的链接、错误源，以及错误信息对象	实现 ISupportErrorInfo 的对象会自动映射到详细的错误信息和一个.Net 异常
事件处理	通过实现连接点的接口 IConnectionPoint 和接口 IConnectionPointContaine 来实现事件处理	通过 event 和 delegate 关键字提供事件处理机制

11.1.2 JavaScript 技术

JavaScript 是一种基于对象和事件驱动的客户端脚本语言。它的正式名称是"ECMAScript"，它是基于 JavaScript（Netscape）和 JScript（Microsoft）开发的，1996 年 Netscape（Navigator 2.0）的 Brendan Eich 发明了这门语言，从那时开始，所有的 Netscape 和 Microsoft 浏览器开始应用这门语言。

JavaScript 是一种属于网络的脚本语言，已经被广泛用于 Web 应用开发，常用来为网页添加各式各样的动态功能，为用户提供更流畅美观的浏览效果。通常 JavaScript 脚本是通过嵌入在 HTML 中来实现自身的功能的，其具有以下特点：

（1）是一种解释性脚本语言（代码不进行预编译）。

（2）主要用来向 HTML（标准通用标记语言下的一个应用）页面添加交互行为。

（3）可以直接嵌入 HTML 页面，但写成单独的 js 文件有利于结构和行为的分离。

（4）跨平台特性，在绝大多数浏览器的支持下，可以在多种平台下运行（如 Windows、Linux、Mac、Android、iOS 等）。

JavaScript 脚本语言同其他语言一样，有它自身的基本数据类型、表达式、算术运算符及程序的基本程序框架。JavaScript 提供了四种基本的数据类型和两种特殊数据类型用来处理数据和文字。其中，变量提供存放信息的地方，表达式则可以完成较复杂的信息处理。

当前，JavaScript 语言已成为 Web 应用前端开发的绝对主流语言，因此，很多 Web GIS 服务都利用 JavaScript 语言封装 API 接口，提供给用户做二次开发，比较典型的有 ArcGIS Server API for JavaScript、SuperMap iServer Client、Baidu Map API 等。

11.1.3　REST API

REST 是指表述性状态转移（Representational State Transfer，REST），是 Roy Thomas Fielding 在其 2000 年的论文中首次提出的一种软件架构。具体地说，REST 被用来定义一个 Web 服务应用程序编程接口（API），REST 本身并不涉及任何新技术，它通过 HTTP 来进行资源管理，例如 CRUD（即 Create、Read、Update 和 Delete）。本质上讲，REST 是一种针对网络应用的设计和开发方式，它不是一个标准而是一个设计风格，通常是基于 HTTP、URL 和 XML 以及 HTML 这些广泛流行的协议与标准。REST 使用很简单，只要使用网址，就可以很容易地创建、发布和使用"REST 风格"的 Web 服务。

REST 提出了一些概念和设计准则：

（1）网络上的所有事物都被抽象为资源，GIS 服务器上的服务同样是一种资源。

（2）每个资源对应一个唯一的资源标识。为每个资源定义唯一的 ID，在 Web 中，使用 URI 来表示这个 ID，并通过对应的 URL 便可访问该资源。

（3）通过通用接口对资源进行访问。使用标准方法来操作资源。为使客户端程序能与资源相互协作，资源应该正确地实现默认的应用协议（HTTP），也就是使用标准的 GET、PUT、POST 和 DELETE 方法。

（4）资源形式进行多重表达。为满足不同的客户端应用的需要，资源多重表述将资源用多种数据格式进行表述，常用数据格式有 HTML、XML 和 JSON 等，对于 GIS 资源，还有 image、kmz（Google Earth 格式）和 lyr 等。

（5）所有通信是无状态的。每个请求都是独立的，也就是说，服务器不保存除了单次请求之外的客户端通信状态。因此，现在很多微服务架构都通过 REST API、事件流和消息代理的组合相互通信。事实上，Web GIS 提供了丰富的 REST 风格的 Web 服务，并以 REST API 的方式对外提供，我们通过 ArcGIS REST API 可以访问地图服务、几何服务、要素服务、影像服务、地理处理服务、流服务、网络分析等多种类型的 Web 服务，而 JavaScript API 通过调用 REST API 与这些 Web GIS 服务通信。

11.1.4　XML/JSON

（1）XML。XML（eXtensible Markup-Language，可扩展标识语言），是当代最热门的网络技术之一，被称为"第二代 Web 语言""下一代网络应用的基石"。自从它被提出来，几乎得到了业界所有大公司的支持，丝毫不逊于当年 HTML 被提出来的热度。

XML 是 1986 年国际标准组织（ISO）公布的一个名为"标准通用标识语言"（Standard Generalized Markup Language，SGML）的子集。它是由成立于 1994 年 10 月的 W3C（World Wide Web Consoutium）所开发研制的。1998 年 2 月，W3C 正式公布了 XML 的 recommendation 1.0 版语法标准。XML 继承了 SGML 的扩展性、文件自我描述特性，以及强大的文件结构化功能，但却摒除了 SGML 过于庞大复杂以及不易普及化的缺点。

XML 和 SGML 一样，是一种"元语言"（meta-language）。换言之，XML 是一种用来定义其他语言的语法系统，这正是 XML 功能强大的主要原因。XML 并非像 HTML 那样，提供了一组事先已经定义好了的标签，而是提供了一个标准，利用这个标准，你可以根据实际需要定义自己的新的标记语言，并为你的这个标记语言规定它特有的一套标签。所以 XML 可以作为派生其他标记语言的元语言。另一方面，HTML 侧重于如何表现信息；而 XML 侧重于如何结构化地描述信息。在 Internet 上，服务器与服务器之间、服务器与浏览器之间有大量的数据需要交换，特别是在电子商务中。这些被交换的数据，都被要求对数据的内容和表现方式有所说明。

在 Internet 世界 XML 的用途主要有两个，一是作为元标记语言，定义各种实例标记语言标准；二是作为标准交换语言，担负起描述交换数据的作用。XML 已开始被广泛接受，大量的应用标准，特别是针对因特网的应用标准，纷纷采用 XML 进行制定。XML 标准甚至被认为是因特网时代的 ASCII 标准。在因特网时代，几乎所有的行业领域都与因特网有关。而它们一旦与因特网发生关系，都必然要有其行业标准，而这些标准往往采用 XML 来制定。

（2）JSON。JSON（JavaScript Object Notation，JS 对象标记）是一种轻量级的数据交换格式。它的原理基于 ECMAScript（w3c 制定的 js 规范）的一个子集，采用完全独立于编程语言的文本格式来存储和表示数据。简洁和清晰的层次结构使得 JSON 成为理想的数据交换语言。JSON 易于人阅读和编写，同时也易于机器解析和生成，并有效地提升网络传输效率。

JSON 与 XML 的可读性各有特点，JSON 具备简易的语法，而 XML 具有规范的标签形式，在实际应用中，XML 目前具有更好的使用表现。

（3）编码难度。XML 有丰富的编码工具，比如 Dom4j、JDom 等，JSON 也有提供的工具。无工具的情况下，相信熟练的开发人员一样能很快地写出想要的 xml 文档和 JSON 字符串，不过，xml 文档要多很多结构上的字符。

JSON 也同样如此。在 Javascript 中，仅对于数据传递的 XML 与 JSON 的解析，JSON 优势要优越于 XML。

除上述之外，JSON 和 XML 还有另外一个很大的区别在于有效数据率。JSON 作为数据包格式传输的时候具有更高的效率，这是因为 JSON 不像 XML 那样需要有严格的闭合标签，这就让有效数据量与总数据包比大大提升，从而减少同等数据流量的情况下网络的传输压力。

XML 和 JSON 在信息表达和数据传递上常用于 GIS 的二次开发必须掌握的基本技术概念。

11.2 ArcGIS Engine 二次开发

11.2.1 ArcGIS Engine 简介

ArcGIS 是美国 ESRI（Environmental Systems Research Institute，Inc.，美国环境系统研究所公司）推出的一条为不同需求层次用户提供的全面的、可伸缩的 GIS 产品线和解决方案。ESRI 是 GIS 领域的拓荒者和领导者，而 ArcGIS 也代表了当前 GIS 行业最高的技术水平。

ArcGIS Engine 是 ESRI 在 ArcGIS9 版本才开始推出的新产品，它是一套完备的嵌入式 GIS 组件库和工具库，使用 ArcGIS Engine 开发的 GIS 应用程序可以脱离 ArcGIS Desktop 而运行。ArcGIS Engine 面向的用户并不是最终使用者，而是 GIS 项目程序开发员。对开发人员而言，ArcGIS Engine 不再是一个终端应用，不再包括 ArcGIS 桌面的用户界面，它只是一个用于开发新应用程序的二次开发功能组件包。从 ArcGIS 10.0 版起，ESRI 公式将 ArcGIS Desktop SDK 与 ArcGIS Engine SDK 两个开发包合并。

ArcGIS Engine 是基于 COM 的集合，可以被任何支持 COM 的编程语言所调用，如 C#、Visual Basic.NET、Java、C/C++，使用它不仅可以编写复杂的独立应用程序，也可以将 GIS 相关功能嵌入其他软件中，如 ArcMap、Word、Excel 等。使用 ArcGIS Engine 能完成以下功能：

（1）地图基本操作。地图基本操作主要包括加载矢量、栅格数据，浏览缩放地图、保存地图，在地图上显示文本注记和绘制点、线、面等几何体。

（2）信息查询。信息查询主要是通过矩形、圆形或多边形来选中地图上的要素，或通过 SQL 语句进行要素的属性查询等操作。

（3）专题图制作。专题图制作就是使用各种渲染方式（如分级渲染、柱状图渲染、点密度渲染、依比例尺渲染）绘制地图图层，生成不同的专题图。

（4）数据编辑。数据编辑功能即对数据进行编辑操作以满足各种需求，如对 GIS 矢量数据进行添加、删除、对节点进行移动、添加、删除，对属性信息进行修改等操作。

（5）网络分析。网络分析分为交通网络分析和几何网络分析。在佳通网络分析中，可以实现最短路径分析等相关分析功能；在几何网络分析中，可以进行爆管分析、查找源和汇等操作。

（6）空间统计分析。空间统计分析主要分析数据的空间关系和空间特征，可以实现举例距离制图、密度制图、栅格插值、坡度和坡向提取、单元统计、分区统计等。

（7）三维分析。三维分析是实现数据三维可视化的显示，主要采用 GlobeControl

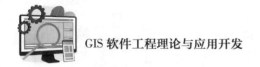

和 SceneControl 等实现，对 3D 数据进行管理和分析。

11.2.2　ArcGIS Engine 类库

ArcGIS Engine 将不同的功能封装到多个类库中，每个类库都是一个组件，定义在不同的命名空间中，下面介绍 ArcGIS Engine 的一些主要类库：

（1）System 类库。System 类库包含在 ESRI.ArcGIS.esriSystem 命名空间下，是 ArcGIS 体系结构最底层的类库，定义了大量开发者可以实现的接口。AoInitializer 对象就是在 System 类库中定义的，所有开发者必须使用这个对象来初始化 ArcGIS Engine 和解除 ArcGIS Engine 的初始化。开发者不能扩展这个接口，但可以通过实现这个类库中包含的接口来扩展 ArcGIS 系统。

（2）SystemUI 类库。SystemUI 类库包含在 ESRI.ArcGIS.SystemUI 命名空间下，包含用户界面组件接口的定义，如 ICommand、ITool 和 IToolControl 等接口，开发者可以通过这些接口来扩展 UI 组件。

（3）Control 类库。Control 类库包含在 ESRI.ArcGIS.Controls 命名空间下，主要包含了一系列的用户界面组件及相关的操作接口，主要有 MapControl、PageLayoutControl、ReaderControl、TOCControl、ToolbarControl 等。

（4）Carto 类库。Cartol 类库包含在 ESRI.ArcGIS.Carto 命名空间下，支持地图的创建和显示，这些地图可以在一幅地图或由许多地图机器地图元素组成的页面包含数据。Map 对象包括地图上所有的属性：空间参考、地图比例尺等，以及操作地图图层的方法，可以将许多不同类型的图层加载到地图中。PageLayout 对象是驻留一幅或多幅地图及其地图元素的容器。地图元素包括指北针、图例、比例尺等。

（5）Geometry 类库。Geometry 类库包含在 ESRI.ArcGIS.Geometry 命名空间下。它用来处理存储在要素类中的几何图形或其他类型的图形元素，如用户绘制的图形等。基本几何图形对象有 Point、MultiPoint、Polyline 和 Polygon 等。此外，还有作为 Polyline 和 Polygon 组成部分的子要素，如 Segment、Path 和 Ring 等。所有几何对象都可以有与其顶点相关联的 Z（elevation）、M（measure）和 IDs 属性，所有的基本几何图形对象也都支持诸如 Buffer、Clip 等几何操作。GIS 中的实体指的是现实世界中的地理要素，而现实世界中的地理要素的位置由一个带有空间参考的几何图形来定义。

（6）Display 类库。Display 类库包含在 ESRI.ArcGIS.Display 命名空间下，包含用于显示 GIS 数据的对象。除了负责实际输出图像的主要显示对象外，这个类库号还包含表示符号和颜色的对象。Display 类库还包含在与显示交互时提供给用户可视化反馈的对象。开发者与 Display 最常用的交互方式是使用 Map 对象或 PageLayout 对象提供的视图（View）。

（7）Output 类库。Output 类库包含在 ESRI.ArcGIS.Output 命名空间下。它用于创建输出到诸如打印机或绘图仪等设备的图形，以及增强型图元文件和栅格图像格式（JPG、BMP 等）硬拷贝格式的图形。

（8）Geodatabase 类库。Geodatabase 类库包含在 ESRI.ArcGIS.Geodatabase 命名空

间下。它提供开发者地理数据库相关功能所需的应用编程接口。Geodatabase 类库中的对象为 ArcGIS 支持的所有数据源提供了一个统一的编程模型。此外，Geodatabase 类库还可以通过 PlugInDataSource 对象来添加自定义的矢量数据源。

（9）DataSourcesFile 类库。DataSourcesFile 类库包含在 ESRI.ArcGIS.DataSourcesFile 命名空间下。它包含用于访问文件数据源的 Geodatabase 应用程序编程接口。其基于文件的数据源包括 Shapefile、Coverage、TIN、CAD、SDC、StreetMap 和 VPF 等。

（10）DataSourcesGDB 类库。DataSourcesGDB 类库包含在 ESRI.ArcGIS.DataSourcesGDB 命名空间下。它包含用于访问数据库数据源 GeoDatabase 应用程序编程接口，这些数据源包含 Microsoft Access 和 ArcSDE 支持的关系型数据库管理系统，如 Microsoft SQL Server、DB2 和 Oracle 等。

（11）DataSoucesOleDB 类库。DataSourcesOleDB 类库包含在 ESRI.ArcGIS.DataSourcesOleDB 命名空间下。它包含访问 Microsoft OLE DB 数据源的 GeoDatabase 应用程序编程接口。此类库只能用在 Microsoft Windows 操作系统上，可以连接所有支持 OLE DB 的数据库。

（12）DataSourcesRaster 类库。DataSourcesRaster 类库包含在 ESRI.ArcGIS.DataSourcesRaster 命名空间下。它包含访问栅格数据源的 GeoDatabase 应用程序编程接口，能够访问基于 ArcSDE 的关系型数据库所支持的 RDO 栅格文件格式。当需要支持新的栅格格式时，开发者不是扩展这个类库，而是通过扩展 RDO 来实现。

（13）NetworkAnalysis 类库。NetworkAnalysis 类库包含在 ESRI.ArcGIS.NetworkAnalysis 命名空间下。它提供在地理数据库中加载几何网络数据的对象，并提供对象用于分析加载到地理数据库中的几何网络。可以扩展 NetworkAnalysis 类库以便支持自定义的几何网络分析。这个类库的目的在于操作各种公用设施网络，如供水管线、燃气管线、电力管线等。

（14）GeoAnalyst 类库。GeoAnalyst 类库包含在 ESRI.ArcGIS.GeoAnalyst 命名空间下。它包含核心空间分析功能对象，这些功能在 SpatialAnalyst 和 3DAnalyst 两个类库中。可以通过创建新类型的栅格操作来扩展 GeoAnalyst 类库。为使用这个类库中的对象，需要具有 ArcGIS Spatial Analyst 和 ArcGIS 3D Analyst 扩展模块许可，或者具有 ArcGIS Engine 运行时 Spatial Analyst 和 3D Analyst 选项许可。

（15）3DAnalyst 类库。3DAnalyst 类库包含在 ESRI.ArcGIS.Analyst3D 命名空间下。它包含操作三维场景对象，与 Carto 类库操作二维地图对象类似。Scene 对象是 3DAnalyst 类库的主要对象，该对象与 Map 对象一样，是数据的容器。Camera 对象用于确定在考虑要素位置与观察者关系时如何进行场景浏览。一个场景由一个或多个图层组成，这些图层规定了场景中包含的数据及这些数据如何显示。要使用这个类库中的对象，需要 ArcGIS 3D Analyst 扩展模块许可或 ArcGIS Engine 运行时 3D Analyst 选项许可。

（16）SpatialAnalyst 类库。SpatialAnalyst 类库包含在栅格数据和矢量数据上执行空间分析的对象。要使用这个类库中的对象，需要 ArcGIS Spatial Analys 扩展模块许可或 ArcGIS Engine 运行时 Spatial Analyst 选项许可。

(17) GlobeCore 类库。GlobeCore 类库包含在 ESRI.ArcGIS.GlobeCore 命名空间下。它包含操作 Globe 数据的对象，其方式与 Catro 类库操作二维地图对象类似。Globe 是 GlobeCore 类库的主要对象，它与 Map 对象一样，也是数据的容器。GlobeCamera 对象用于确定在考虑 Globe 位置与观察者关系时 Globe 应如何浏览，一个 Globe 有一个或多个图层，这些图层规定了 Globe 中包含的数据及这些数据如何显示。GlobeCore 类库中有一个开发控件及与其一起使用的命令和工具，该控件可以与 Controls 类库中的对象协同使用。要使用这个类库中的对象，需要 ArcGIS 3D Analyst 扩展模块许可或 ArcGIS Engine 运行时 3D Analyst 选项许可。

(18) Server 类库。Server 类库包含在 ESRI.ArcGIS.Server 命名空间下。它包含允许用户连接及操作 ArcGIS Server 的对象，使用 GISServerConnection 对象来访问 ArcGIS Server。通过 GISServerConnection 可以访问 ServerObjectsManager 对象，并通过它操作 ServerContext 对象，以处理运行于服务器上的 ArcObjects。

(19) GISClients 类库。GIS 类库包含在 ESRI.ArcGIS.GISClient 命名空间下。它允许开发人员使用 Web 服务，这些 Web 服务可以由 ArcIMS 或 ArcGIS Server 提供。它包含用于连接 GIS 服务器以使用 Web 服务的对象，支持 ArcIMS 的图像和要素服务。它还提供直接或通过 Web 服务目录操作 ArcGIS Server 对象的通用编程模型。但是，在 ArcGIS Server 上运行的 ArcObjects 组件不能通过 GISClient 的接口来访问。要直接访问在服务器上运行的 ArcObjects 组件，应使用 Server 类库中的功能。

(20) Location 类库。GIS 类库包含在 ESRI.ArcGIS.Location 命名空间下。它包含支持地理编码和操作路径事件的对象。地理编码功能可以通过细粒度的对象来完全控制访问，或通过 GeocodeServer 对象提供的简化应用程序接口来访问，开发人员也可以创建自己的地理编码对象。线性参考功能提供对象用于向线性要素中添加事件，并用各种绘制方法来绘制这些事件。

11.2.3 ArcGIS Engine 控件

下面介绍一些主要 ArcGIS Engine 控件。

(1) MapControl 控件。MapControl 控件对应于 ArcMap 中的数据视图，主要用于显示、操作和分析地理数据。它封装了 Map 对象，可以加载已有的地图文件或者直接添加矢量、栅格等类型的数据。通过 MapControl 控件的属性，用户还可以获取更多关于地图显示窗口及其中地图数据的属性，这也是 ArcGIS Engine 开发所需要用到的最基本的控件。通过 MapControl 控件，可以实现多种功能，如添加图层（矢量、栅格图层），放大、缩小、漫游，生成图形元素（如点、线、多边形等），显示 Label 注记，识别地图上被选择的要素，进行空间或属性查询，实现专题图要素进行网络分析，实现交通网络的最短路径及几何网络分析等。

(2) PageLayoutControl 控件。PageLayoutControl 控件对应于 AcrMap 的布局视图，用于地图的整饰和出图。它封装了 PageLayout 对象，可以加载和保存地图文档及添加矢量、栅格数据，它还提供了在布局视图中控制图元素的属性和方法。该控件的

Printer 属性用于设定地图打印时的各种参数，Page 属性用于处理控件的页面设置，Element 属性用于管理控件的各种地图元素。

（3）ToolbarControl 控件。ToolbarControl 控件必须与伙伴控件如 MapControl、PageLayoutControl、ReaderControl、SceneControl、GlobeControl 控件协同工作。用户可以在界面设计时通过工具条控件的属性页设置伙伴控件，也可以在窗体初始化时通过该控的 SetBuddyControl 方法编写代码进行绑定。ToolbarControl 控件提供了一系列可以直接使用的命令按钮和功能菜单。

（4）TOCControl 控件。TOCControl（目录树）控件不能单独使用，必须与伙伴控件如 MapControl、PageLayoutControl、ReaderControl、SceneControl、GlobeControl 控件协同工作。TOCControl 控件时一个用来显示伙伴控件的地图、图层和符号体系等内容的交互式视图，并保证其内容与伙伴控件自动同步。

（5）ReaderControl 控件。ReaderControl 控件提供类似于 ArcReader 桌面应用程序的功能，包括 ArcReader 的窗口和工具等。ReaderControl 控件有一个简单的对象模型，该模型可以提供 ArcReader 的所有功能而不需要访问 ArcObjects，这样就为没有 ArcObjects 开发经验的开发人员提供了方便。

（6）SceneControl 控件和 GlobeControl 控件。使用 SceneControl 控件和 GlobeControl 控件必须具有 ArcGIS Engine 的 3D Analyst 选项授权，它们分别对应于 ArcScene 和 ArcGlobe 桌面应用程序。SceneControl 封装了 SceneViewer 对象，GlobeControl 控件封装了 GlobeViewer 对象。用 ArcScene 和 ArcGlobe 应用程序生成的 Scene 和 Globe 文档可以分别装载到 SceneControl 和 GlobeControl 中，以节省开发人员编程创作这两种地图的时间。SceneControl 和 GlobeControl 都具有内置导航功能，允许用户移动三维视图，而不需要开发人员编写代码。

11.2.4 ArcGIS Engine 开发初步

本节以 ArcEngine10.8 为例来讲解 ArcEngine 的初步过程：

从理论上，任何支持组件开发的高级语言如：C++、Java、C#等都可以利用 ArcEngine 提供的组件进行二次开发，本书采用 C#作为开发语言，采用 Visual Studio 作为 IDE 集成开发环境。与 ArcEngine 10.8 对应的 IDE 版本是 Visual Studio 2017，当然，也可以用更高级的 IDE 版本，只是需要做一些额外的配置。

除了安装 ArcEngine 10.8 和 Visual Studio 2017 外，还需要安装 ArcObjects SDK .Net，这样，就可以在 Visual Studio 2017 开发环境中，开发 ArcEngine 的应用程序。

在安装完成后，可以在"新建"项目中，会出现 ArcGIS 开发模板，如图 11.7 所示：

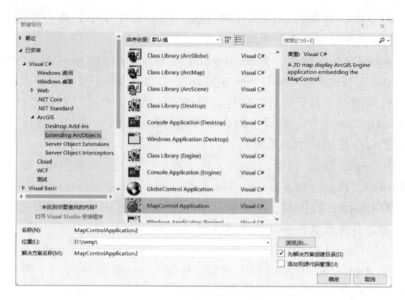

图 11.7　ArcGIS 项目开发模板

例如，选择其中的"MapControl Application"的模板，可以直接完成一个基本的 ArcEngien 应用程序，一些基本的地图操作功能都能已经实现了，运行结果如图 11.8 所示：

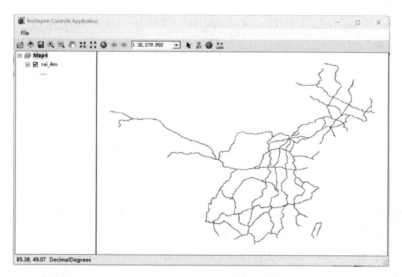

图 11.8　ArcEngine 程序运行示例

11.3　ArcGIS Maps SDK for .NET 二次开发

Service、REST、JSON 等概念正不断应用于 GIS 二次开发中，前端应用的开发现已经逐步向轻量级过渡，越来越多的开发者更依赖于服务的形式来获得相关的数据源。ArcGIS Engine 虽然功能强大，但过于臃肿，并且是 32 位的应用程序，在运行效率方面不如 64 位的应用程序，因此 ESRI 公司推出了轻量级的 ArcGIS Maps SDK for -.NET 来开发桌面应用程序。ArcGIS Maps SDK for .NET 采用微软推出的 WPF（Windows Presentation Foundation）的基于 Windows 的用户界面框架。

11.3.1　WPF 介绍

WPF 是基于 DirectX 的新一代开发技术和图形系统，运行在.NET Framework 3.0 及以上版本下，为用户界面、2D/3D 图形、文档和媒体提供了统一的描述和操作方法。基于 DirectX 9/10 技术的 WPF 不仅带来了前所未有的 3D 界面，而且其图形向量渲染引擎也大大改进了传统的 2D 界面。程序员在 WPF 的帮助下，要开发出媲美 Mac 程序的酷炫界面已不再是遥不可及的奢望。WPF 相对于 Windows 客户端的开发来说，向前跨出了巨大的一步，它提供了超丰富的.NET UI 框架，集成了矢量图形，提供了丰富的流动文字支持（flow text support），提供 3D 视觉效果和强大无比的控件模型框架。

WPF 具有如下特点：

（1）它提供了统一的编程模型、语言和框架，真正做到了分离界面设计人员与开发人员的工作。WPF 提供的编程模型统一了普通控件、语音、视频、文档 3D 等技术，这些媒体类型能够统一协调工作，降低了我们的学习成本。

（2）与分辨率无关。WPF 是基于矢量绘图的，因此它产生的图形界面能够支持各种分辨率的显示设备，而不会像 WinForm 等在高分辨率的现实设备上产生锯齿。

（3）硬件加速技术。WPF 是基于 Direct3D 创建。在 WPF 应用程序中无论是 2D 还是 3D 的图形或者文字内容都会被转换为 3D 三角形、材质和其他 Direct3D 对象，并由硬件负责渲染，因此它能够更好地利用系统的图像处理单元 GPU，从硬件加速中获得好处。

（4）声明式编程。WPF 引入一种新的 XAML 语言（Extensible Application Markup Language）来开发界面。使用 XAML 语言将界面开发和后台逻辑开发很好地分开，降低了前后台开发的耦合度，使用户界面设计师与程序开发者能更好地合作，降低维护和更新的成本。

（5）易于部署。WPF 除了可以使用传统的 Windows Installer 以及 ClickOnce 方式来发布我们的桌面应用程序之外，还可以将我们的应用程序稍加改动发布为基于浏览器的应用程序。

WPF 有两套 API，一套用于普通的编码，比如 C#、VB.NET 等.NET 支持的语言，而另外一套是基于 XML 的 API，即 XAML。

XAML 实现 UI 代码与应用程序逻辑代码的分离，由于 XAML 是基于 XML 的，继承了 XML 所有的定义和规则，每个 XAML 元素都定义了一个.NET 的 CLR 类，基于 XML 可以非常容易扩展 XAML，利用 XAML 的 WPF 这种关系，开发人员可以设计美观的 UI，而将程序逻辑写在单独的文件或者是内嵌到 XML 文件。

可以利用 Visual Studio 创建 WPF 应用程序，以 Visual Studio 2022 为例，在安装好 Visual Studio 2022（建议安装 Community 版，是免费版本，供教学及学术研究使用），打开 Visual Studio 2022，选择新建，从众多的开发模板中，选择"WPF 应用程序"，即可创建一个基本的 WPF 应用程序。如图 11.9 所示：

图 11.9 创建 WPF 应用程序

向导自动生产一系列文件，其中包括四个主要的文件：

（1）App.xaml：Application 的设置，此文件用于设置应用程序的起始文件和资源。

（2）App.xaml.cs：这是 App.xaml 的后台文件，继承自 System.Windows.Application，用于描述 WPF 应用程序。

（3）MainWindow.xaml：主窗体的 XMAL 设计文件。

（4）MainWindow.xaml.cs：继承自 System.Windows.Application，是 WPF 窗口的实现类。

11.3.2 ArcGIS Maps SDK for .NET 介绍

ArcGIS Maps SDK for .NET 是针对 Windows 平台的开发包，能够在 Windows Phone、Windows Store、Windows Desktop 环境下运行，如图 11.10 所示。ArcGIS Maps SDK for .NET 在 2023 年以前的版本叫 AcrGIS Runtime for .NET，ArcGIS Runtime 的许可授权分为开发模式和部署模式两种。

图 11.10　多环境下的 ArcGIS Maps SDK for . NET

开发模式下，开发者不需要对应用进行许可授权，即可使用全部的功能模块，但是地图上会标注"Used for Developer Only"水印，在 debug 调试信息中也会打印相关提示信息。在部署模式下基于 ArcGIS Maps SDK for . NET 开发的应用要求必须提供许可授权，代码中注册许可信息后，地图上的水印和 debug 调试信息将消失。ArcGIS Maps SDK for . NET 许可分基础版（Basic）和标准版（Standard）两个版本。主要支持下列功能：

（1）空间数据展示。离线数据和在线数据的空间展示。

（2）图形绘制。在地图上交互式地绘制查询范围或地理标记等。

（3）符号渲染。提供对图形进行符号化、要素图层生成专题图和服务器端渲染等功能。

（4）查询检索。基于属性和空间位置进行查询，支持关联查询，对查询结果的排序、分组以及对属性数据的统计。

（5）执行基于服务的离线地图编辑和同步，离线地理编码等功能。

（6）地理处理。使用离线和在线的地理处理工具进行空间分析。

（7）网络分析。计算最优路径、临近设施和服务区域。

在使用 ArcGIS Maps SDK for . NET 开发地理信息系统应用程序时，需要一个有效的 API 密钥（也称为 key）来获取访问 ArcGIS Maps 服务的权限。其步骤如下：

（1）注册并登录 ArcGIS 开发者网站，在开始之前，你需要在 ArcGIS 开发者网站（https://developers.arcgis.com/）上注册一个免费的开发者账号，并登录到你的账户。

（2）创建一个新的应用程序。登录进入 ArcGIS 开发者网站后，在 API keys 的功能页面上，选择"New API Key"，会得到一个唯一的 ArcGIS Maps SDK for . NET key，然后复制下来以备使用。如图 11.11 所示：

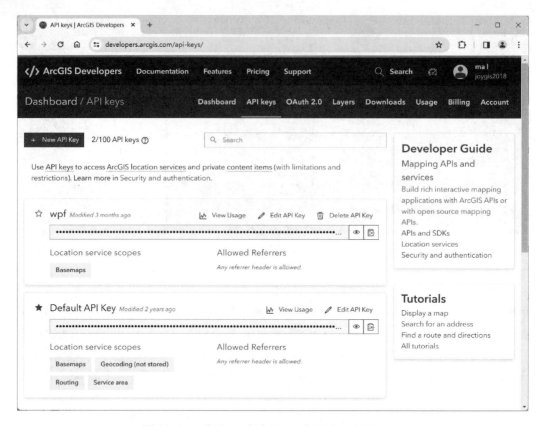

图 11.11 注册 ArcGIS Maps SDK for .NET key

（3）在项目中配置 ArcGIS Maps SDK for .NET key。在基于 WPF 的.NET 项目中，需要配置你的 ArcGIS Maps SDK for .NET key，以便在应用程序中使用它。首先，你需要在项目中添加对 ArcGIS Maps SDK for .NET 的引用。可以通过 NuGet 包管理器或手动添加引用来完成。

在项目中找到 App.xaml.cs 文件，并添加以下代码：

using Esri.ArcGISRuntime；

ArcGISRuntimeEnvironment.ApiKey = "YOUR_API_KEY"；

可将 YOUR_ API_ KEY 替换为注册获取的 API Key。

用以下代码就可以加载并显示一个地图服务。

using Esri.ArcGISRuntime.Mapping；

Map myMap = new Map(BasemapStyle.ArcGISStreets)；

MapView myMapView = new MapView()；

myMapView.Map = myMap；

11.3.3 ArcGIS Maps SDK for .NET 安装

（1）安装 Visual Studio 2022。ArcGIS Maps SDK for .NET 需要配合 Visual Studio

2022 使用，先安装 Visual Studio 2022 Commuinty 版，这个版本可以免费使用。安装过程很简单，如图 11.12 所示：

图 11.12　Visual Studio 2022 的安装

（2）安装 ArcGIS Maps SDK for .NET。新版的 ArcGIS Maps for .NET 是通过在 Visual Studio 项目中的 NuGet 包管理器来下载安装。

在 Visual Studio Solution 的 Explorer 窗体，右键点击"Project"并且选择 Manage NuGet Packages。选择"Browse"的 Tab 页，选择"nuget.org"作为 Package 的 source。在 Search 搜索框中输入"Esri"，列出相匹配的包，如图 11.13 所示，选择安装"Esri.ArcGISRutime"和"Esri.ArcGISRuntime.WPF"，继续安装，NuGet 包管理器会自动下载所有的包。

（3）安装 ArcGIS Maps SDK for .NET 项目模板 Templates。在 Visual Studio 2022 的菜单项选择 Extensions > Manage Extensions，弹出 Manage Extensions 对话框，在搜索框中输入"ArcGIS"，选择"ArcGIS Maps SDK for .NET Project Template"，点击"下载"按钮，如图 11.14 所示。

关闭 Manage Extensions 对话框，关闭 Visual Studio 以安装 Extension。

在关闭 Visual Studio 时，会出现 VSIX Installer 对话框，选择修改，最后完成 Extension 的安装。

图 11.13　选择安装 ArcGIS Maps SDK for .NET 包

图 11.14　安装 ArcGIS Maps SDK for .NET 项目模板

11.3.4　ArcGIS Maps SDK for .NET 开发示例

打开 Visual Studio 2022，选择新建项目，如图 11.15 所示，选择"ArcGIS Maps SDK.NET WPF App（Esri）"（C#语言）类型的项目模板，进入下一步。如图 11.16 所示，选择 2D map 或 3D scene 类型的项目。

图 11.15　新建 ArcGIS Maps SDK for .NET 类型的项目

图 11.16　选择创建 2D 或 3D 类型的项目

点击"创建",则自动生成 App.xaml、App.xaml.cs、MainWindow.xaml、MainWindow.xaml.cs 和 MapViewModel.cs 文件。

修改"App.xaml.cs"文件,增加一行:

Esri.ArcGISRuntime.ArcGISRuntimeEnvironment.ApiKey = "Your API Key"

修改 MainWindow.xaml 文件,进行页面布局,增加菜单栏、侧边栏、状态栏:

```
<Window x:Class = "WpfMapApp1.MainWindow"
    xmlns = "http://schemas.microsoft.com/winfx/2006/xaml/presentation"
    xmlns:x = "http://schemas.microsoft.com/winfx/2006/xaml"
    xmlns:d = "http://schemas.microsoft.com/expression/blend/2008"
    xmlns:mc = "http://schemas.openxmlformats.org/markup-compatibility/2006"
    xmlns:esri = "http://schemas.esri.com/arcgis/runtime/2013"
    xmlns:local = "clr-namespace:WpfMapApp1"
    mc:Ignorable = "d"
    Title = "ArcGIS Maps SDK for .NET 示例" Height = "450" Width = "800" >
  <Window.Resources >
    <local:MapViewModel x:Key = "MapViewModel"/ >
  </Window.Resources >
  <DockPanel Width = "Auto" Height = "Auto" LastChildFill = "True" >
    <!--菜单区域-->
    <Menu Width = "Auto" Height = "20" Background = "LightGray" DockPanel.Dock = 'Top' >
          <!--File 菜单项-->
          <MenuItem Header = "文件" >
              <MenuItem Header = "保存"/ >
              <Separator/ >
              <MenuItem Header = "退出"/ >
          </MenuItem >
          <!--Help 菜单项-->
          <MenuItem Header = "帮助" >
              <MenuItem Header = "查看帮助"/ >
              <MenuItem Header = "关于..."/ >
          </MenuItem >
    </Menu >
    <!--状态栏-->
    <StackPanel Width = "Auto" Height = "25" Background = "LightGray" Orientation = "Horizontal" DockPanel.Dock = "Bottom" >
          <Label Width = "Auto" Height = "Auto" Content = "状态栏" FontFamily = "Arial" FontSize = "12"/ >
```

第11章　GIS二次开发技术

　　</StackPanel>
　　<StackPanel Width="130" Height="Auto" Background="Gray" DockPanel.Dock="Left">
　　　　<Button Margin="10" Width="Auto" Height="30" Content="导航栏"/>
　　　　<Button Margin="10" Width="Auto" Height="30" Content="工具栏"/>
　　</StackPanel>
　　<Grid>
　　　　<esri:MapView Map="{Binding Map,Source={StaticResource MapViewModel}}"/>
　　</Grid>
</DockPanel>
</Window>

在ArcGIS Maps SDK for .NET的二维开发中,二维地图控件MapView为主要的地图数据展示和查询的载体,主要的地图功能都通过MapView控件来实现。要将空间数据加载到MapView地图控件中,需要通过MapView中的Map对象进行加载。加载的方式有两种,一种为Map.Basemap,这种加载数据的方式为把加入的数据当作底图数据,一方面是提高数据显示效率;另一方面是做好数据分组,在进行业务操作时加以区分。另一种为Map.OperationalLayers,这种加载数据的方式是加载业务图层数据,一般进行增、删、改、查和进行符号化的数据都放在这个图层组中。

在MapViewModel.cs文件中包含了生成地图的逻辑,并非通过公开属性Map给MapView控件使用:

```
public MapViewModel()
{
    _map = new Map(SpatialReferences.WebMercator)
    {
        InitialViewpoint = new Viewpoint(new Envelope(-180,-85,180,85,SpatialReferences.Wgs84)),
        Basemap = new Basemap(BasemapStyle.ArcGISStreets)
    };
}
private Map _map;
public Map Map
{
    get => _map;
    set { _map = value; OnPropertyChanged(); }
}
```

在 MainWindow.xaml 文件中，通过数据绑定，将 Map 属性绑定到 MapView 控件：
<esri:MapView Map = "{Binding Map,Source = {StaticResource MapViewModel}}"/>
运行结果如图 11.17 所示：

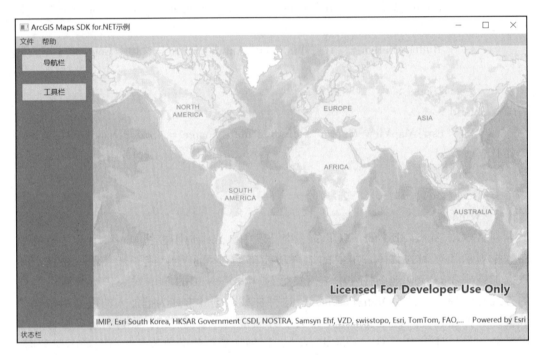

图 11.17　运行示例

11.4　ArcGIS Maps SDK for JavaScript

11.4.1　ArcGIS Maps SDK for JavaScript 概述

ArcGIS Maps SDK for JavaScript（以前称为 ArcGIS API for JavaScript），是 Esri（环球信息科技公司）开发的一款基于 JavaScript 的 WebGIS 开发工具，用于构建网络制图和空间分析应用程序。ArcGIS Maps SDK for JavaScript 是一个强大的 Web GIS 前端开发工具，可以帮助开发人员构建出交互性的地图应用程序和各种 GIS 应用程序，使其更具有可操作性和实用性。

（1）地图展示和交互。可以使用该 SDK 构建交互性的地图应用，包括缩放、漫游、分层、标记和搜索等功能。

（2）空间分析和数据可视化。该 SDK 提供了广泛的空间分析工具和数据可视化选项，可以帮助用户更好地理解和处理各种地理数据。

（3）位置感知和路由。该 SDK 提供有关位置感知和路由的工具，可以帮助用户在地图上查找地址或路线,并快速找到最佳路径。

(4) 常规 GIS 操作和应用程序开发。该 SDK 可以帮助用户构建常规 GIS 应用程序,如地图编辑器和地图查询工具。开发人员可以使用 ArcGIS Maps SDK for JavaScript 来开发自己的 GIS 应用程序,扩展 GIS 功能并提高工作效率。

ArcGIS Maps SDK for JavaScript 提供了一种纯客户端的开发方式,为创建 WebGIS 应用提供了轻量级的解决方案,在客户端可以轻松地利用 JavaScript API 调用 ArcGIS Server 所提供的服务,实现地图应用和地理处理功能。

ArcGIS Maps SDK for JavaScript 是基于 Dojo 框架的同时符合 REST 风格的 Web 客户端的编程接口。通过 ArcGIS API for JavaScript,我们可以访问 ArcGIS Server 中的服务,并将其中的资源整合到我们自己的 Web 应用中。在编辑本书时,ArcGIS API for JavaScript 的最新版本是 4.29 版本,其官方访问地址是 https:/developers.arcgis.com/javascript,其中包含了 API 参考和一些简单的例子,读者可以从官网中进行下载。

ArcGIS Maps SDK for JavaScript 开发的应用系统可以部署 Web 应用服务器中,用户可通过浏览器对其进行访问和操作,ArcGIS Maps SDK for JavaScript 会把用户的行为按照 REST API 的格式转化为 HTTP 请求,提交参数给 ArcGIS for Server,ArcGIS for Server 收到请求后,对参数进行处理,得到结果,返回 JSON,将其作为 REST 的响应返回给 ArcGIS Maps SDK for JavaScript,然后 ArcGIS Maps SDK for JavaScript 对数据进行解析,转化为 API 中的对象。

以下是 ArcGIS Maps SDK for JavaScript 的一些主要特点:

(1) 支持多种地图底图。ArcGIS Maps SDK for JavaScript 支持多种地图底图,包括矢量、影像、地形等,可以满足不同应用场景的需求。

(2) 灵活的地图样式。开发者可以根据需要自定义地图的颜色、符号、标注等样式,以创建独特的地图外观。

(3) 丰富的地图交互功能。ArcGIS Maps SDK for JavaScript 提供了丰富的地图交互功能,如平移、缩放、旋转、拖拽等,使用户能够方便地浏览地图。

(4) 强大的地理分析功能。ArcGIS Maps SDK for JavaScript 提供了丰富的地理分析功能,如缓冲区分析、路径规划、热力图等,帮助开发者实现复杂的地理信息处理任务。

(5) 易于集成的 API。ArcGIS Maps SDK for JavaScript 提供了一套易于使用的 API,开发者可以快速地将地图和地理信息功能集成到 Web 应用程序中。

(6) 跨平台支持。ArcGIS Maps SDK for JavaScript 支持主流的 Web 浏览器,如 Chrome、Firefox、Safari 和 Edge,以及移动设备上的浏览器。

ArcGIS Maps SDK for JavaScript 是一个功能强大、易于使用的 JavaScript 库,可以帮助开发者快速构建 Web 地图和地理信息应用程序。以下是一个简单的开发示例:

首先,在 HTML 文件中引入 ArcGIS Maps SDK for JavaScript 库:

<!DOCTYPE html>
<html>
<head>

```
<meta charset="utf-8">
<meta name="viewport" content="initial-scale=1,maximum-scale=1,user-scalable=no">
<title>ArcGIS Maps SDK for JavaScript 示例</title>
<style>
  html,body,#viewDiv{
    padding:0;
    margin:0;
    height:100%;
    width:100%;
  }
</style>
<link rel="stylesheet" href="https://js.arcgis.com/4.29/esri/themes/light/main.css">
<script src="https://js.arcgis.com/4.29/"></script>
<script>
  require([
    "esri/Map",
    "esri/views/MapView"
  ],function(Map,MapView){
    var map = new Map({
      basemap:"topo-vector"
    });
    var view = new MapView({
      container:"viewDiv",
      map:map,
      zoom:4,
      center:[15,65]
    });
  });
</script>
</head>
<body>
<div id="viewDiv"></div>
</body>
</html>
```

在这个示例中，首先引入了 ArcGIS Maps SDK for JavaScript 库，然后创建了一个地图对象 Map 和一个地图视图对象 MapView。地图对象使用了一个矢量地图底图

topo – vector，地图视图对象将地图显示在一个名为 viewDiv 的 HTML 元素中。最后，设置了地图视图的初始缩放级别和中心点坐标。

运行结果如图 11.18 所示：

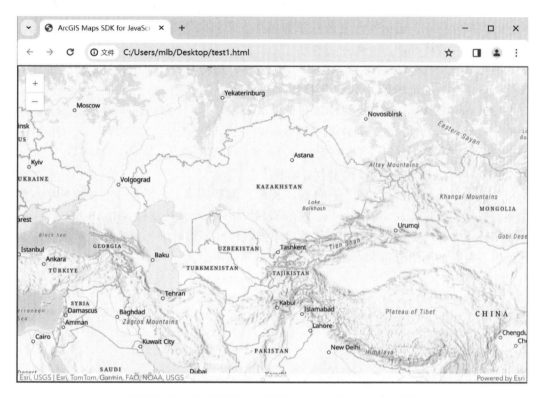

图 11.18　ArcGIS Maps SDK for JavaScript 运行示例

11.4.2　ArcGIS Maps SDK for JavaScript 与其他方式比较

ArcGIS Maps SDK for JavaScript、ArcGIS Engine 和 ArcGIS Maps SDK for .NET 都是 ArcGIS 产品系列提供的二次开发方式，这三种方式各有不同的应用特点。

（1）ArcGIS Maps SDK for JavaScript 是由 JavaScript 语言编写的纯 Web 客户端的应用级 API，需要搭配 ArcGIS Server 一起完成应用系统的开发。由于 ArcGIS Maps SDK for JavaScript 开发的应用系统是运行在浏览器中，所以无须安装部署即可使用，因此，此种方式成为当前应用系统的主流开发方式。但是，该方式访问本地数据的能力有限且不方便，要实现一些复杂的空间数据编辑和空间分析功能比较困难，往往需要在服务器端搭配其他两种开发方式一起才能完成。

（2）ArcGIS Engine 基于 COM 技术的可嵌入的组件库和工具包，其构建在核心的 ArcObjects 之上，完全可扩展。它提供多种开发接口，可以适应.NET、Java 和 C++ 等开发环境，开发者可以使用这些组件来开发和 GIS 相关的地图应用。ArcGIS Engine

既可以开发出具有地图界面的独立应用程序,也可以开发出进行后台数据处理的控制台程序,还可以进行嵌入式开发。

ArcGIS Engine 可以方便地访问本地数据,也可以采用 C/S 方式访问多种类型的空间数据库。ArcGIS Engine 提供了粒度很细的对象接口,功能强大,可以实现 ArcMap 的大部分功能,包括操作复杂对象如拓扑、几何网络等,可以进行精细化编辑,还可以进行专业级制图。

但是 ArcGIS Engine 是单线程的 32 位的程序,运行效率相对低,且部署繁重,不支持矢量切片、三维场景、Portal 等特性。

(3) ArcGIS Maps SDK for .NET 是伴随 ArcGIS 10.1 发布而诞生的一款基于服务架构的全新产品,是一款轻量级桌面移动端跨平台开发产品。目前提供了 5 种 API:.Net、Java、Qt、Android、IOS,支持六种平台:Windows、Linux、MacOS、UWP、Android、IOS,可以轻松构建跨平台应用程序。

ArcGIS Maps SDK for .NET 是 64 位的程序,部署简单,跨平台,展示效果好,支持本地数据、矢量切片、三维场景,可以操纵 Portal,此外还支持 VR/AR 等。

ArcGIS Maps SDK for .NET 提供的对象接口粒度不够精细,对于复杂对象、精细化编辑、复杂的网络分析和专业级制图的支持稍显不足。

第 12 章　开源 GIS 软件项目介绍

12.1　开源软件的概念

12.1.1　什么是开源软件

开放源码软件（open-source）被定义为描述其源码可以被公众使用的软件，并且此软件的使用、修改和分发也不受许可证的限制。开放源码软件通常是有版权（copyright）的，它的许可证可能包含这样一些限制：蓄意的保护它的开放源码状态，著者身份的公告或者开发的控制。"开放源码"正在被公众利益软件组织注册为认证标记，这也是创立正式的开放源码定义的一种手段。

1999 年，Eric S. Raymond 在自由软件的范畴下提出开源软件的概念，并出版了《大教堂和集市》一书，这是开源软件发展的标志事件。开放源码软件主要被散布在全世界的编程者队伍中，但是同时一些大学、政府机构承包商、协会和商业公司也开发它。源代码开放是信息技术发展引发网络革命所带来的面向未来的，以开放创新、共同创新为特点的，以人为本的创新 2.0 模式在软件行业的典型体现和生动注解。开放源码软件在历史上曾经与 UNIX、Internet 联系得非常紧密。在这些系统中许多不同的硬件需要支持，而且源码分发是实现交叉平台可移植性的唯一实际可行的办法。在 DOS、Windows、Macintosh 平台上仅仅有很少的用户有可用的编译器，开放源码软件更加不普遍。

开源软件的概念与免费软件的概念还是有一定的区别的，免费软件有两种：

（1）共享软件。允许他人自由拷贝并收取合理注册费用。使用者可在软件规定的试用期限内免费试用，再决定注册购买与否。大部分共享版软件都有功能和时间限制，试用期通常分为 7 天、21 天、30 天不等。而有的共享软件还限制用户只能安装一次，若删除后重新安装将会失效。

（2）自由软件。根据自由软件基金会的定义，是一种可以不受限制地自由使用、复制、研究、修改和分发的软件，其理念比开源软件极端。

12.1.2　开源软件许可

开源软件是免费的，源代码是开放的，任何人都可以自由下载使用。但是，为了维护软件作者和贡献者的合法权利，保证开源软件不被商业机构或者个人窃取，影响软件的发展，开源组织开发出了各种开源许可证。

开源许可：软件开发者以某种协议发布某些软件的源代码，并允许他人在遵守该协议的基础之上可以自由下载、修改、使用和散布其源代码。

开源许可是一种法律协议，通过它，版权人明确允许用户使用、修改、分享软件。版权法默认是禁止使用、修改、分享的。一个软件如果没有开源许可，就等同于保留版权，即使代码公开了，其他人也不能使用，否则就侵犯版权。如果希望开源软件，需要明确授予开源许可。

目前经 Open Source Initiative 组织认可的开源许可有 60 多种。下面介绍几种常见的许可：

（1）GPL 许可。GPL（GNU General Public License）即 GNU 通用公共许可证，是开源项目中最常用的许可。GPL 赋予开源项目使用者广泛的权利，允许用户合法复制、分发和修改软件。GPL 规定对遵循 GPL 的程序，修改后的程序整体必须按照 GPL 发行，而且不允许附加修改者自己做出的限制。因此，遵循 GPL 发行的软件不能同其他非自由的软件合并。GPL 许可主要的原则是：确保软件始终都以开放源代码形式发布，保护开发成果不被窃取用作商业发售。

（2）LGPL 许可。LGPL（GNU Lesser General Public License）即 GNU 宽通用公共许可证。LGPL 是主要为类库使用设计的开源许可。LGPL 是 GPL 的变种，是 GNU 为了获得更多的甚至是商业软件开发商的支持而提出的。它对软件所保留的权利比 GPL 少。LGPL 适合那些用于非 GPL 或非开源软件的开源类库或框架。与 GPL 的最大不同是，使用 LGPL 授权的软件，开发出来的新软件可以是私有的，而不需要是自由软件。

（3）AGPL 许可。AGPL 的全称为：GNU Affero General Public License，是 GPL 的一个补充，在 GPL 的基础上加了一些限制。AGPL 这个协议的制定是为了避免 GPL/LGPL 协议中的一个漏洞，称之为 Web Service Loopwhole，这主要是由于 GPL 是针对传统的软件分发模式的商业模式（以微软为代表）。一般的许可都强调了在"分发"时生效，个人使用或者公司内部使用都不构成"分发"，云服务理论上也不构成软件分发（只有一个软件），但是 AGPL 要云服务也必须提供源代码。

（4）BSD 许可。BSD（Berkly Software Distribution）许可比别的开源许可（如 GPL）限制要少。1979 年加州大学伯克利分校发布了 BSD Unix，被称为开放源代码的先驱，BSD 许可证就是随着 BSD Unix 发展起来的。虽然 BSD 许可证有开源软件许可证普遍的要求，但是 BSD 许可证只要求被许可者附上该许可证的原文，以及所有进一步开发者的版权资料。

（5）MIT 许可。MIT 许可证源自麻省理工学院（Massachusetts Institute of Technology，MIT），MIT 是和 BSD 一样宽松的许可协议。作者只想保留版权，而无其他任何限制，用户可以使用、复制、修改或出售软件。唯一的限制是，无论是以二进制发布的还是以源代码发布的，都必须在发行版里包含原许可声明。

（6）NASA 许可。NASA Open Source Agreement Version 1.3 相对于 LGPL 许可，修改的内容不要求重新发布。用户可以将该软件和别的主题的软件结合并发行单一的产品，在这种情况下，要确保发行的产品适用于本许可。表 12.1 是各个开源许可内容的汇总比较表：

表 12.1　各种开源许可比较

许可证名	类型	要求保留著作权声明	要求对源代码中的修改做出声明或标识等	允许再发布收费	允许原作品及其修改版的可执行形式使用其他许可证发行	允许原来作品及其修改版发行时不公开源代码	允许被使用其他许可证的软件连接	允许被使用其他许可证的软件包含	明示专业授权
GPL v2 AGPL v1	强 Copyleft	是	是	是，但不高于发行产生的版本	否	否	否	否	否
GPL v3 AGPL v3	强 Copyleft	是	是	同 GPL v2	否	否	否	否	是
LGPL v2.1	弱 Copyleft	是	是	同 GPL v2	仅 GPL	否	是	是	否
LGPL v3.0	弱 Copyleft	是	是	同 GPL v2	仅 GPL	否	是	是	是
MPL 1.1	弱 Copyleft	是	是	是	是	否	是	是	是
CDDL 1.0	弱 Copyleft	是	是	是	是	否	是	是	是
CPL 1.0	弱 Copyleft	是	是	是	是	否	是	是	是
EPL 1.0	弱 Copyleft	是	是	是	是	否	是	是	是
BSD	宽容性	是	否	是	是	是	是	是	否
MIT	宽容性	是	否	是	是	是	是	是	否
Apache v2	宽容性	是	是	是	是	是	是	是	是

12.2　开源 GIS 软件

GIS 社会化和大众化需要实现地理数据共享和互操作，尽可能降低地理数据采集处理成本和软件开发应用成本。目前的商业地理信息系统大多是基于具体的、相互独立和封闭的平台开发的,它们采用不同的开发方式和数据格式,对地理数据的组织也有很大的差异,垄断和高额的费用在一定程度上限制了 GIS 的普及和推广。在知识经济与经济全球化时代,资源环境与地理空间信息资源是现代社会的战略性信息基础资源之一,地理空间信息产业已成为现代知识经济的重要组成部分。20 世纪 90 年代,开源思想广泛渗透到 GIS 领域,国内外许多科研院所相继开发出开源 GIS。

开源 GIS 在国外发展迅速,已经有开源 GIS 桌面应用软件、开源 GIS 数据库产品、开源 GIS 类库、开源 GIS 组件、WebGIS 产品等,涉及 C、C++、.NET、Java、Javascript、Python、PHP、VB、Delphi 等语言。并且很多开源 GIS 软件能同时在 Windows 和 Linux 系统上运行。目前,著名的开源 GIS 软件大都来源于国外。OSGeo 现在支持的项目已经有 22 个。许多国际科研机构和大公司都在推动开源 GIS 的发展。著名开源社 sourceforge.net 上一直活跃着上百个 GIS 相关的项目。正是开源社区的参与者源源不断地为开源 GIS 注入新鲜的血液。现在的开源 GIS 软件已有 300 多种。

12.2.1 开源 GIS 软件分类

开源 GIS 按不同的标准有不同的分类方式。按功能可分为 GIS 组件、桌面 GIS 软件、WebGIS 软件、GIS 数据库和空间数据库引擎等。主流开源 GIS 软件分类如表 12.2 所示:

表 12.2 开源 GIS 按功能分类表

类别	代表软件
GIS 组件	Proj.4、GDAL/OGR、JTS、NTS、GeoTools、MapWinGIS、MapTool、OpenMap、GEOS、SharpMap 等
桌面 GIS 软件	GRASS、UDIG、QGIS、MapWindow、JUMP/JCS、SAGA、ILWIS 等
WebGIS 软件	GeoServer、MapServer、MapGuide、MapBuilder、OpenLayers、WorldKit、Mapbender、quickWMS、SharpMap 等
关系数据库	PostgreSQL、MySQL 等
空间数据库引擎	PostGIS
三维 GIS 软件	World Wind、Cesium

12.2.2 开源 GIS 软件之间的关系

目前的开源 GIS 项目包含了各种层次的产品,有大型的桌面 GIS 如 GRASS,也有目前比较流行的 WebGIS 如 MapServer 和 GeoServer 项目,有开源的 GIS 数据库项目如 PostGIS/PostgreSQL Spatial Database，还有一些数据转换如 OGR 和 GDAL 库，地图投影算法库如 Proj. 4 和 Geotrans 等开源项目。各个开源 GIS 项目的关系如图 12.1 所示：

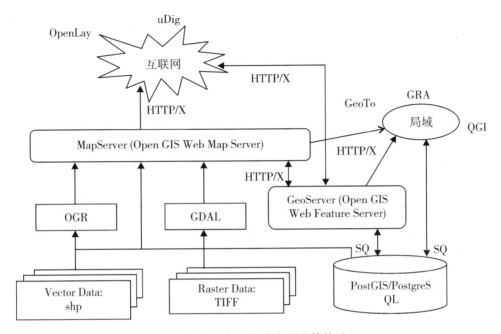

图 12.1　各个开源 GIS 项目的关系

事实上，开源 GIS 远不止图 12.1 中所列的项目，图 12.1 中所列出的项目是类型开源项目中比较出名的一些代表。

GRASS 是大型的 GIS 系统，最早由美国军方建筑工程研究实验室构建维护，后来贡献给开源社区，目前 GRASS 已经覆盖了大多数 GIS 系统的操作函数，超过 300 个经典算法。GRASS 就是一个开源版本 ArcGIS。

QGIS 是一个用户界面友好的桌面 GIS 系统，使用基于 QT 的图形库实现，还有大名鼎鼎的 KDE 图形和 Google Earth 也是基于 QT 构建。而且 QGIS 可以很好地支持 GRASS 的算法接口，成为 GRASS 的一个重要的前端表现工具，QGIS 就是一个简化版本的 GRASS。GRASS 和 QGIS 都是跨平台的桌面 GIS 软件，可以运行在很多操作系统上。

目前在国内比较流行的 WebGIS 有 MapServer 和 GeoServer 项目，MapServer 底层采用 C 来编写，基于 CGI 脚本实现，页面调用支持 PHP、JSP 等多种语言，并对 OGC 的 WMS 和 WFS 提供支持。GeoServer 基于 Java 和 GeoTools 库开发，它的功能全面遵循 OGC 开发标准，GeoServer 对发布 WFS-T 和 WMS 提供便捷的支持，并以 XML 文件描述所有地图服务。

基于 Eclipse RCP 的 uDig 开源项目既是一个 GeoSpatial 应用程序也是一个平台，开发者可通过这个平台来创建新的在 uDig 基础上衍生的应用程序，uDig 是 Web 地理信息系统的核心组件。

OpenLayers 是一个用户开发 WebGIS 客户端的 JavaScript 包，实现访问地理空间数据的方法都符合行业标准，采用面向对象方式开发，并使用来自 Prototype.js 和 Rico 中的一些组件。

PostgreSQL 是一个开源的基于对象的数据库，PostGIS 则是为 PostgreSQL 提供空间支持，类似 ArcGIS 的空间数据引擎 ArcSDE。

12.3 几个代表性开源 GIS 软件

12.3.1 GRASS

GRASS 全称是地理资源分析支持系统（Geographic Resource Analysis Support System），是一款基于 GNU GPL 协议的开源地理信息系统软件，具有空间数据管理与分析、图像处理、数字制图、空间建模和可视化等功能。GRASS 现已被许多政府机构、大学和环境咨询公司所使用。

（1）GRASS GIS 的结构。GRASS GIS 是由一组分工明确、相互独立、功能强大的模块组成的，具有良好的扩展性和伸缩性。

（2）GRASS 数据的 Import/Export。GRASS 是用 GDAL/OGR 实现二维空间数据的 Import/Export。该模块可以支持常见的空间数据文件格式与空间数据库访问。

（3）GRASS 数据的投影转换。GRASS 使用 PROJ4 实现地图投影，可以支持 120 多种投影和地理坐标系统。

（4）GRASS 的空间数据库实现方法。GRASS 可以广泛利用 DBF、ODBC 等嵌入式数据库，还能利用 PostgreSQL、MySQL、Sqlite 等关系型数据库。特别是 PostgreSQ，已经成为 GRASS 处理海量数据的主要空间数据库环境。GRASS 的地学统计部分利用了著名的 GNU R，能进行各种统计模型的构建。

GRASS 的三维实现方法：GRASS 引入了 Voxel 的概念，提供了 3D 体元的内插方法。如 IDW、RST 和三位可视化 NVIZ 模块，实现了二维与三维、矢量与栅格数据的融合显示环境。

GRASS 的开发可以追溯到 1982 年。美国陆军工程兵团的一个分支——美国陆军建筑工程研究实验室（USA-CERL，1982—1995）开始开发 GRASS 以满足美国军方土地管理和环境规划软件的需要。1982—1995 年间，USA-CERL 领导了许多美国联邦政府机构、大学和私人公司进行了 GRASS 的开发，在其基础上开发了 GRASS 的核心组件。USA-CERL 在 1992 年完成了 GRASS 4.1，并在 1995 年之前发布了这个版本的五个更新和补丁。USA-CERL 也开发了 GRASS 5.0 浮点版本的核心组件。

USA-CERL 在 GRASS 4.1 版（1995）之后正式终止参与 GRASS。贝勒大学的一个团队接管了软件的开发，发布了 GRASS 4.2 版本。1999 年 10 月，从版本 5.0 开始，GRASS 软件原先的公有领域授权被更换为 GPL。

第 12 章　开源 GIS 软件项目介绍

如今 GRASS 被用于全世界许多学术和商业领域，还有许多政府部门，包括 NASA、NOAA、USDA、DLR、CSIRO、美国国家公园管理局等。

现在 GRASS 的开发被分为稳定分支（6.4）、开发分支（6.5）和试验分支（7.0）。对于大多数用户推荐使用稳定分支。6.5/7.0 分支用于新特性的试验。

12.3.2　GDAL/OGR

GDAL（Geospatial Data Abstraction Library）是一个在 X/MIT 许可协议下的开源栅格空间数据转换库。它利用抽象数据模型来表达所支持的各种文件格式。它还有一系列命令行工具来进行数据转换和处理。

GDAL 使用抽象数据模型（abstract data model）来解析它所支持的数据格式，抽象数据模型包括数据集（dataset）、坐标系统（Coordinate System）、仿射地理坐标转换（Affine Geo Transform）、大地控制点（GCPs）、元数据（Metadata）、栅格波段（Raster Band）、颜色表（Color Table）、子数据集域（Subdatasets Domain）、图像结构域（Image_Structure Domain）、XML 域（XML Domains）。GDAL 中主要的类及作用如表 12.3 所示：

表 12.3　GDAL 的主要类及作用

类名	作用
GDALMajorObject	带有元数据的对象
GDAL dataset	通常是从一个栅格文件中提取的相关联的栅格波段集合和其元数据；也负责所有栅格波段的地理坐标转换和坐标系定义
GDALDriver	文件格式驱动类，GDAL 会为每一个所支持的文件格式创建该类对象
GDALDriverManager	文件格式驱动管理类，用来管理 GDALDriver 类

GDAL 提供对多种栅格数据的支持，包括 Arc/Info ASCII Grid（asc）、GeoTiff（tiff）、Erdas Imagine Images（img）、ASCII DEM（dem）等格式。

OGR 是 GDAL 项目的一个分支，功能与 GDAL 类似，只不过它提供对矢量数据的支持。OGR 是一套采用简单要素规范的 C++的开源库，通过定义轻量级的简单要素模型，提供了对多种主流矢量数据格式的读写操作能力，主要包括 ESRI Shapefile、ESRI ArcSDE、MapInfo（tab and mid/mif）、GML、KML、PostGIS、Oracle Spatial、S57等格式。

OGR 中通过驱动（driver）、数据源（datasource）、图层（layer）、要素（feature）和几何（geometry）这几个层次对空间要素进行抽象。OGR 中任何空间数据格式只要实现该模型中定义的接口，便可以作为数据源的方式加入 OGR 数据格式库中，提供空间数据格式的读写操作和数据格式的转换操作。

目前 GDAL 提供 Perl、VB、RUBY、Java、Python、C#、.NET 语言的支持，每种

语言均可提供对 GDAL 库的支持，用户可以基于多个平台完成对 GDAL 类库的调用。

很多 GIS 产品都使用了 GDAL 类库，使用 GDAL 的主流 GIS 产品如图 12.2 所示：

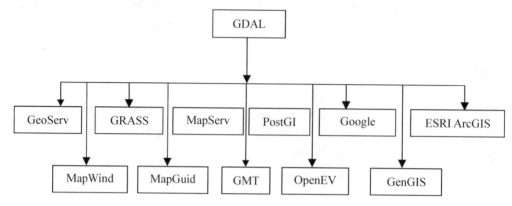

图 12.2　使用 GDAL 库的主流开源 GIS 软件

12.3.3　JTS（Java 拓扑套件）

Java 拓扑套件（Java Topology Suite，JTS）是由 Vivid Solutions 开发，在 LGPL 开源协议下发布，是 OpenGIS 规范下简单要素规范（Simple Features Specification）的 SQL 版本实现，它具体实现了完整、健壮的基于二维的空间数据模型和分析算法，并以 Java 应用程序接口的形式向外界提供调用，使用纯 Java 语言实现，利用精确的模型和成熟的几何算法，为二维几何数据提供了完善的空间分析实现。

JTS 空间模型是建立在一个简单、二维的欧式几何空间，因此它所能表达的空间数据仅限于二维空间，尽管 JTS 中的几何对象可以包含三维的坐标信息，但在进行空间操作和分析时，JTS 仍会把坐标映射在一个 XY 轴的欧式空间中进行处理，第三维的信息并不起作用。JTS 类包结构及其功能如表 12.4 所示：

表 12.4　JTS 类包结构及其功能

包名	用途
com.vividsolutions.jts.algorithm	基本几何算法
com.vividsolutions.jts.geom	核心模型类库
com.vividsolutions.jts.geograph	平面图的拓扑算法
com.vividsolutions.jts.index	一些索引系统
com.vividsolutions.jts.io	WKT 文本的封装和解析
com.vividsolutions.jts.linearref	线性几何对象中定位方法
com.vividsolutions.jts.noding	向几何对象中添加节点
com.vividsolutions.jts.operation	复杂的几何操作

续上表

包名	用途
com.vividsolutions.jts.planargraph	平面图基本元素
com.vividsolutions.jts.precision	可选的精度模型元素
com.vividsolutions.jts.simplify	几何简化算法
com.vividsolutions.jts.util	常用功能类

使用 JTS 类库的主要开源 GIS 软件如表 12.3 所示：

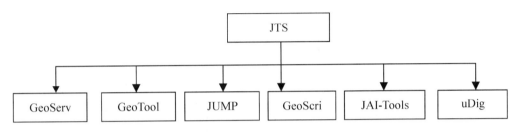

图 12.3　使用 JTS 类库的主要开源 GIS 软件

12.3.4　GeoTools

GeoTools 是一个纯 Java 语言实现的开源 GIS 中间件，GeoTools 类库遵循 OGC 标准规范开发，提供了从数据访问层到数据渲染层的 GIS 操作的实现，并定义了一系列标准的接口对外提供调用，GeoTools 可用来构建不同种类的 GIS 系统包括网络 GIS 应用服务器、桌面应用客户端等，是开源 GIS 产品中较为优秀的代表。GeoTools 的主要功能有：

（1）采用 JTS 作为矢量数据的空间数据模型的实现，它是遵循 OGC 简单要素规范下 SQL 版本的一种实现，实现了空间数据的二维建模和空间分析功能。

（2）GeoTools 支持多种 GIS 数据源的访问，具体包括：矢量文件、栅格文件、关系型数据库、OGC 规范下 WMS 地图图片服务、OGC 规范下 WFS 矢量要素服务等。

（3）实现了 OGC 规范下坐标参考系统及其转换服务的一个子集，提供一些标准的坐标参考系统和坐标转换功能。

（4）支持空间数据查询，包括属性查询和空间查询，遵循 OGC 规范下过滤编码规范，通过定义属性和空间参数以确定要操作的要素集的子集。

（5）支持空间数据的符号化显示，遵循 OGC 规范下简单样式描述规范。

（6）采用 JAI 库支持栅格数据的管理、显示。

（7）支持两种地图着色器的实现。

GeoTools 类库按照不同功能分为若干独立的组件，组件间组织关系松散耦合，这种组织结构允许开发者只使用类库的一部分功能，或者继承某些组件类而拓展出新的功能，或者可以使用组件的另一种实现来替代某组件的缺省实现，这就使得开发更加灵活多变，可根据实际需要灵活组织、运用。GeoTools 类库的体系结构如图 12.4 所示：

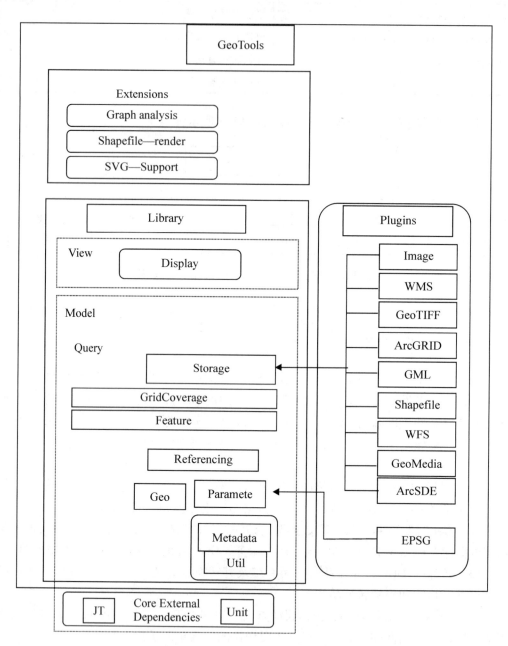

图 12.4　GeoTools 体系结构

GeoTools 整体上分为三大模块：主类库、插件库和扩展模块。主类库定义了元数据、空间几何模型、空间参考、矢量数据、栅格数据、数据访问、数据渲染等功能的类实现及操作接口；插件模块是主类库中定义的一些标准接口的具体实现，主要包括不同格式的数据访问实现和不同标准的空间参考实现，GeoTools 正常工作离不开插件的支持，该模块的组件支持运行时动态集成；扩展模块为在主类库的基础上针对特定应用开发的功能模块，如针对 Shapefile 的渲染器实现、基于空间数据构建地图网络并求两实体间最短路径的实现等。

主类库：主类库基于标准的模型/视图/控制器（MVC）模式进行设计，如图 12.5 所示，"视图"对应数据显示组件，"模型"则对应数据模型组件，原类库中并不含"控制器"逻辑，而是留给了类库的使用者即开发人员来实现，因此开发人员拥有充足的自由空间，根据实际需求编写合适的业务逻辑，进行空间数据的处理。

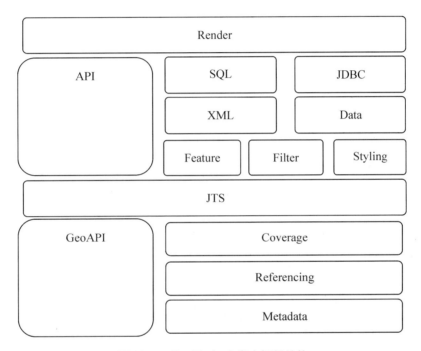

图 12.5　GeoTools 主类库框架结构

下面详细分析数据模型组件和数据显示组件的结构。

1）数据模型组件。数据模型组件用于描述现实世界中的地理实体在计算机中的表示形式，包括几何模型、空间参考模型、要素模型、数据访问与存储模型、查询模型。下面分别介绍各个模型的作用。

（1）几何模型（JTS）。为基于矢量表达的空间数据提供几何建模，使用坐标点及坐标点的集合来表达"点""线""面""点集""线集"和"面集"等几何对象，该模型也实现了基于几何对象的标准空间分析操作，在 GeoTools 的实现中，该模型采用 JTS 来实现对简单几何对象的二维建模和空间分析操作。

（2）空间参考模型（Referencing）。为空间定位和与空间相关的数据操作提供合适的空间参考系，提供坐标参考系间变换和投影的功能，该模型提供了定义坐标参考系，需要由 EPSG 插件提供具体的大地测量基准面数据。

（3）要素模型（Feature）。要素是 GeoTools 中的核心术语，它是描述地理空间数据对象的基本单位，它描述了一个现实世界中的客观地理实体，如一条河流、一座桥梁都可以理解为要素，在类定义中，要素对象包含一个标识符，一组描述其特征的属性集合，以及定义该要素属性的概要模式。这些属性包括要素实体的空间几何定义、实体的其他属性等。

（4）数据访问和存储模型（Data、JDBC、XML）。该模型定义了创建、访问和存储数据的方法，提供了访问不同数据源空间数据的方式，包括：访问文件系统中矢量、栅格数据的接口，访问数据库中数据的接口，访问网络服务器的接口。使用 DataStore 接口存取矢量数据，使用 GridCoverageExchange 接口存取栅格数据，插件模块中包含了众多访问不同数据格式的数据访问和存储模型的实现，这些数据格式包括：GML 格式、Shapefile 格式、GeoTiff 格式栅格图片、空间数据库、Web 地图服务器及 Web 要素服务器等。

（5）数据查询模型（Filter）。该模型提供了一种从空间数据源或已知要素集中寻找、获得所需数据的标准方式，查询模型定义了 Filter 类来构造查询过滤条件，并遵循 OGC 标准的过滤查询规范而实现。

2）数据显示组件。数据显示组件提供了通过图像来表现要素内容的一种标准方式。该组件通过遵循一系列用于创建可视化地图的复杂渲染规则，提供一种标准的方式来渲染要素数据；它还提供了用于创建图像的渲染基础流程结构，包括空间样式模型和渲染器模型。

（1）空间样式模型（Styling）。定义了空间数据显示的符号化模型，遵从 OGC 的 Styled Layer Descriptor（SLD）规范和 Symbology Encoding（SE）规范。SLD 规范描述了图层对象与符号化模型间的对应关系，采用 XML 格式存储数据；SE 规范描述了用符号化模型绘制要素的规则。

（2）渲染器模型（Render）。空间数据显示渲染器，将空间数据 Features 和特定符号化模型 Style 利用一种显示设备如 Graphics2D 进行显示，提供了一种流式的渲染器实现，占用内存小，无缓存。

插件库：GeoTools 的插件库主要包括不同数据格式访问的具体实现和不同的 EPSG 坐标系统参数封装，GeoTools 的插件库如表 12.5 所示。

表 12.5　GooTools 插件库

名称	子类别	描述
矢量数据访问 Data	shapefile	Shapefile 格式数据的访问支持
	arcsde	ESRI ArcSDE 数据库的访问支持
	wfs	通过 WFS 服务获得矢量数据的访问支持
XML	gml	对 GML 格式数据访问的支持

续上表

名称	子类别	描述
JDBC	db2	DB2 数据的访问支持
	mysql	MYSQL 数据库的访问支持
	oracle-spatial	Oracle 数据库的访问支持
	postgis	PostGIS 数据库的访问支持
栅格覆盖 Coverage	arcgrid	ArcGRID 栅格格式的访问支持
	geotiff	GeoTIFF 图像格式访问支持
	mif	MIF 文件格式的访问支持
	wms	通过 WMS 服务获得栅格数据的访问支持
Referencing	epsg-access	访问以 Access 数据库存放的 EPSG 数据
	epsg-hsql	访问遵循官方定义的 EPSG 数据
	epsg-wkt	访问以 WKT 文件格式表示的 EPSG 数据

扩展模块：本模块是在主类库之上开发的一些应用示例，供开发者参考使用。目前 GeoTools 扩展模块中包括了 WMS 扩展，它提供了访问 WMS 服务的客户端的开发 API "MapPane 扩展"，它是一个 Swing 控件，实现了简单的地图显示功能，以及 "Graph 扩展"，实现基于 Features 建立抽象图和访问的方法。

著名的开源 GIS 桌面软件 uDig 和优秀的 WebGIS 服务器 GeoServer 就是基于 GeoTools 之上构建的，如图 12.6 所示：

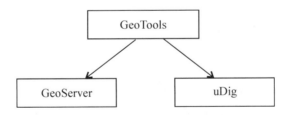

图 12.6 使用 GeoTools 库的主流开源 GIS 软件

12.3.5 Proj.4

Proj.4 是开源 GIS 最著名的地图投影库，用 C 语言编写。功能主要有经纬度坐标与地理坐标的转换，坐标系的转换，包括基准变换等。Proj.4 提供两种使用方式，使用其编译后生成的应用程序或者用函数库，这两种方式下坐标转换的流程都是相同的，如图 12.7 所示：

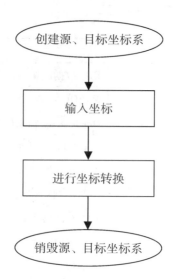

图 12.7　Proj.4 坐标转换流程

许多 GIS 开源软件的投影都直接使用 Proj.4 的库文件，如图 12.8 所示：

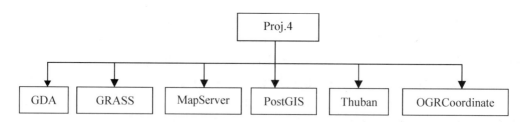

图 12.8　使用 Project.4 投影库的主流开源 GIS 软件

12.3.6　SharpMap

SharpMap 是一个可应用于桌面和 Web 程序的简单易用的 Map 渲染类库，它基于.Net 2.0 Framework 用 C#语言开发，以 GNU LGPL（Lesser General Public License）授权协议发布。SharpMap 体系结构主要由 Iprovider、Features、Feature Layers、Presentation、Reprojection、Map、Display Views 七层组成。下面结合源代码结构分别介绍这七层：

（1）IProvider 层。GIS 引擎底层数据接口层，为 SharpMap 提供数据读（写）支持。通过面向接口的设计，奠定了 SharpMap 增加各类数据格式的灵活性基础。Providers 名称空间，包括了 IProvider 接口和 Shape 文件、PostGIS 数据的读取实现。

（2）Features 层。几何图元特征层，通过 IProvider 接口层读取的 GIS 数据都转化为点、线、多边形、多点、多线和多多边形等几何类型和几何集合等 OpenGIS Simple Features Specification。Geometries 命名空间包括 SharpMap 要使用到的各种几何类及其接口类，例如点、线、面等类，是 SharpMap 的基础之一，所有几何对象都继承自

Geometry 这个抽象类，其中定义了几何对象应该具备的公共操作，例如大小、ID、外接矩阵、几何运算，等等。

（3）Feature Layers 层。特征图元图层，组织各种几何图元，结合 Reprojection 实现各种坐标空间的图元投影。

Layers 命名空间；提供各种图层支持，包括注记层、矢量层等。Layer 是一个抽象类，实现了 ILayer 接口，Layer 目前有 4 个子类，分别是 VectorLayer、LabelLayer、TiledWmsLayer 和 WmsLayer，分别代表 4 种不同数据类型的图层。通过 LayerGroup 实现图层的分组管理。

（4）Presentation 层。表现层，也叫渲染层，实现各种矢量图元渲染，并且通过图形图像特殊样式实现主题图渲染。

Rendering 命名空间：目前包括矢量渲染器类和几个专题图渲染器类，这些类可以将几何对象根据其 Style 设置渲染为一个 System. Drawing. Graphics 对象。

（5）Reprojection 层。投影层，能够将图元从原坐标空间投影到指定坐标空间，展现不同的视角。例如，将世界地图空间坐标系图元通过笛卡尔投影，展现成二维平面的我们平时常见的纸质世界地图。在 SharpMap 中，投影层采用了另外一个开源项目 Proj. Net，是一个基于. Net 的空间索引及坐标转换引擎。

（6）Map 层。Map 层提供地图图像的基本操作工具，开发者也可定制需要的工具。这一层只有一个 Map 类。

（7）Display Views 层。为了方便开发者进行桌面和 Web 程序开发，SharpMap 在 Display Views 层分别提供了桌面控件、Web 控件，同时用户可以自由定制自己的控件。

Forms 命名空间：包含 MapImage 桌面应用控件，一个简单的 User Control（用户控件），封装了 Map 类，用于 Windows Form 编程。

Web. UI. Ajax 命名空间：包含 AjaxMapControl Web 应用控件，并且提供对 Ajax 支持。

SharpMap 主要实现了如下功能：①支持的数据格式：Vector 数据包括：ESRI Shape files format、PostgreSQL/PostGIS、OLEDB（points only）、Microsoft SQL Server、WMS Servers；通过第三方扩展支持其他多种 Vector 数据格式和栅格数据格式。② Windows Forms 控件 MapImage，使桌面应用更加简单，提供基本的放大、缩小、移动、标尺等基本地图操作工具。③通过 HttpHandler 支持 ASP. net 程序，在 Web 中实现地图渲染。④提供点、线、多边形、多点、多线和多多边形等几何类型和几何集合等 OpenGIS Simple Features Specification。⑤可通过 Data Providers 增加数据类型支持，Layer Types 增加层类型和 Geometry Types 等扩展。⑥图形使用 GDI + 渲染，支持 anti-aliased 等，使地图渲染效果更加漂亮。⑦专题图，用户可以灵活定制本地化需求的地图。

12.3.7 PostgreSQL/PostGIS

PostgreSQL 是一个开源的跨平台的关系型数据库管理系统，具有所有关系型数据库的特性，在功能上可以与常见的商业数据库媲美，性能上也比较稳定。PostgreSQL 是由世界各地的爱好者来共同开发和维护，没有任何商业组织来控制它，并且它遵从 BSD 开源协议，该协议允许用户任意使用 PostgreSQL 甚至销售而不用担心版权的问题，只要求在软件中保 PostgreSQL 的版权声明即可。

PostgreSQL 可以运行在多种平台之上，无论是 Linux，还是 Windows，都能够很好地支持，这也给我们的开发与部署带来了极大的方便，使得我们能够在 Windows 下开发而在 Linux 环境中发布。

功能方面 PostgreSQL 拥有事务、触发器、视图、索引等大多数商业数据库系统具有的功能，同时它还有自己独特的功能，比如用户自定义类型、继承、并行控制等高级特性。PostgreSQL 还定义了一些基本的几何类型，如点（POINT）、线（LINE）、方形（BOX）、多边形（POLYGON），用以支持空间数据存储。

性能方面 PostgreSQL 的表现也毫不逊色，基本上与其他的开源或商业数据库有相当的性能。PostgreSQL 引入了空间数据索引 R-tree，因此在空间数据存储与管理方面的性能得到了一定的提高。

可靠性是衡量一个数据库管理系统最重要的指标，PostgreSQL 在早期版本中可靠性并不高，在后来的发展中极大地提高了可靠性，通过预写日志，即使在机器断电的情况下也能从日志中恢复，保证了事务的完整性，同时它也支持热备份和数据恢复，使得系统的容灾能力有了相当大的提升。PostgreSQL 系统架构如图 12.9 所示：

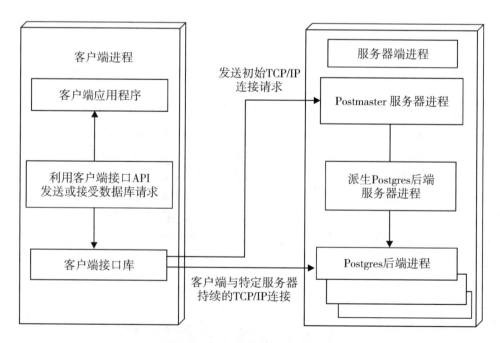

图 12.9　PostgreSQL 系统架构

PostgreSQL 数据库系统环境由三个主要部分组成：Postmaster 的主进程、客户前端应用、Postgres 后端进程。在一个 PostgreSQL 会话中，Postmaster 进程作为监控的守护进程，管理主机上的一定的数据库集合，它的主要任务是管理所有的数据库输入请求，为客户端与一个或多个数据库后端之间建立连接。如果某个客户前端应用想访问某个节点中的某一数据库，Postmaster 确认该请求具有合法的访问权限，它就会进行库函数调用，启动一个新的后端服务进程 Postgres，并将前端进程和这个新的服务进程连接起来。每一个客户端的连接请求都有一个唯一的 Postgres 进程，对数据库的任何操作都由客户端发起。从这时起，前端进程和后端服务将不再通过 Postmaster 而是直接进行通信。因而，Postmaster 总是在运行，等待着请求，而前后端进程则是起起停停。

PostgreSQL 的体系结构十分灵活，它允许数据库管理员使用不同的技术同时管理运行在同一台计算机的多个数据库。另外，每一个 PostgreSQL 安装实例都提供一组标准的配置文件，这组文件也符合 PostgreSQL 数据库格式，通常称为 template1。用户可以对该数据库进行修改，以适用于特定的服务器和特定的应用。这些配置信息也可以通过 createdb 程序，复制到新的数据库中。

由于 PostgreSQL 现有的几何数据类型并不符合 OpenGIS 对 Geometry 数据类型的规范，同时提供的几何数据类型不足以表达足够复杂的空间几何实体，几何数据类型函数功能也有限。加拿大的 Refractions Research 公司专门为 PostgreSQL 在 OpenGIS 规范下进行的 Geometry 数据类型扩展，开发了开源的空间数据管理扩展模块 PostGIS，PostGIS 提供于基于 WKT 和 WKB 格式存储与访问 Geometry 数据类型数据的功能；同时，也提供了丰富的维护、检索和空间运算函数，确保能对矢量格式的空间数据及其属性数据进行有效的组织、索引，并能根据用户需求进行自定义函数的扩充。

PostGIS 的主要优点包括：

（1）支持 OpenGIS 的几何数据类型。PostGIS 提供了 OGC 的 SFS 规范所支持的 Point、LineString、Polygon、MultiPoint、MultiString、MultiPolygon、GeometryCollection 等多种基本几何数据类型，并用统一的几何数据类型 Geometry 表示这几个基本类型。

（2）提供了大量空间分析及空间关系算子。PostGIS 本身并不提供空间分析及空间关系运算的函数，通过调用另一个开源的函数库 GEOS 来支持实现。PostGIS 将 GEOS 包装成 C 语言函数，通过数据库的扩展接口加入 PostgreSQL。

（3）提供开源投影库 Proj.4。同样，PostGIS 本身并不支持投影，PostGIS 提供 Proj.4 的包装，将投影的功能加入 PostgreSQL。通过 Proj.4 的支持，PostgreSQL 实现了多种投影之间的相互转换以及用户自定义的投影类型。

12.3.8 GeoServer

GeoServer 是一个允许用户共享地图的服务端地图软件，是基于 JAVA 的一种开源软件。可以发布多种主流地图源文件。作为一个社区驱动的项目，GeoServer 是由来自全球各地不同的、独立的组织来开发和测试。

GeoServer 是各种 OGC（开源地理基金会）标准的重要参与者，如 WFS、WCS 和高性能的 WMS。GeoServer 是基于网页的地理信息系统中的重要成员。它采用 GNU 许可，可以发布大多数使用开放标准的空间数据库源。允许用户共享及编辑空间数据（WFS-T），通过功能扩展，在结合 PostGIS 空间数据库方面甚至可以支持带版本的空间数据（WFS-V）。

GeoServer 在 2001 年由 TOPP（开源项目）发起创建。TOPP 是一个非营利性的技术性团体，总部设在纽约。TOPP 创建了很多种工具用于促使公众去参与和促进政府透明化办公，其中主要的一个工具就是 GeoServer。在纽约市民认识到公众应该高度参与政府的土地规划工作这一点之后，GeoServer 就产生了，通过共享地理数据，来提高地理数据的价值和准确度。

GeoServer 的创始人构想了一个地图网，就像互联网一样。在互联网上，一个人可以搜索并下载文本；对应的，在地图网上，一个人可以搜索并下载地理数据。地理数据提供者可以直接向网络发布他自己的地理数据，其他用户可以直接使用这些数据。这和现在的那种杂乱的、无规律的数据共享是不同的。GeoServer 现在能直接输出给其他各种地图数据浏览器，比如 Google Earth，一种流行的 3D 地球。另外，GeoServer 正在和 Google 紧密合作，使得 Google 可以快速查询到用 GeoServer 发布的地理数据。因为 GeoServer 的宗旨就是让地理数据能够被其他人快捷地获取到。

GeoServer 的基本架构如图 12.10 所示：

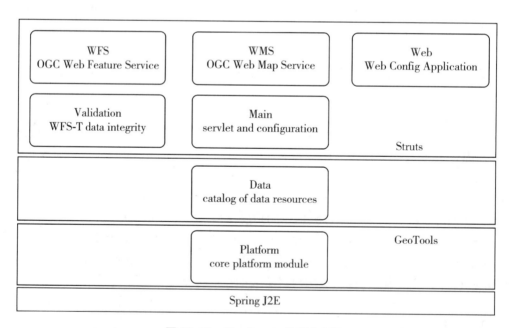

图 12.10　GeoServer 的基本架构

GeoServer 有以下主要特性：

（1）跨平台支持，Linux、Windows、Mac OS X、Solaris，甚至更多。

（2）支持众多的 OGC 标准，包括 WMS、WCS、WFS、WFS-T（支持编辑事务）、Filter Encoding、GML、SLD，最新的版本（2.1.1）甚至还支持 WPS。

（3）众多栅格和矢量数据格式，例如 GeoTIFF、ArcGrid、Gtopo30、ImageMosaic、WorldImage，通过各种官方的插件还支持 ArcSDE Raster、Oracle GeoRaster 等，以及可以通过 GDAL 支持更多的格式 ESRI shapfiles、PostGIS、ESRI ArcSDE、Oracle Spatial、H2、Microsoft SQL Server、MySQL，以及通过 OGR 支持更多的格式。

（4）功能强大的配置管理界面，GeoServer 本身就自带了功能强大的配置管理界面，可以管理空间数据、发布地图服务、建立空间数据缓存、调整地图样式、预览地图结果、数据请求样例等。对于不熟悉 WebGIS 的用户都可以快速轻松地建立起一个高效的地图发布服务器。由于拥有可视化的 Web 管理界面，所以在用户使用上来说 GeoServer 比 MapServer 会更方便和快捷。

（5）内建数据安全访问，可以通过权限设置指派用户权限，权限主要体现在数据、服务和目录三方面。

12.3.9 OpenLayers

OpenLayers 是一个用于开发 WebGIS 客户端的纯 JavaScript 包，支持大部分主流的浏览器（IE、FireFox、Google Chrome、Opera 等）。它并不依赖于任何服务器端技术，是通过一组 JavaScript AP 来访问不同类型的地理数据源。其原理与 Google Maps API 非常类似，但其不同之处在于它是全免费的。

OpenLayers 实现访问地理空间数据的方法都符合行业标准，比如 OpenGIS 的 WMS 和 WFS 规范。OpenLayers 采用面向对象方式开发，并使用来自 Prototype.js 和 Rico 中的一些组件。OpenLayers 支持的地图来源包括 Google Maps、Yahoo! Map、微软 Virtual Earth 等。用户还可以用简单的图片地图作为背景图，与其他的图层在 OpenLayers 中进行叠加。除此之外，OpenLayers 支持 OOGC 制定的 WMS（Web Mapping Service）和 WFS（Web Feature Service）等网络服务规范，可以通过远程服务的方式，将以 OGC 服务形式发布的地图数据加载到基于浏览器的 OpenLayers 客户端中进行显示。

在操作方面，OpenLayers 除了可以在浏览器中帮助开发者实现地图浏览的基本效果，比如放大（Zoom In）、缩小（Zoom Out）、平移（Pan）等常用操作之外，还可以进行选取面、选取线、要素选择、图层叠加等不同的操作，甚至可以对已有的 OpenLayers 操作和数据支持类型进行扩充，为其赋予更多的功能。例如，它可以为 OpenLayers 添加网络处理服务 WPS 的操作接口，从而利用已有的空间分析处理服务来对加载的地理空间数据进行计算。

OpenLayers APIs 采用动态类型脚本语言 JavaScript 编写，实现了类似于 Ajax 功能的无刷新更新页面，能够带给用户丰富的桌面体验（它本身就有一个 Ajax 类，用于实现 Ajax 功能）。

目前，OpenLayers 所能够支持的 Format 有：XML、GML、GeoJSON、GeoRSS、

JSON、KML、WFS、WKT（Well-Known Text）。在 OPenlayers.Format 名称空间下的各个类里，实现了具体读/写这些 Format 的解析器。

OpenLayers 提供了数量众多的基于 JavaScript 开发的 API，而且它对于 DOM 的操作也是通过 JavaScript 进行的，而无论是微软的 IE，还是开源的 Firefox，都支持 DOM 操作，所以具有良好的适用性。OpenLayers 提供的 API 包括：

（1）Ajax。使用了 prototype 实现 Ajax 功能，调用其能够使地图具有无刷新更新页面的效果，提升用户体验。

（2）BaseTypes。基类 API，定义 OpenLayers 的基本类型 String、Numbers 和 Function，是实现复杂类型的基础。

（3）Console。控制台 API，此包下的类型和 Firebug 下的类型的组合能够将调试的信息输出到控制台，方便开发测试。

（4）Control。控件 API，这是提供各种地图控件的包，其中的控件包括常用的漫游（Panzoom）、图层开关（LayerSwitcher）、鹰眼图（OverviewMap）、比例尺（Scale）等，是 OpenLayers 里应用最多的包。

（5）Event。事件 API，实现 OpenLayers 的事件机制，包括通用的浏览器事件，如 mousedown（鼠标按下）、mouseup（鼠标复位）等，以及 OpenLayers 的自定义事件，如 addLayers（加入图层）、addControl（增加控件）等事件。通过将事件处理函数注册给事件监听器，就可以完成事件的响应。

（6）Feature。包含 Geography 和 Attributes 2 个属性，在 OpenLayers 里，它由 Marker（标记）和 Lonlat（纬、经度坐标）构成。

（7）Format。格式 API，这个包下的类用于读取和创建各种格式的数据，它的子类是具体的实现类，包括解析 XML、GML、KML、WKT（Well Known Text）等。

（8）Geometry。几何类，包下的类用于具体的空间对象的数据表示，下面的子类包括 point、LineString、Polygon、Curve、LinearRing、MultiLineString、MultiPolygon、Collection 等，这些类的实例的叠加构成了地图显示的内容。

（9）Handler。句柄类，用于将事件响应方法注册到浏览器监听器，具有 Active 和 DeActive 两种状态，分别起注册和取消注册的作用。

（10）Icon。图标类，表示一幅小的图片。

（11）Layer。图层类，其实例装载图层数据。

（12）Map。地图类，它是一个地图容器，单纯的 Map 实例没有意义，只有在装载了 Layer 和 Marker 之后它才能成为一幅完整的可以操作的地图。

（13）Marker。地图标记类，在地图上的特定位置显示图标，Icon 加上位置就是 Marker。

（14）Popup。弹出窗口类，用于在地图上弹出提示信息之类。

（15）Renderer。渲染器类，其子类实例用于渲染矢量图层，是矢量图层的一个属性。

（16）Tile。瓦片类，其子类实例说明显示图片的分辨率大小。

（17）Util。工具类，用于获取各个对象的各项参数值，以供调用。

12.3.10　Cesium

Cesium 是国外一个基于 JavaScript 编写的使用 WebGL 的地图引擎。Cesium 支持 3D、2D、2.5D 形式的地图展示，可以自行绘制图形、高亮区域，并提供良好的触摸支持，且支持绝大多数的浏览器和 Mobile 设备。

Cesium 是一个开源的 JavaScript 库（官方网站：https://cesiumjs.org），能够被用于 Web 浏览器中的创建地图服务。其优势有成本低、开发简单、支持多种数据可视化方法、二三维一体化、可跨平台、计算精度较高等。另外，Cesium 还具有基于时间轴的时态变化数据展示功能。Cesium 相比同类型其他开源的数据引擎，如 Three、OpenWebGlobe 等，二三维一体化和时态数据显示是其优势所在，但其在空间数据统计和分析方面的功能较弱。

Cesium 的体系架构包括核心层、渲染器层、场景层和动态场景层四个部分。其中，核心层主要包括坐标转换及地图投影等底层功能；渲染器层负责对 WebGL 功能进行封装和接口调用；动态场景层在核心层和渲染器层之上，提供高层次的地图功能，这些功能的 API 调用服务 OGC 的地图服务标准，因此可广泛支持不同的地图数据源，例如国外的 Google Maps、微软的 Bing Maps、开源的 OpenStreetMap，国内的天地图，以及任意基于 ArcServer 或 GeoServer 发布的 WMS 和 WMTS 服务，也可以用简单的图片作为地图源。通过 WebGL 的硬件渲染加速，Cesium 能顺利支持最新的 HTML5 浏览器，无须安装额外的扩展插件，更适合目前 WebGIS 轻量级客户端的开发需求，有效提高了用户体验度。

在数据共享方面，Cesium 除了支持一些常见的二维数据交换格式（如 XML、GML、JSON、GeoJSON 等）外，针对三维模型和场景和数据量的大小，还有两种不同格式作为选择，即 glTF 和 3D Tiles。其中，glTF（GL Transmission Format），即图形语言交换格式，是目前 3D 模型的一种格式标准，其优势之一是在 Web 传输和解析方面更为高效。而 3D Tiles 采用的是一种类似 CMOS 地形和图像流的技术，通过树形空间数据结构对输入数据集进行三维切块，可以理解为具备 LOD 能力的 glTF，每个分块可以看作一个完全包围其数据集的三维边界。同时，为了使各种数据集的包围体紧密排列，包围边界可以根据实际需要采用不同形状，如定向包围盒、包围球或基于最大最小经纬度和高程定义的地理区域。上述优势使得 3D Tiles 成为目前流媒体的大规模异构三维地理空间数据集的开放规范，更适用于密集三维场景的可视化展示，如城市建筑物轮廓，以及高精度的 CAD（BIM）模型、点云和摄影测量等数据模型。Cesium 在浏览器中允许的初始界面如图 12.11 所示：

GIS 软件工程理论与应用开发

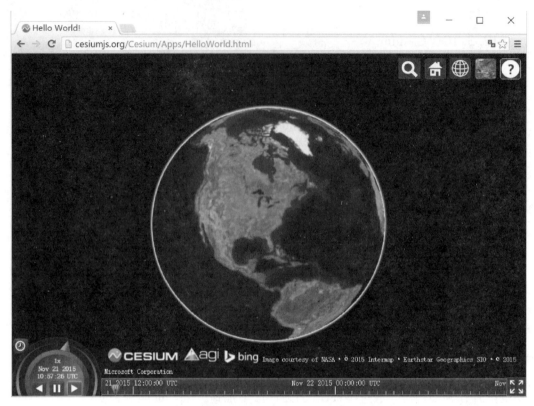

图 12.11　Cesium 在浏览器中运行的初始界面

参 考 文 献

[1] 龚健雅. 当代 GIS 的若干理论与技术 [M]. 武汉：武汉测绘科技大学出版社，1999.

[2] 邬伦，刘瑜，张晶，等. 地理信息系统原理、方法和应用 [M]. 北京：科学出版社，2001.

[3] 张新长. 城市地理信息系统 [M]. 北京：科学出版社，2001.

[4] 张新长，马林兵. 地理信息系统数据库 [M]. 2 版. 北京：科学出版社，2010.

[5] 龚健雅. 地理信息系统基础 [M]. 北京：科学出版社，2001.

[6] 王家耀. 空间信息系统原理 [M]. 北京：科学出版社，2001.

[7] 李崇贵，陈峥，谢非，等. ArcGIS Engine 组件式开发及应用 [M]. 2 版. 北京：科学出版社，2016.

[8] 马林兵，张新长. Web GIS 技术原理与应用开发 [M]. 3 版. 北京：科学出版社，2019.

[9] 何敏藩，郑龙，邢立宁. WPF 桌面应用与开发 [M]. 长沙：湖南大学出版社，2019.

[10] 梁洁，金兰，等. 软件工程实用案例教程 [M]. 北京：清华大学出版社，2019.

[11] 吕云翔. 软件工程理论与实践 [M]. 北京：机械工业出版社，2017.

[12] 李鸿君. 大话软件工程：需求分析与软件设计 [M]. 北京：清华大学出版社，2020.

[13] 吴信才. 地理信息系统设计与实现 [M]. 3 版. 北京：电子工业出版社，2015.

[14] 崔铁军. 地理信息系统工程概论 [M]. 北京：科学出版社，2020.

[15] 毕硕本，王桥，徐秀华. 地理信息系统软件工程的原来与方法 [M]. 北京：科学出版社，2017.

[16] 郑江华. 地理信息系统设计开发教程 [M]. 北京：电子工业出版社，2020.

[17] 斛嘉乙，符永蔚，樊映川. 软件测试技术指南 [M]. 北京：机械工业出版社，2019.

[18] 刘伟，胡志刚. C#设计模式 [M]. 北京：清华大学出版社，2018.

[19] 曾探. JavaScript 设计模式与开发实践 [M]. 北京：人民邮电出版社，2021.

[20] 伽玛. 设计模式：可复用面向对象软件的基础 [M]. 北京：机械工业出

版社，2019.

［21］李代平，胡致杰，林显宁. 软件工程. 5 版. 北京：清华大学出版社，2022.

［22］田义超，谢小魁，魏金占，等. ArcGIS Runtime for .NET 开发实验实习教程：基于 C#和 WPF［M］. 武汉：武汉大学出版社，2022.

［23］张丰. GIS 程序设计教程［M］. 2 版. 杭州：浙江大学出版社，2023.

［24］易伟. 敏捷开发［M］. 北京：机械工业出版社，2023.

［25］刘光，李雷，刘增良. ArcGIS API for JavaScript 开发［M］. 北京：清华大学出版社，2022.

［26］刘予飞，徐顼，田双亮. 程序结构的有向图表示及其圈复杂度分析［J］. 科技资讯，2007（2）：56，58.

［27］彭霞，朱萍，任永昌. 软件详细设计工具对比分析研究［J］. 计算机技术与发展，2013，23（3）：77 – 80.

［28］赵保华，屈玉贵. 软件详细设计工具［J］. 计算机研究与发展，1988（9）：1 – 7.

［29］张玉. 软件度量关键技术研究［D］. 西安：西安电子科技大学，2020.

［30］蔡民. 基于环型复杂度的一种判断程序可靠性的统计方法［J］. 计算机工程与应用，2003（5）：82 – 85.

［31］李艳茹，周子力，倪睿康，等. 基于知识图谱的学科知识构建［J］. 计算机时代，2021（4）：65 – 68.

［32］谭鑫，史泽宇，吴际. 软件工程课程实践与考核标准一致性研究［J］. 软件导刊，2023（12）.

［33］Robert C. Martinz. 敏捷软件开发原则模式与实践［M］. 北京：清华大学出版社，2003.

［34］马林兵，邓孺孺，杜国明. 开放式 GIS 开发与应用［M］. 北京：科学出版社，2015.